Theorie und Berechnung vollwandiger Bogenträger

bei Berücksichtigung des Einflusses
der Systemverformung

Von

Dr.-Ing. Bernhard Fritz

Mit 75 Textabbildungen

Springer-Verlag Berlin Heidelberg GmbH
1934

ISBN 978-3-662-35802-3   ISBN 978-3-662-36632-5 (eBook)
DOI 10.1007/978-3-662-36632-5
Alle Rechte, insbesondere das der Übersetzung
in fremde Sprachen, vorbehalten.
Copyright 1934 by Springer-Verlag Berlin Heidelberg
Ursprünglich erschienen bei Julius Springer in Berlin 1934.

Vorwort.

Eine der wichtigsten Voraussetzungen für den Fortschritt auf dem Gebiete der Bautechnik, der in den letzten Jahrzehnten zu beachten war, ist die Entwicklung der Materialforschung und die Veredelung der Baustoffe. Die damit gegebene Möglichkeit, größere Materialbeanspruchungen zuzulassen, bringt naturgemäß auch eine Vergrößerung der Verformungen der Tragsysteme mit sich. Im Gegensatz zu der Mehrzahl der Bauwerke, bei welchen eine solche Vergrößerung der Verformung praktisch keine weiteren Folgen hat, kann sich diese bei den Bogenträgern unter Umständen sehr ungünstig auswirken. Eine ähnliche Beeinflussung ist auch bei den Hängebrücken festzustellen. Durch die Verwendung hochwertigen Kabelstahles wurden bei diesem Tragsystem die Voraussetzungen dazu schon etwas früher erfüllt und dementsprechend auch schon eher rechnerisch berücksichtigt.

Die in der vorliegenden Schrift entwickelte „Theorie und Berechnung der vollwandigen Bogenträger bei Berücksichtigung des Einflusses der elastischen Systemverformungen" stellt einen Versuch dar, eine genügend genaue und allgemeine Methode für jene Fälle zu finden, in welchen die bisher gebräuchlichen Berechnungsweisen, welche die Systemverformungen nicht berücksichtigen, versagen oder zumindest zu ungenaue und zu günstige Ergebnisse liefern.

Es wird zunächst eine kurze Übersicht über die auf diesem Gebiet schon erschienene einschlägige Literatur gegeben, welche später durch eine kritische Besprechung und zahlenmäßig vergleichende Auswertung im einzelnen ergänzt wird. Der erste Teil bringt dann im wesentlichen eine für beliebige Belastungsfälle brauchbare, genauere Berechnungstheorie für alle Bogenarten, welche den Systemverformungen Rechnung trägt. Im zweiten Teil werden neue Wege und Maßnahmen vorgeschlagen, um die durch den Einfluß der Systemverformung oder auch sonstige Ursachen bedingten Zusatzspannungen zu vermindern. Dazu wird eine neuartige, auf anderen Voraussetzungen aufbauende Berechnungstheorie der Bogenträger vorgeschlagen. Der als Anhang beigefügte dritte Teil geht auf die praktischen Forderungen einer verfeinerten Berechnungsmethode ein und zeigt neue Möglichkeiten und Verbesserungen auf dem Gebiete der Bogenmontage und Ausrüstung.

Die Versuche an Bogenmodellen wurden in der „Versuchsanstalt für Holz, Stein und Eisen" in Karlsruhe i. B. durchgeführt. Herrn Prof. Dr.-Ing. G a b e r, welcher mir dazu die Möglichkeit geboten hat, möchte ich an dieser Stelle sowohl dafür, als auch für die vielseitigen Anregungen, die ich in gemeinsamen Besprechungen mit ihm erhielt, meinen besten Dank aussprechen.

Ebenso möchte ich das entgegenkommende Interesse und die Sorgfalt der Verlagsbuchhandlung Julius S p r i n g e r anerkennend erwähnen, welche sie auf die Herstellung des Buches verwendet hat.

Dortmund, im Juli 1934.

Der Verfasser.

Inhaltsverzeichnis.

Einleitung und allgemeiner Überblick.

Die Entwicklungsgeschichte des Brückenbaues im letzten Jahrzehnt ist mit der Geschichte der großen Brückenbauwettbewerbe aufs engste verknüpft. Die Richtlinien zur ästhetischen Gestaltung der Brückenbauten sowie die Vorschriften für deren konstruktive Einzelausbildung, die bei derartigen Anlässen aufgestellt werden, sind für den entwerfenden Ingenieur stets ein mächtiger Anreiz, die dadurch entstehenden Schwierigkeiten unter Einsatz seiner schöpferischen Kraft zu überwinden, neue Wege zu suchen und Neues zu schaffen. Aber nicht nur die praktische Bearbeitung und Lösung der Entwurfsaufgabe übt und schärft das ingenieurmäßige Denken, sondern auch das kritische Betrachten und Vergleichen der Entwurfsergebnisse untereinander bringt eine Fülle von Anregungen und Fragestellungen, die dann selbst wieder auf Verarbeitung und Lösung warten.

In diesem Sinne befaßt sich die vorliegende Arbeit eingehender mit den vollwandigen Bogenträgersystemen, die bei allen größeren Wettbewerben der letzten Jahre mit in vorderster Linie standen, wenn ein breiter Strom oder ein Meeresarm durch ein weitgespanntes Bauwerk zu überbrücken war. Vielleicht kann das Ergebnis des im Jahre 1929/30 ausgeschriebenen internationalen Wettbewerbes für den Entwurf einer Straßenbrücke über den Mälarsee in Stockholm, bei welchem vier Bogenentwürfe mit Preisen ausgezeichnet wurden, sogar als deutliche Hinkehr zu den Bogenträgersystemen gedeutet werden. Beim Betrachten der Ergebnisse der Wettbewerbe der letzten Jahre ist das vorherrschende Bestreben zu erkennen, vollwandigen oder massiven Bauwerken auch bei bedeutenden Spannweiten gegenüber den früher häufig verwendeten Fachwerkkonstruktionen den Vorzug zu geben.

Die dadurch ermöglichten verhältnismäßig geringen Trägerhöhen bewirken eine starke Verminderung der Steifigkeit des Tragwerkes, was insbesondere bei gleichzeitiger Verwendung eines hochwertigen Baustoffes erhebliche Verformungen des Tragsystems zur Folge haben kann. Auch wenn sich diese im Verhältnis zur Stützweite des Bogens noch in zulässigen Grenzen bewegen, so ist doch bei großen Spannweiten nachzuprüfen, inwiefern durch die Verformung der geometrischen Bogenachse der Kräfteverlauf im Bogen und somit dessen Materialbeanspruchungen eine Veränderung erfahren. Die Art der statischen Untersuchung zeigt dann eine gewisse Ähnlichkeit mit der Statik der Hängebrücken, bei welchen die Bedeutung dieser Fragen schon wesentlich früher erkannt und praktisch berücksichtigt wurde. Liegen dort auch Verhältnisse vor, welche die Berücksichtigung des Einflusses der Systemverformung noch in erhöhtem Maße erfordern, so bewegt man sich doch bei Vernachlässigung desselben auf der Seite der größeren Sicherheit. Bei den Bogenbrücken hingegen sind die Verhältnisse grundsätzlich andere.

Die Berücksichtigung des Einflusses der Systemverformung wirkt sich hier spannungserhöhend aus, so daß man bei Vernachlässigung der Formänderungen zu günstige Beanspruchungen erhält und das Bauwerk in Wirklichkeit eine kleinere Sicherheit aufweist als die errechnete.

Bei der Untersuchung des Einflusses der Systemverformung auf den wirklichen Kräfteverlauf im allgemeinen ist grundsätzlich zwischen Balkenträgern und Bogen- oder Hängesystemen zu unterscheiden.

Als Balkenträger sind alle nur lotrecht gestützten Tragwerke anzusprechen, die ausschließlich durch Momente beansprucht werden, dem Einfluß von Normalkräften aber nicht unterworfen sind. Bei dieser Systemart hat eine Verminderung der Biegesteifigkeit keine Veränderung der auf den Träger wirkenden Lagerkräfte zur Folge, denn es zeigt sich, daß beim nur lotrecht belasteten Balken bei der Bestimmung des Momentes für einen beliebigen Trägerpunkt eine lotrechte Verschiebung des Momentenbezugspunktes keinen Einfluß auf die Größe des Momentes hat. Die waagerechten Verschiebungen insbesondere die Änderung der Stützweite, sowie die Veränderungen der Trägerhöhen sind so klein, daß sie auch bei sehr großen lotrechten Verschiebungen praktisch bedeutungslos bleiben. Die schief gestützten Tragwerke, die Bogenträger, sowie sonstige Systeme, an welchen Momente und Normalkräfte auftreten, zeigen ein anderes Kräftespiel. Das Moment für einen beliebigen Bogenpunkt berechnet sich hier als Produkt aus der im allgemeinen schief gerichteten Stützkraft und dem senkrechten Abstand derselben vom Momentenbezugspunkt. Dieser Abstand ist im ursprünglichen Zustand aber verhältnismäßig klein, so daß schon eine geringe, von der Systemverformung herrührende Vergrößerung dieses Hebelarmes eine erhebliche Erhöhung des Produktes Hebelarm × Stützkraft = Moment bewirken kann. Diese, die Bogenträger kennzeichnende Eigenart zeigt sich bei weitgespannten massiven Bogenbrücken noch in verschärfterem Maße, da hier infolge der größeren Lagerkräfte das Verhältnis von Exzentrizität (= Hebelarm) zur Stützkraft, welches vielleicht als Maß für den Einfluß der Verformung aufgefaßt werden kann, ein noch kleineres und somit ungünstigeres ist.

Die Rechnung mit dem verformten Tragsystem ist schon beim statisch bestimmten Bogenträger, z. B. dem Dreigelenkbogen, wesentlich schwieriger und umständlicher. Dadurch, daß die Formänderungen von den Querschnittsgrößen abhängen und die Lagerkräfte wieder von den Formänderungen, können die äußeren Kräfte erst bestimmt werden, wenn für die Querschnittsgrößen Annahmen gemacht worden sind. Das System ist also in gewissem Sinne statisch unbestimmt, d. h. mit den statischen Gleichgewichtsbedingungen allein sind die Lagerkräfte nicht mehr zu ermitteln. Es sind zu deren Bestimmung noch Formänderungsbeziehungen aufzustellen.

Bei der genaueren statischen Untersuchung der Bogenträger mit elastisch verformbaren Tragsystemen lassen sich folgende spezifische Eigenschaften feststellen, durch die sich die genauere Untersuchung von der bisher allgemein verbreiteten, einfachen Berechnungsmethode unterscheidet:

1. Lagerkräfte und innere Kräfte sind den Belastungen nicht mehr proportional. Infolgedessen besteht auch zwischen Belastung und Verformung des Tragsystems keine Proportionalität mehr.

2. Das Superpositionsgesetz verliert seine Gültigkeit. Infolgedessen können die

Einflüsse der einzelnen Belastungsarten nicht mehr unabhängig voneinander berechnet und dann summiert werden.

3. Die Größe der Trägerquerschnitte ist auch bei an und für sich statisch bestimmten Systemen von Einfluß auf den wirklichen Kräfteplan.

4. Der Einfluß der Temperatur kann infolge seiner formändernden Wirkung auch für statisch bestimmte Tragwerke von Bedeutung sein und wächst mit zunehmender Belastung.

Die ersten brauchbaren Untersuchungen über den Einfluß der Systemverformung bei statisch bestimmten Tragwerken, insbesondere den Dreigelenkbogensystemen, wurden im Jahre 1903 von Engesser[1] angestellt. Er setzt sich am Schluß seiner Abhandlung mit einem im Jahre 1900 erschienenen Aufsatz von Melan[2] auseinander, der dieselbe Frage streift, dabei aber zu offensichtlich unrichtigen Näherungsformeln gelangt. Engesser schlägt ein zutreffenderes Näherungsverfahren für hängende und stehende Dreigelenkbogen vor, das er aus geometrischen Verformungsbeziehungen ableitet.

Als Erwiderung auf die Abhandlung Engessers ersetzte Melan noch in demselben Jahre seinen ersten Aufsatz aus dem Jahre 1900 durch einen zweiten[3], in welchem er für die früher aufgestellten, ungenauen Näherungsformeln eine neue, bessere Berechnungsmethode gibt. Dieser Aufsatz ist insofern bemerkenswert, als in ihm eine deutliche Beeinflussung durch die Engessersche Betrachtungsweise zu erkennen ist. Außerdem finden sich hier schon die Ansätze zu einer mathematisch strengeren Behandlung des Problems, wie wir sie in seinen späteren Abhandlungen aus den Jahren 1906[4] und 1925[5] in konsequenterer Durchführung wiederfinden. Bei der später folgenden kritischen Besprechung der einzelnen Berechnungsmethoden wird deshalb nur noch auf diese beiden letzteren Aufsätze von Melan Bezug genommen.

Im Jahre 1908 brachte Müller-Breslau[6] in seinem Werk: „Die graphische Statik der Baukonstruktionen" ein Kapitel über den Einfluß der Formänderungen auf die Biegungsmomente und den Horizontalschub. Seine Betrachtungsweise bewegt sich größtenteils auf derselben Linie wie die Berechnungsmethode von Melan in der letzten Fassung und zeigt deshalb auch dieselben Vor- und Nachteile wie diese.

In allerneuster Zeit hat Kasarnowsky[7] für die Bogenträger mit Kämpfer-

---

[1] Engesser, Fr.: Über den Einfluß der Formänderungen auf den Kräfteplan statisch bestimmter Systeme, insbesondere der Dreigelenkbogen. Z. Architektur u. Ingenieurwes. 1903, S. 178.

[2] Melan, J.: Zur Bestimmung der Spannungen in den durch einen geraden Balken mit Mittelgelenk versteiften Hängeträgern. Z. öst. Ing.- u. Arch.-Ver. 1900, S. 553.

[3] Melan, J.: Die Ermittlung der Spannungen im Dreigelenkbogen und in dem durch einen geraden Balken mit Mittelgelenk versteiften Hängeträger mit Berücksichtigung seiner Formänderung. Öst. Wschr. öffentl. Baudienst 1903, S. 438.

[4] Melan, J.: Genauere Theorie des Zweigelenkbogens mit Berücksichtigung der durch die Belastung erzeugten Formänderung. Handb. Ingenieurwissensch. 1906, II. Bd., 5. Abt. Kap. XII.

[5] Melan, J.: Der biegsame eingespannte Bogen. Bauing. 1925, Heft 4.

[6] Müller-Breslau, H.: Der Einfluß der Formänderungen auf die Biegungsmomente und den Horizontalschub. Die graph. Statik der Baukonstruktionen 1908, II. Bd., 2. Abt., 1. Aufl., S. 529.

[7] Kasarnowsky, S.: Beitrag zur Theorie weitgespannter Brückenbogen mit Kämpfergelenken. Stahlbau 1931, Heft 6.

gelenken eine Theorie der Berechnung aufgestellt, die anfänglich ebenfalls auf den mathematischen Grundlagen von Melan aufbaut, dann aber eigene Wege geht und eine in ihren Ergebnissen befriedigende Berechnungsmethode darstellt.

Eine ausführliche Besprechung dieser Berechnungstheorien sowie ein zahlenmäßiger Vergleich derselben mit den eigenen Ergebnissen erfolgt später an geeigneterer Stelle. Es erscheint aber angebracht, schon hier vorgreifend darauf hinzuweisen, daß die meisten der oben angeführten Berechnungsmethoden nur für ganz bestimmte Bogensysteme und Belastungsfälle aufgestellt sind und Anwendung finden können. Daraus, sowie aus der Verschiedenartigkeit der theoretischen Untersuchungen entspringt das Bedürfnis nach einer fehlerfreien, allgemein aufgebauten und zusammenfassenden Darstellung der Berechnungstheorie aller Bogenträgersysteme, die ein statisch-wirtschaftliches Vergleichen ermöglicht und dadurch dem entwerfenden Ingenieur die Grundlagen zu einer zweckmäßigen Systemwahl liefert.

Im ersten Teil der vorliegenden Arbeit soll nun versucht werden, eine auf alle Bogensysteme anwendbare Berechnungstheorie aufzustellen, die gleichzeitig den Vorteil größter Genauigkeit besitzt.

Im zweiten Teil sollen durch Verwertung der gefundenen theoretischen Erkenntnisse und Beziehungen neue Wege aufgezeigt werden, welche die Verminderung oder völlige Behebung des ungünstigen Einflusses der Systemverformung durch Einführung eines besonderen Formgebungssystems ermöglichen.

Erster Teil

Aufstellung einer Berechnungstheorie für vollwandige Bogenträger unter Berücksichtigung des Einflusses der elastischen Systemverformungen.

I. Der Dreigelenkbogen.

1. Allgemeine Beziehungen zwischen Formänderungen und Verschiebungen am gekrümmten, vollwandigen Träger.

Ein gekrümmtes Trägerelement ds mit den Endpunkten S_1 (x, y) und S_2 $(x + dx, y + dy)$ sowie der Neigung φ der Tangente in S_1 gegen die x-Achse eines Koordinatensystems x, y verschiebe sich unter dem formändernden Einfluß von Momenten und Normalkräften lotrecht in Richtung $-y$ bzw. $+\eta$ und waagerecht in Richtung $+x$ bzw. $+\xi$. Dadurch gelangen die Punkte S_1 und S_2 in die Lage S_1' $(x + \xi, y + \eta)$ und

$$S_2' (x + dx + \xi + d\xi;$$
$$y + dy + \eta + d\eta)$$

Durch Differentiation der Gleichung

$$dy = ds \sin\varphi$$

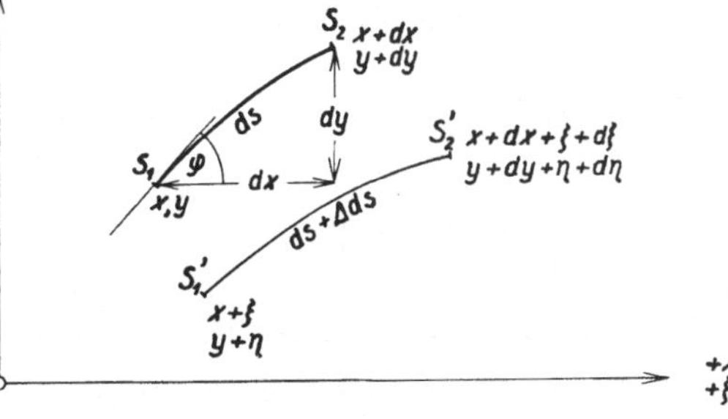

Abb. 1.

erhält man die Änderung $\Delta\,dy$ des Höhenunterschiedes dy aus:

$$\Delta\,dy = \Delta\,ds \cdot \sin\varphi + ds\,\Delta\varphi \cdot \cos\varphi = \frac{\Delta\,ds}{ds}\,dy + \Delta\varphi\,dx\,.$$

Da die lotrechte Verschiebung

$$\eta = -\Delta y$$

sein soll, ferner

$$d\eta = -d\Delta y = -\Delta\,dy$$

ergibt sich für die lotrechten Verschiebungen:

$$d\eta = -\frac{\Delta\,ds}{ds}\,dy - \Delta\varphi\,dx \tag{1}$$

Für die waagerechten Verschiebungen erhält man unter Benützung der Beziehungen:

$$dx = ds \cdot \cos\varphi$$

$$\Delta\,dx = \Delta\,ds \cdot \cos\varphi - ds \cdot \Delta\varphi \cdot \sin\varphi = \frac{\Delta\,ds}{ds}\,dx - \Delta\varphi\,dy$$

sowie:

$$d\xi = + \Delta\, dx .$$

$$\boldsymbol{d\xi = \frac{\Delta\, ds}{ds}\, d\,x - \Delta\,\varphi \cdot d\,y} \tag{2}$$

Nach Engesser und Melan[1] bestehen am vollwandigen, gekrümmten, auf Druck und Biegung beanspruchten Bogenelement ds bei Berücksichtigung seiner Krümmung mit dem Radius r folgende Beziehungen:

$$\left.\begin{aligned}
\frac{\Delta\, ds}{ds} &= -\frac{N}{EF} - \frac{M}{EFr}\,(\pm)\,\omega\,\mathrm{t}^0 \\[2mm]
\frac{\Delta\, d\varphi}{dx} &= +\frac{M}{EJ\cos\varphi} + \frac{N}{EFr\cos\varphi} + \frac{M}{EFr^2\cos\varphi}\,(\mp)\,\frac{\omega\,\mathrm{t}^0}{r\cos\varphi}
\end{aligned}\right\} \tag{3}$$

Darin bedeuten:

M das Biegungsmoment des Bogenelementes	J das Trägheitsmoment des Bogenquerschnittes
N die Normalkraft des Bogenelementes	
t^0 die Temperaturänderung	F die Querschnittsfläche
ω die Wärmeausdehnungszahl	r der Krümmungsradius
E der Elastizitätsmodul	φ der Neigungswinkel der Bogenachse

Bezeichnet l die Spannweite und f die Pfeilhöhe des Bogens, so berechnen sich die Ordinaten der Bogenachse bei der Annahme des Koordinatennullpunktes im Kämpfergelenk nach der Parabelgleichung [2]:

$$y = \frac{4f}{l^2}\,x(l-x) . \tag{4}$$

Daraus erhält man für die stärkste Krümmung im Bogenscheitel die Beziehung:

$$\frac{d^2 y}{dx^2} = -\frac{8f}{l^2} = -\frac{1}{r} . \tag{5}$$

Da die späteren Untersuchungen der Übersichtlichkeit halber nur den Einfluß der ruhenden und beweglichen Belastung verfolgen sollen, bleibt bei den folgenden Betrachtungen das Temperaturglied unberücksichtigt.

Vernachlässigt man ferner das Glied $\dfrac{M}{r}$ gegenüber N und rechnet man statt mit dem in engen Grenzen veränderlichen Wert $\cos\varphi$ mit einem Festwert $\cos\varphi_v = $ const entsprechend dem Neigungscosinus des Bogens im Viertelspunkt, so ergibt sich mit den vereinfachten Ausdrücken:

$$\left.\begin{aligned}
\frac{\Delta\, ds}{ds} &= \varepsilon = -\frac{N}{EF} = \text{const} \\[2mm]
\frac{\Delta\, d\varphi}{dx} &= +\frac{M}{EJ\cos\varphi} + \frac{N}{EFr\cos\varphi}
\end{aligned}\right\} \tag{6}$$

durch zweimalige Differentiation der Gl. (1):

$$\frac{d^2\eta}{dx^2} = -\frac{\Delta\, ds}{ds}\cdot\frac{d^2 y}{dx^2} - \frac{d\Delta\,\varphi}{dx}$$

---

[1] Siehe Fußnote 4. S. 3.

[2] Für alle Bogenbrücken, bei welchen die ruhende Last als gleichmäßig über die ganze Stützweite l verteilt angenommen werden kann, stellt nach Strassner [3] die Parabel die günstigste Bogenform dar. Bei Stahlbrücken und massiven Brücken mit stark gegliedertem Aufbau trifft diese Belastungsannahme annähernd zu.

[3] Strassner, A.: Neuere Methoden zur Statik der Rahmentragwerke; 2. Bd. Der Bogen und das Brückengewölbe. Berlin 1921.

oder

$$\frac{d^2\eta}{dx^2} = -\frac{M}{EJ\cos\varphi} - \frac{(1+\cos\varphi_v)}{\cos\varphi_v}\cdot\frac{N}{EFr}.$$

Da die folgenden Beziehungen zunächst nur für Bogenträger mit gleichbleibenden Querschnittsgrößen J und F durchgeführt werden, so kann weiterhin

$$J\cos\varphi_v = J_0 = \text{const}$$

$$F\cos\varphi_v = F_0 = \text{const}$$

gesetzt werden. Außerdem kann man praktisch genügend genau mit

$$\frac{1+\cos\varphi_v}{\cos\varphi_v} \approx 2$$

sowie

$$N = \frac{H}{\cos\varphi_v} = \text{const}$$

rechnen.

Damit erhält man die für die weitere Berechnung maßgebende Form der Differentialgleichung:

$$\boxed{\frac{d^2\eta}{dx^2} = -\frac{M_x}{EJ_0} - \frac{2H}{EF_0\,r}} \tag{7}$$

2. Die Gleichung der lotrechten Verschiebungsordinaten η.

Bezeichnet man die Koordinaten eines Punktes der Bogenachse im unbelasteten Zustand, bezogen auf den linken Kämpferpunkt mit x, y, bezogen auf den rechten Kämpferpunkt mit z, y, ferner die Senkung dieses Punktes infolge einer Belastung mit η, so berechnet sich bei Vernachlässigung der waagerechten Verschiebungen ξ das Moment in bezug auf den betrachteten lotrecht verschobenen Bogenpunkt aus:

$$\left.\begin{array}{l} M_x = \mathfrak{M}_x - H(y-\eta) \\ \text{bzw.} \\ M_z = \mathfrak{M}_z - H(y-\eta) \end{array}\right\} \tag{8}$$

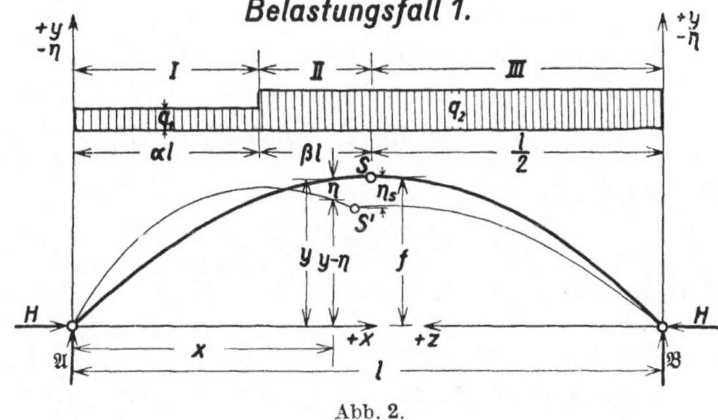

Abb. 2.

Darin bedeutet $\mathfrak{M}_x$ das Biegemoment an der Stelle x eines frei aufliegenden Trägers gleicher Spannweite, H der am Dreigelenkbogen auftretende Horizontalschub (vgl. Abb. 2).

Aus den Gl. (7) u. (8) erhält man zur Berechnung der lotrechten Verschiebungen die Differentialgleichung:

$$\frac{d^2\eta}{dx^2} = -\frac{M_x}{EJ_0} - \frac{2H}{EF_0\,r} = -\frac{H}{EJ_0}\eta - \frac{H}{EJ_0}\left(\frac{\mathfrak{M}_x}{H} - y + \frac{2J_0}{rF_0}\right).$$

Setzt man:

$$\frac{H}{EJ_0} = c^2 \qquad\qquad \left(\frac{\mathfrak{M}_x}{H} - y + \frac{2J_0}{rF_0}\right) = F(x)$$

so ergibt sich die allgemeine Form:

$$\frac{d^2\eta}{dx^2} + c^2\eta + c^2 F(x) = 0 \,. \tag{9}$$

Für die in Betracht zu ziehenden Belastungsfälle und bei der Annahme einer parabolischen Bogenachse nach Gl. (5) wird $F(x)$ eine ganze, algebraische Funktion zweiten Grades. Dann lautet das allgemeine Integral der Differentialgleichung (9):

$$\eta = A \sin cx + B \cos cx - F(x) + \frac{1}{c^2} F''(x) \,. \tag{10}$$

Im allgemeinen genügt zur Berechnung der maßgebenden Momente und Normalkräfte der Bogenträger im Kämpfer, Viertelpunkt und Scheitel, sowie zur Bestimmung der größten Einsenkung η_s im Bogenscheitel die Aufstellung von zwei Grundfällen der Belastung.

Aus dem allgemeinen Lastfall einer unsymmetrischen und unstetigen, gleichmäßig verteilt aufgebrachten Belastung nach Belastungsfall 1 können die Größtmomente im Kämpfer und Viertelspunkt berechnet werden.

Aus dem allgemeinen Lastfall einer zum Scheitel symmetrisch angeordneten und unstetigen, gleichmäßig verteilten Belastung nach Belastungsfall 2 ergibt sich das größte Scheitelmoment bzw. die maximale Einsenkung η_s des Bogenscheitels.

Die Belastungslängen können mit genügender Genauigkeit aus der einfacheren Berechnungsmethode übernommen werden. Es sei:

$q_1 = g$ auf die Belastungslänge $x_0 = \alpha l$
$q_2 = g + p$ auf die Belastungslänge $z_0 = l(1 - \alpha)$
g = gleichmäßig verteilte ruhende Last in t/m
p = gleichmäßig verteilte Verkehrslast in t/m

Bei der Unstetigkeit der Belastung und der Verformungslinie erhält man als Gleichung der Einsenkungen η:

Bereich I:

$$\eta_I = A_I \sin cx + B_I \cos cx - F_I(x) + \frac{1}{c^2} F_I''(x)$$

Bereich II:

$$\eta_{II} = A_{II} \sin cx + B_{II} \cos cx - F_{II}(x) + \frac{1}{c^2} F_{II}''(x)$$

Bereich III:

$$\eta_{III} = A_{III} \sin cz + B_{III} \cos cz - F_{III}(z) + \frac{1}{c^2} F_{III}''(z)$$

Setzt man für die Ausdrücke $F(x)$ und $F''(x)$

$$F_I(x) = \frac{\mathfrak{M}_I}{H} - y + \frac{2J_0}{rF_0} = \frac{1}{H}\left[(q_1 - q_2)\left(1 - \frac{\alpha}{2}\right)\alpha l x + \frac{q_2 l}{2} x - \frac{q_1}{2} x^2\right]$$
$$- \frac{4f}{l} x + \frac{4f}{l^2} x^2 + \frac{2J_0}{rF_0}$$

$$F_I''(x) = -\left(\frac{q_1}{H} - \frac{8f}{l^2}\right) = -\left(\frac{q_1}{H} - \frac{1}{r}\right)$$

$$F_{II}(x) = \frac{1}{H}\left[(q_1 - q_2)\frac{\alpha^2 l}{2}(l - x) + \frac{q_2}{2} x(l - x)\right] - \frac{4f}{l} x + \frac{4f}{l^2} x^2 + \frac{2J_0}{rF_0}$$

$$F_{II}''(x) = -\left(\frac{q_2}{H} - \frac{8f}{l^2}\right) = -\left(\frac{q_2}{H} - \frac{1}{r}\right)$$

$$F_{III}(z) = \frac{1}{H}\left[(q_1-q_2)\frac{\alpha^2 l}{2}z + \frac{q_2}{2}z(l-z)\right] - \frac{4f}{l}z + \frac{4f}{l^2}z^2 + \frac{2J_0}{rF_0}$$

$$F''_{III}(z) = -\left(\frac{q_2}{H} - \frac{8f}{l^2}\right) = -\left(\frac{q_2}{H} - \frac{1}{r}\right)$$

so ergeben sich die Gleichungen der Einsenkungen η zu:

$$\left.\begin{aligned}
\eta_I &= A_I \sin cx + B_I \cos cx - \frac{1}{H}\left[(q_1-q_2)\left(1-\frac{\alpha}{2}\right)\alpha l x + \frac{q_2 l}{2}x - \frac{q_1}{2}x^2\right] \\
&\quad + \frac{4f}{l}x - \frac{4f}{l^2}x^2 - \frac{2J_0}{rF_0} - \frac{1}{c^2}\left(\frac{q_1}{H} - \frac{1}{r}\right)
\end{aligned}\right\} \quad (11)$$

$$\left.\begin{aligned}
\eta'_I &= c A_I \cos cx - c B_I \sin cx - \frac{1}{H}\left[(q_1-q_2)\left(1-\frac{\alpha}{2}\right)\alpha l + \frac{q_2 l}{2} - q_1 x\right] \\
&\quad + \frac{4f}{l} - \frac{8f}{l^2}x
\end{aligned}\right\} \quad (12)$$

$$\left.\begin{aligned}
\eta_{II} &= A_{II}\sin cx + B_{II}\cos cx - \frac{1}{H}\left[(q_1-q_2)\frac{\alpha^2 l}{2}(l-x) + \frac{q_2}{2}x(l-x)\right] \\
&\quad + \frac{4f}{l}x - \frac{4f}{l^2}x^2 - \frac{2J_0}{rF_0} - \frac{1}{c^2}\left(\frac{q_2}{H} - \frac{1}{r}\right)
\end{aligned}\right\} \quad (13)$$

$$\eta'_{II} = c A_{II}\cos cx - c B_{II}\sin cx - \frac{1}{H}\left[\frac{q_2 l}{2} - q_2 x - (q_1-q_2)\frac{\alpha^2 l}{2}\right] + \frac{4f}{l} - \frac{8f}{l^2}x \quad (14)$$

$$\left.\begin{aligned}
\eta_{III} &= A_{III}\sin cz + B_{III}\cos cz - \frac{1}{H}\left[(q_1-q_2)\frac{\alpha^2 l}{2}z + \frac{q_2}{2}z(l-z)\right] \\
&\quad + \frac{4f}{l}z - \frac{4f}{l^2}z^2 - \frac{2J_0}{rF_0} - \frac{1}{c^2}\left(\frac{q_2}{H} - \frac{1}{r}\right)
\end{aligned}\right\} \quad (15)$$

$$\eta'_{III} = c A_{III}\cos cz - c B_{III}\sin cz - \frac{1}{H}\left[(q_1-q_2)\frac{\alpha^2 l}{2} + \frac{q^2}{2}l - q_2 z\right] + \frac{4f}{l} - \frac{8f}{l^2}z. \quad (16)$$

Die Konstanten $A_I\ A_{II}\ A_{III}$, $B_I\ B_{II}\ B_{III}$ bestimmen sich aus den Rand-bedingungen:

a) $x=0$ $\eta_I=0$ d) $z=\dfrac{l}{2}$ $M_s=0$

b) $z=0$ $\eta_{III}=0$ e) $x=\alpha l$ $\eta_I=\eta_{II}$

c) $x=\dfrac{l}{2}$ $M_s=0$ f) $x=\alpha l$ $\eta'_I=\eta'_{II}$.

Aus a) erhält man:

$$B_I = \frac{1}{c_2}\left(\frac{q_1}{H} - \frac{1}{r}\right) + \frac{2J_0}{rF_0}. \quad (17)$$

Aus b):

$$B_{III} = \frac{1}{c^2}\left(\frac{q_2}{H} - \frac{1}{r}\right) + \frac{2J_0}{rF_0}. \quad (18)$$

Aus c):

$$A_{II} = \frac{B_{III}}{\sin\dfrac{cl}{2}} - B_{II}\,ctg\,\frac{cl}{2}. \quad (19)$$

Aus d):

$$A_{III} = B_{III}\,tg\,\frac{cl}{4}. \quad (20)$$

Aus e) und f):

$$A_I = A_{II} + (B_I - B_{III}) \sin \alpha c l \tag{21}$$

$$B_{II} = B_I + (B_{III} - B_I) \cos \alpha c l . \tag{22}$$

Damit sind für die Berechnung der Einsenkung η, sowie des Momentes M_x und der Normalkraft N_x eines Bogenpunktes $(x, y - \eta)$ die Werte η, M_x und N_x als Funktionen des veränderlichen Horizontalschubes H dargestellt. Zur Bestimmung der noch allein unbekannten Größe H ist die Aufstellung einer weiteren Beziehung notwendig, welche man durch Gleichsetzen der von den äußeren und inneren Kräften am Bogenträger geleisteten Formänderungsarbeiten erhält.

3. Die Bestimmung des Horizontalschubes H aus der Arbeitsgleichung.

Aus der allgemeinen Arbeitsgleichung

$$\frac{q}{2} \int_A^B \eta \, dx = \frac{1}{2EJ} \int_A^B M^2 \, ds + \frac{1}{2EF} \int_A^B N^2 \, ds \tag{23}$$

wird bei der Zerlegung in drei Stetigkeitsbereiche:

$$\frac{q_1}{2} \int_{x=0}^{x=\alpha l} \eta_I \, dx + \frac{q_2}{2} \int_{x=\alpha l}^{x=l/2} \eta_{II} \, dx + \frac{q_2}{2} \int_{z=0}^{z=l/2} \eta_{III} \, dz = \frac{1}{2EJ_0} \left[\int_{x=0}^{x=\alpha l} M_I^2 \, dx + \int_{x=\alpha l}^{x=l/2} M_{II}^2 \, dx + \int_{z=0}^{z=l/2} M_{III}^2 \, dz \right]$$

$$+ \frac{1}{2EF_0} \left[\int_{x=0}^{x=\alpha l} N_I^2 \, dx + \int_{x=\alpha l}^{x=l/2} N_{II}^2 \, dx + \int_{z=0}^{z=l/2} N_{III}^2 \, dz \right] .$$

a) Die Arbeit der äußeren Kräfte.

$$\frac{q_1}{2} \int_0^{\alpha l} \eta_I \, dx + \frac{q_2}{2} \int_{\alpha l}^{l/2} \eta_{II} \, dx + \frac{q_2}{2} \int_0^{l/2} \eta_{III} \, dz$$

$$= \frac{q_1}{2} \left\{ \frac{A_I}{c} (1 - \cos \alpha c l) + \frac{B_I}{c} (\sin \alpha c l - \alpha c l) - \frac{\alpha^2 l^3}{2H} \left[(q_2 - q_1) \frac{\alpha^2}{2} + \frac{q_2}{2} - (3 q_2 - 2 q_1) \frac{\alpha}{3} \right] \right.$$

$$\left. + \frac{\alpha^2 f l}{3} (6 - 4\alpha) \right\} + \frac{q_2}{2} \left\{ \frac{A_{II}}{c} \left(1 - \cos \frac{c l}{2} \right) + \frac{B_{II}}{c} \sin \frac{c l}{2} - B_{III} \frac{l}{2} \right.$$

$$- \frac{l^3}{16 H} \left[(q_1 - q_2) 3 \alpha^2 + \frac{2}{3} q_2 \right] + \frac{f l}{3} \right\} - \frac{q_2}{2} \left\{ \frac{A_{II}}{c} (1 - \cos \alpha c l) + \frac{B_{II}}{c} \sin \alpha c l \right.$$

$$- B_{III} \alpha l - \frac{\alpha^2 l^3}{2 H} \left[(q_1 - q_2) \left(1 - \frac{\alpha}{2} \right) \alpha + \frac{q_2}{2} \left(1 - \frac{2}{3} \alpha \right) \right] + \frac{\alpha^2 f l}{3} (6 - 4\alpha) \right\}$$

$$+ \frac{q_2}{2} \left\{ \frac{A_{III}}{c} \left(1 - \cos \frac{c l}{2} \right) + \frac{B_{III}}{c} \left(\sin \frac{c l}{2} - \frac{c l}{2} \right) - \frac{l^3}{16 H} \left[(q_1 - q_2) \alpha^2 + \frac{2}{3} q_2 \right] + \frac{f l}{3} \right\} .$$

b) Die Arbeit der inneren Kräfte.

α) Die Arbeit der Momente. Aus Gl. (4), (8) u. (10) berechnet sich das Moment an einer Stelle x, $y - \eta$ zu:

$$M_x = H \left[A \sin c x + B \cos c x + \frac{1}{c^2} F''(x) - \frac{2 J_0}{r F_0} \right] . \tag{24}$$

Für die einzelnen Bereiche ist dann:

$$M_I = H \left[A_I \sin c x + B_I (\cos c x - 1) \right]$$

$$M_{II} = H \left[A_{II} \sin c x + B_{II} \cos c x - B_{III} \right]$$

$$M_{III} = H \left[A_{III} \sin c z + B_{III} (\cos c z - 1) \right]$$

Durch Integration und Einsetzen der Grenzen erhält man:

$$\frac{1}{2EJ_0}\left[\int_0^{\alpha l} M_I^2\,dx + \int_{\alpha l}^{l/2} M_{II}^2\,dx + \int_0^{l/2} M_{III}^2\,dz\right] = \frac{H^2}{4cEJ_0}\left(\left\{A_I^2\left[\alpha cl - \frac{\sin 2\alpha cl}{2}\right]\right.\right.$$

$$+ A_I B_I[4\cos\alpha cl - \cos 2\alpha cl - 3] + B_I^2\left[3\alpha cl + \frac{\sin 2\alpha cl}{2} - 4\sin\alpha cl\right]\Big\}$$

$$+ \left\{A_{II}^2\frac{cl - \sin cl}{2} + A_{II}B_{II}[1 - \cos cl] + 4A_{II}B_{III}\left[\cos\frac{cl}{2} - 1\right] + B_{II}^2\frac{cl + \sin cl}{2}\right.$$

$$- 4B_{II}B_{III}\sin\frac{cl}{2} + B_{III}^2 cl\Big\} - \left\{A_{II}^2\left[\alpha cl - \frac{\sin 2\alpha cl}{2}\right] + A_{II}B_{II}[1 - \cos 2\alpha cl]\right.$$

$$+ 4A_{II}B_{III}[\cos\alpha cl - 1] + B_{II}^2\left[\alpha cl + \frac{\sin 2\alpha cl}{2}\right] - 4B_{II}B_{III}\sin\alpha cl + 2B_{III}^2\alpha cl\Big\}$$

$$+ \left\{A_{III}^2\frac{cl - \sin cl}{2} + A_{III}B_{III}\left[4\cos\frac{cl}{2} - \cos cl - 3\right] + B_{III}^2\left[\frac{3cl + \sin cl}{2} - 4\sin\frac{cl}{2}\right]\right\}\right)$$

β) **Die Arbeit der Normalkräfte.** Es ist mit genügender Genauigkeit:

$$N = -\frac{H}{\cos\varphi_v}$$

zu setzen. Dann ergibt sich mit

$$N_I = N_{II} = N_{III} = N$$

für die Arbeit der Normalkräfte:

$$\frac{1}{2EF_0}\left[\int_0^{\alpha l} N_I^2\,dx + \int_{\alpha l}^{l/2} N_{II}^2\,dx + \int_0^{l/2} N_{III}^2\,dx\right] = \frac{H^2 l}{2EF_0\cos^2\varphi_v}$$

c) **Die vollständige Arbeitsgleichung.**

Es ist:

$$q_1\left\{\frac{A_I}{c}(1 - \cos\alpha cl) + \frac{B_I}{c}(\sin\alpha cl - \alpha cl) - \frac{\alpha^2 l^3}{2H}\left[(q_2 - q_1)\frac{\alpha^2}{2} + \frac{q_2}{2} - (3q_2 - 2q_1)\frac{\alpha}{3}\right]\right.$$

$$+ \frac{\alpha^2 fl}{3}(6 - 4\alpha)\Big\} + q_2\left\{\frac{A_{II}}{c}\left(1 - \cos\frac{cl}{2}\right) + \frac{B_{II}}{c}\sin\frac{cl}{2} - B_{III}\frac{l}{2}\right.$$

$$- \frac{l^3}{16H}\left[(q_1 - q_2)3x^2 + \frac{2}{3}q_2\right] + \frac{fl}{3}\Big\} - q_2\left\{\frac{A_{II}}{c}(1 - \cos\alpha cl) + \frac{B_{II}}{c}\sin\alpha cl - B_{III}\alpha l\right.$$

$$- \frac{\alpha^2 l^3}{2H}\left[(q_1 - q_2)\left(1 - \frac{\alpha}{2}\right)\alpha + \frac{q_2}{2}\left(1 - \frac{2}{3}\alpha\right)\right] + \frac{\alpha_2 fl}{3}(6 - 4\alpha)\Big\}$$

$$+ q_2\left\{\frac{A_{III}}{2}\left(1 - \cos\frac{cl}{c}\right) + \frac{B_{III}}{c}\left(\sin\frac{cl}{2} - \frac{cl}{2}\right) - \frac{l^3}{16H}\left[(q_1 - q_2)\alpha^2 + \frac{2}{3}q_2\right] + \frac{fl}{3}\right\}$$

$$= \frac{H^2}{2cEJ_0}\left(\left\{A_I^2\left[\alpha cl - \frac{\sin 2\alpha cl}{2}\right] + A_I B_I[4\cos\alpha cl - \cos 2\alpha cl - 3]\right.\right.$$

$$+ B_I^2\left[3\alpha cl + \frac{\sin 2\alpha cl}{2} - 4\sin\alpha cl\right]\Big\} + \left\{A_{II}^2\frac{cl - \sin cl}{2} + A_{II}B_{II}[1 - \cos cl]\right.$$

$$+ 4A_{II}B_{III}\left[\cos\frac{cl}{2} - 1\right] + B_{II}^2\frac{cl + \sin cl}{2} - 4B_{II}B_{III}\sin\frac{cl}{2} + B_{III}^2 cl\Big\}$$

$$- \left\{A_{II}^2\left[\alpha cl - \frac{\sin 2\alpha cl}{2}\right] + A_{II}B_{II}[1 - \cos 2\alpha cl] + 4A_{II}B_{III}[\cos\alpha cl - 1]\right.$$

$$+ B_{II}^2\left[\alpha cl + \frac{\sin 2\alpha cl}{2}\right] - 4B_{II}B_{III}\sin\alpha cl + 2B_{III}^2\alpha cl\Big\} + \left\{A_{III}^2\frac{cl - \sin cl}{2}\right.$$

$$+ A_{III}B_{III}\left[4\cos\frac{cl}{2} - \cos cl - 3\right] + B_{III}^2\left[\frac{3cl + \sin cl}{2} - 4\sin\frac{cl}{2}\right]\Big\}\right)$$

$$+ \frac{H^2 l}{EF_0\cos^2\varphi_v}\,.$$

$$(25)$$

Aus dieser Gleichung ist nach der Annahme von System- und Querschnittsabmessungen für gegebene Belastungen und Belastungslängen H durch Probieren zu ermitteln. Für die Wahl des in der Probiergleichung einzusetzenden Horizontalschubes H sind folgende Überlegungen maßgebend:

Beim Dreigelenkbogen sind durch die Gelenke im Scheitel und in den Kämpfern auch bei verformter Bogenachse drei Durchgangspunkte der Stützlinie festgelegt. Daraus kann bei bekannter Pfeilhöhe f bzw. $f - \eta_s$ eine Gleichung zur unmittelbaren Berechnung des Horizontalschubes H_0 bzw. H abgeleitet werden. Es ist z. B. für den Belastungsfall 1 beim Einsetzen des Grenzwertes $\alpha = 1$, was einer gleichmäßig verteilten ruhenden Belastung $q_1 = g$ entspricht, der Horizontalschub ohne Berücksichtigung der Verformung der Bogenachse

$$H_0 = \frac{g\,l^2}{8\,f}\,.$$

Bei Berücksichtigung der Formänderungen wird:

$$H = \frac{g\,l^2}{8\,(f - \eta_s)}\,.$$

Demnach ist für alle Belastungsfälle, die eine Senkung η_s des Bogenscheitels zur Folge haben:

$$H > H_0$$

anzunehmen.

Für den allgemeinen Fall der symmetrisch zum Bogenscheitel angeordneten und unstetigen, gleichmäßig verteilt aufgebrachten Belastung nach Belastungsfall 2 ergeben sich als Gleichungen der lotrechten Verschiebungen η:

Bereich I:

$$\left.\begin{aligned}
\eta_I &= A_I \sin c\,x + B_I \cos c\,x - \frac{1}{H}\left[\frac{q_2}{2}\,l\,x + (q_1 - q_2)\,\alpha\,l\,x - \frac{q_1\,x^2}{2}\right] \\
&\quad + \frac{4f}{l}\,x - \frac{4f}{l^2}\,x^2 - \frac{2\,J_0}{r\,F_0} - \frac{1}{c^2}\left(\frac{q_1}{H} - \frac{1}{r}\right)
\end{aligned}\right\} \quad (26)$$

$$\eta_I' = c\,A_I \cos c\,x - c\,B_I \sin c\,x - \frac{1}{H}\left[\frac{q_2\,l}{2} + (q_1 - q_2)\,\alpha\,l - q_1\,x\right] + \frac{4f}{l} - \frac{8f}{l^2}x\,. \quad (27)$$

Bereich II:

$$\left.\begin{aligned}
\eta_{II} &= A_{II} \sin c\,x + B_{II} \cos c\,x - \frac{1}{H}\left[(q_1 - q_2)\,\frac{\alpha^2\,l^2}{2} + \frac{q_2}{2}\,(l\,x - x^2)\right] \\
&\quad + \frac{4f}{l}\,x - \frac{4f}{l^2}\,x^2 - \frac{2\,J_0}{r\,F_0} - \frac{1}{c^2}\left(\frac{q_2}{H} - \frac{1}{r}\right)
\end{aligned}\right\} \quad (28)$$

$$\eta_{II}' = c\,A_{II} \cos c\,x - c\,B_{II} \sin c\,x - \frac{1}{H}\left[\frac{q_2\,l}{2} - q_2\,x\right] + \frac{4f}{l} - \frac{8f}{l^2}\,x \quad (29)$$

Die Konstanten A_I A_{II}, B_I B_{II} bestimmen sich aus den Randbedingungen:

$$\begin{array}{llll}
\text{a)}\ x = 0\ ; & \eta_I = 0 & \text{c)}\ x = \alpha\,l\ ; & \eta_I = \eta_{II} \\[4pt]
\text{b)}\ x = \dfrac{l}{2}\ ; & M_s = 0 & \text{d)}\ x = \alpha\,l\ ; & \eta_I' = \eta_{II}'
\end{array}$$

Aus a erhält man:

$$B_I = \frac{1}{c^2}\left(\frac{q_1}{H} - \frac{1}{r}\right) + \frac{2\,J_0}{r\,F_0}\,.\qquad(30)$$

Aus b:

$$A_{II} = \frac{1}{\sin\dfrac{c\,l}{2}}\left[\frac{1}{c^2}\left(\frac{q_2}{H} - \frac{1}{r}\right) + \frac{2\,J_0}{r\,F_0}\right] - B_{II}\,\mathrm{ctg}\,\frac{c\,l}{2}\,.\qquad(31)$$

Aus c und d:

$$A_I = A_{II} + \frac{\sin\alpha\,c\,l}{c^2\,H}\,(q_1 - q_2)\qquad(32)$$

$$B_{II} = B_I - \frac{\cos\alpha\,c\,l}{c^2\,H}\,(q_1 - q_2).\qquad(33)$$

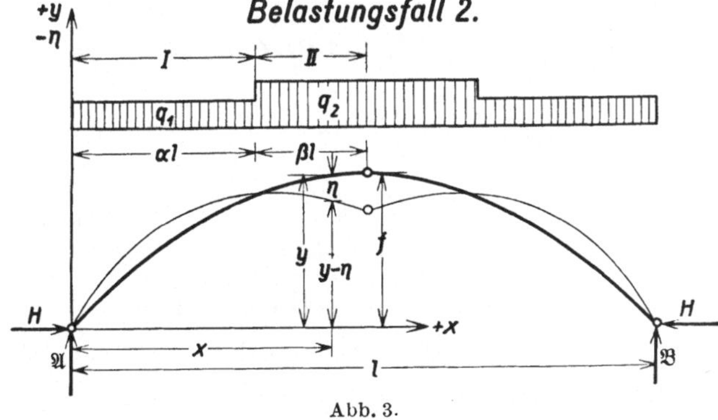

Abb. 3.

Für den Belastungsfall 2 erhält man bei der Zerlegung in zwei Stetigkeitsbereiche die Arbeitsgleichung:

$$\left.\begin{aligned}
q_1\int_{x=0}^{x=\alpha l}\eta_I\,dx + q_2\int_{x=\alpha l}^{x=l/2}\eta_{II}\,dx &= \frac{1}{E\,J_0}\left[\int_{x=0}^{x=\alpha l} M_I^2\,dx + \int_{x=\alpha l}^{x=l/2} M_{II}^2\,dx\right]\\
&\quad + \frac{1}{E\,F_0}\left[\int_{x=0}^{x=\alpha l} N_I^2\,dx + \int_{x=\alpha l}^{x=l/2} N_{II}^2\,dx\right].
\end{aligned}\right\}\;(34)$$

Setzt man:

$$\left.\begin{aligned}
M_I &= H\,[A_I\sin cx + B_I(\cos cx - 1)]\\
M_{II} &= H\,[A_{II}\sin cx + B_{II}\cos cx - C_{II}]
\end{aligned}\right\}\;(35)$$

worin:

$$C_{II} = \frac{1}{c^2}\left(\frac{q_2}{H} - \frac{1}{r}\right) + \frac{2\,J_0}{r\,F_0}\qquad(36)$$

und für die Normalkräfte

$$N_I = N_{II} = N = -\frac{H}{\cos\varphi_v}$$

so ergibt sich durch Integrieren und Einsetzen der Grenzen die vollständige

Arbeitsgleichung mit:

$$2\,q_1\left\{\frac{A_I}{c}\,(1-\cos\alpha\,c\,l)+\frac{B_I}{c}\,(\sin\alpha\,c\,l-\alpha\,c\,l)-\frac{\alpha^2\,l^3}{2H}\Big[\frac{q_2}{2}+\alpha\Big(\frac{2}{3}\,q_1-q_2\Big)\Big]\right.$$

$$+\frac{\alpha^2 f l}{3}\,(6-4\alpha)\Big\}+2\,q_2\left\{\frac{A_{II}}{c}\Big(1-\cos\frac{c\,l}{2}\Big)+\frac{B_{II}}{c}\sin\frac{c\,l}{2}-C_{II}\frac{l}{2}\right.$$

$$-\frac{l^3}{8H}\Big[\frac{q_2}{3}+(q_1-q_2)\,2\alpha^2\Big]+\frac{f\,l}{3}\Big\}-2\,q_2\left\{\frac{A_{II}}{c}\,(1-\cos\alpha\,c\,l)+\frac{B_{II}}{c}\sin\alpha\,c\,l\right.$$

$$-C_{II}\alpha\,l-\frac{\alpha^2 l^3}{2H}\Big[\frac{q_2}{2}+\alpha\,\Big(q_1-\frac{4}{3}\,q_2\Big)\Big]+\frac{\alpha^2 f l}{3}\,(6-4\alpha)\Big\}$$

$$=\frac{H^2}{c\,E\,J_0}\left(\Big\{A_I^2\Big[\alpha\,c\,l-\frac{\sin 2\alpha\,c\,l}{2}\Big]+A_I\,B_I\,[4\cos\alpha\,c\,l-\cos 2\,\alpha\,c\,l-3]\right.$$

$$+B_I^2\Big[3\,\alpha\,c\,l+\frac{\sin 2\alpha\,c\,l}{2}-4\sin\alpha\,c\,l\Big]\Big\}+\Big\{A_{II}^2\frac{c\,l-\sin c\,l}{2}+A_{II}\,B_{II}\,[1-\cos c\,l]$$

$$+4\,A_{II}\,C_{II}\Big[\cos\frac{c\,l}{2}-1\Big]+B_{II}^2\,\frac{c\,l+\sin c\,l}{2}-4\,B_{II}\,C_{II}\sin\frac{c\,l}{2}+C_{II}^2\,c\,l\Big\}$$

$$-\Big\{A_{II}^2\Big[\alpha\,c\,l-\frac{\sin 2\alpha\,c\,l}{2}\Big]+A_{II}\,B_{II}\,[1-\cos 2\,\alpha\,c\,l]+4\,A_{II}\,C_{II}\,[\cos\alpha\,c\,l-1]$$

$$\left.+B_{II}^2\Big[\alpha\,c\,l+\frac{\sin 2\alpha\,c\,l}{2}\Big]-4\,B_{II}\,C_{II}\sin\alpha\,c\,l+2\,C_{II}^2\,\alpha\,c\,l\Big\}\right)+\frac{H^2\,l}{E\,F_0\cos^2\varphi_v}\,. \qquad (37)$$

4. Anwendung und Zahlenbeispiele.

a) Zahlenbeispiel 1.

Setzt man in den allgemeinen Belastungsfällen 1 und 2

$$\alpha=0\quad\text{und}\quad q_1=q_2=g,$$

so erhält man den Sonderfall einer gleichmäßig über den ganzen Bogen verteilten Belastung g in t/m (vgl. Abb. 4).

Es ergeben sich dann die Konstanten für eine Bogenhälfte mit:

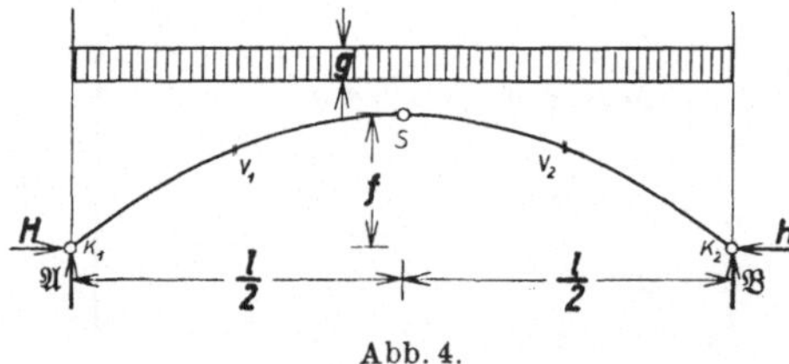

Abb. 4.

$$B=\frac{1}{c^2}\Big(\frac{g}{H}-\frac{1}{r}\Big)+\frac{2J}{rF}$$

$$A=B\,\text{tg}\,\frac{c\,l}{4}.$$

Die Arbeitsgleichung vereinfacht sich zu:

$$2\,g\left\{\frac{B}{c}\Big[\text{tg}\,\frac{c\,l}{4}-\text{tg}\,\frac{c\,l}{4}\cos\frac{c\,l}{2}+\sin\frac{c\,l}{2}-\frac{c\,l}{2}\Big]-\frac{g\,l^3}{24H}+\frac{f\,l}{3}\right\}$$

$$=\frac{H^2\,B^2}{2\,c\,E\,J_0}\left\{\text{tg}\,\frac{c\,l}{4}\Big[\text{tg}\,\frac{c\,l}{4}\,(c\,l-\sin c\,l)+2\,\Big(4\cos\frac{c\,l}{2}-\cos c\,l-3\Big)\Big]\right.$$

$$\left.+3\,c\,l+\sin c\,l-8\sin\frac{c\,l}{2}\right\}+\frac{H^2\,l}{E\,F_0\cos^2\varphi_v}\,.$$

Darin sei:

$$l=212{,}00\ \text{m}\ ^*\qquad J=0{,}460\ \text{m}^4\qquad g=8{,}80\ \text{t/m}$$

---

* Die Zahlenwerte sind zwecks späterer Vergleichsmöglichkeit in Anlehnung an das Rechenbeispiel von Kasarnowsky gewählt worden.

$$f = 21{,}25\ \text{m} \qquad W = 0{,}358\ \text{m}^3 \qquad E = 21\,000\,000\,\frac{\text{t}}{\text{m}^2}$$

$$F = 0{,}319\ \text{m}^2 \qquad \text{Baustahl St. 52}$$

$$\cos\varphi_v = \frac{1}{1 + 4\left(\dfrac{f}{l}\right)^2} = 0{,}980\,491\ .$$

Infolge der zu erwartenden Senkung des Scheitelgelenkes und der dadurch verursachten Verkleinerung des Pfeilverhältnisses ist

$$H > H_0$$

anzunehmen.

$$H_0 = \frac{g\,l^2}{8\,f} = 2326{,}51\,\text{t} \qquad H_{\text{gew}} = 2350{,}98\,\text{t}\ .$$

Die zur Durchführung der Berechnung erforderlichen Größen bestimmen sich damit zu:

$$c = \sqrt{\frac{H}{E J_0}} = 0{,}015\,754\,9\,{}^{*}\ ; \qquad c\,l = 3{,}340\,030;$$

$$r = 264{,}376\ \text{m}$$

$$\sin c\,l = -\,0{,}197\,138; \qquad \sin\frac{c\,l}{2} = +\,0{,}995\,082; \qquad \text{tg}\ \frac{c\,l}{4} = +\,1{,}104\,490$$

$$\cos c\,l = -\,0{,}980\,376; \qquad \cos\frac{c\,l}{2} = -\,0{,}099\,056; \qquad \cos\frac{c\,l}{4} = 0{,}671\,172$$

$$A = -\,0{,}163\,138; \qquad B = -\,0{,}147\,705\ .$$

Ist der Horizontalschub H der Wirklichkeit entsprechend gewählt, so muß sich beim Einsetzen der damit errechneten Werte in die Arbeitsgleichung Gleichheit der Arbeit der äußeren und inneren Kräfte ergeben.

Als Arbeit der äußeren Kräfte erhält man:

$$2g\left(\frac{B}{c}\left[\text{tg}\,\frac{c\,l}{4}\right)1 - \cos\frac{c\,l}{2}\left(+\sin\frac{c\,l}{2} - \frac{c\,l}{2}\right] - \frac{g\,l^3}{24\,H} + \frac{f\,l}{3}\right) = 186{,}032\,\text{tm}\ .$$

Die von Momenten und Normalkräften geleistete innere Arbeit ergibt sich zu:

$$\frac{H^2 B^2}{2\,c\,E J_0}\left(\text{tg}\,\frac{c\,l}{4}\left[\text{tg}\,\frac{c\,l}{4}\,(c\,l - \sin c\,l) + 2\left(4\cos\frac{c\,l}{2} - \cos c\,l - 3\right)\right] + 3\,c\,l + \sin c\,l\right.$$

$$\left. -\,8\sin\frac{c\,l}{2}\right) + \frac{H^2 l}{E F_0 \cos^2\varphi_v} = 0{,}361 + 185{,}564 = 185{,}925\,\text{tm}\ .$$

Die Übereinstimmung ist ausreichend, so daß eine erneute, etwas veränderte Annahme des Horizontalschubes H nicht erforderlich wird.

Die Scheitelsenkung η_s kann nun bestimmt werden aus:

$$\eta_s = f - \frac{g\,l^2}{8\,H} = 21{,}25 - \frac{8{,}8\cdot 212^2}{8\cdot 2350{,}98} = 0{,}221\,15\,\text{m}\ .$$

Das Moment und die Normalkraft im Bogenviertel bestimmen sich aus:

$$M_v = H B\left(\frac{1}{\cos\dfrac{c\,l}{4}} - 1\right) = -\,170{,}12\,\text{tm}$$

$$N_v = -\,\frac{H}{\cos\varphi_v} = -\,\frac{2350{,}98}{0{,}98049} = -\,2397{,}74\,\text{t}\ .$$

---

* Die Durchführung der Rechnung erfolgte mit siebenstelligen Logarithmen.

Die Beanspruchung σ_v berechnet sich aus:

$$\sigma_v = \frac{M_v}{W} + \frac{N_v}{F} = -\frac{170{,}12}{0{,}358} - \frac{2397{,}74}{0{,}319} = -799{,}5 \, \text{kg} / \text{cm}^2 \, .$$

Bei Vernachlässigung des Einflusses der Verformung erhält man:

$$\sigma_v = \frac{N_v}{F} = -\frac{H_0}{F \cos \varphi_v} = -\frac{2326{,}51}{0{,}319 \cdot 0{,}980\,49} = -743{,}8 \, \text{kg/cm}^2 \, .$$

Nach der genaueren Berechnung ergibt sich demnach eine Spannungserhöhung um $\Delta\sigma = 55{,}7$ kg/cm² oder 7,48%, welche zum größten Teil von den zusätzlichen Momenten herrührt, die durch die Verlagerung der Bogenachse gegen die Stützlinie entstehen.

Der spannungserhöhende Einfluß der zusätzlichen Normalkräfte, welcher durch die Vergrößerung des Horizontalschubes bedingt ist, bleibt in den meisten Fällen kleiner, als der Einfluß der Momente. Im vorliegenden Zahlenbeispiel ist die Vergrößerung des Horizontalschubes $\Delta H = 24{,}47$ t oder 1,05%.

b) Zahlenbeispiel 2.

Setzt man im allgemeinen Belastungsfall (1) $\alpha = \dfrac{1}{2}$, so steht der Bogen unter ruhender Last $g = q_1$ und halbseitiger Verkehrsbelastung $p = q_2 - q_1$ (vgl. Abb. 5).

Der Stetigkeitsbereich II verschwindet und für die Bogenstücke I und III ergeben sich die Konstanten:

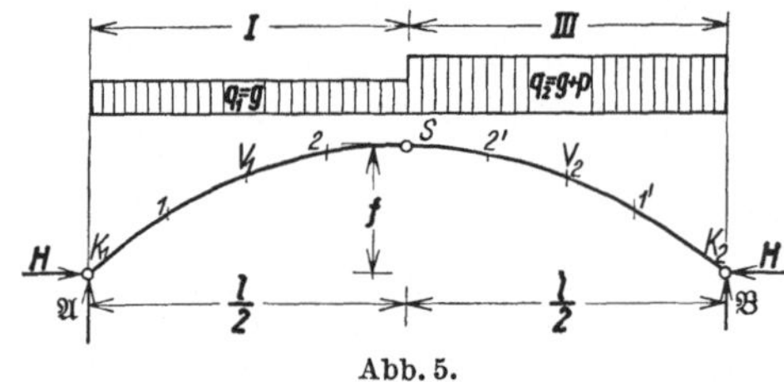

$$B_I = \frac{1}{c^2}\left(\frac{q_1}{H} - \frac{1}{r}\right) + \frac{2J}{rF} \, ;$$

$$B_{III} = \frac{1}{c^2}\left(\frac{q_2}{H} - \frac{1}{r}\right) + \frac{2J}{rF}$$

$$A_I = B_I \, \mathrm{tg} \, \frac{cl}{4}$$

$$A_{III} = B_{III} \, \mathrm{tg} \, \frac{cl}{4} \, .$$

Abb. 5.

Die Arbeitsgleichung erhält die Form:

$$\frac{q_1 B_I + q_2 B_{III}}{c}\left[\mathrm{tg}\,\frac{cl}{4}\left(1 - \cos\frac{cl}{2}\right) + \sin\frac{cl}{2} - \frac{cl}{2}\right] - \frac{l^3}{192H}\left[5q_1^2 + 6q_1 q_2 + 5q_2^2\right]$$

$$+ \frac{fl}{3}(q_1 + q_2) = \frac{H^2(B_I^2 + B_{III}^2)}{2cEJ_0}\left\{\mathrm{tg}^2\frac{cl}{4} \cdot \frac{cl - \sin cl}{2} + \mathrm{tg}\,\frac{cl}{4}\left(4\cos\frac{cl}{2} - \cos cl - 3\right)\right.$$

$$\left. + \frac{1}{2}\left(3cl - 8\sin\frac{cl}{2} + \sin cl\right)\right\} + \frac{H^2 l}{EF_0 \cos^2\varphi_v} \, .$$

Für einen Bogenträger von den Abmessungen aus Zahlenbeispiel 1 ergibt sich unter Einführung der Belastungen $g = 8{,}80$ t/m, $p = 4{,}20$ t/m bei der probeweisen Annahme eines Horizontalschubes $H = 3091{,}48$ t

$$c = \sqrt{\frac{H}{EJ_0}} = 0{,}018\,066\,4 \, ; \quad cl = 3{,}830\,09 \, ; \quad r = 264{,}376\,\text{m}$$

$$\sin cl = -0{,}635\,378 \, ; \quad \sin\frac{cl}{2} = +0{,}941\,330 \, ; \quad \mathrm{tg}\,\frac{cl}{4} = 1{,}420\,85$$

$$\cos cl = -0{,}772\,202 \, ; \quad \cos\frac{cl}{2} = -0{,}337\,490 \, ; \quad \cos\frac{cl}{4} = 0{,}575\,548$$

$$B_I = -2{,}878\,46 \, ; \quad B_{III} = +1{,}283\,86 \, .$$

Als Arbeit der äußeren Kräfte erhält man:

$$\frac{q_1 B_I + q_2 B_{III}}{c}\left[\operatorname{tg}\frac{cl}{4}\left(1-\cos\frac{cl}{2}\right)+\sin\frac{cl}{2}-\frac{cl}{2}\right]-\frac{l^3}{192\,H}\left[5\,q_1^2+6\,q_1 q_2+5\,q_2^2\right]$$

$$+\frac{fl}{3}\,(q_1+q_2)=598,30\,\text{tm}.$$

Die von Momenten und Normalkräften geleistete innere Arbeit ergibt sich zu:

$$\frac{H^2(B_I^2+B_{III}^2)}{2\,c\,E\,J_0}\left\{\operatorname{tg}^2\frac{cl}{4}\,c\,l-\sin c\,l)\,\frac{1}{2}+\operatorname{tg}\frac{cl}{4}\left(4\cos\frac{cl}{2}-\cos c\,l-3\right)\right.$$

$$\left.+\frac{1}{2}\left(3\,c\,l+\sin c\,l-8\sin\frac{cl}{2}\right)\right\}+\frac{H^2\,l}{E\,F_0\cos^2\varphi_v}=277,413+320,870=598,28\ \text{tm}.$$

Durch die Gleichheit der Arbeiten wird die Richtigkeit der Annahme des Horizontalschubes H bestätigt.

Die Senkung η_s des Bogenscheitels bestimmt sich aus:

$$\eta_s=f-\frac{\left(g+\dfrac{p}{2}\right)\cdot l^2}{8\,H}=21,25-\frac{10,9\cdot212^2}{8\cdot3091,48}=1,441\,95\,\text{m}.$$

Das Moment und die Normalkraft im Bogenviertel berechnet sich aus:

$$M_v=H\,B_I\left(\frac{1}{\cos\dfrac{cl}{4}}-1\right)=-6562,62\,\text{tm}.$$

$$N_v=-\frac{H}{\cos\varphi_v}=-\frac{3091,48}{0,98049}=-3153\,\text{t}.$$

Die größte Beanspruchung ergibt sich mit:

$$\sigma_v=\frac{M_v}{W}+\frac{N_v}{F}=-\frac{6562,62}{0,358}-\frac{3153}{0,319}=-2822\,\text{kg/cm}^2.$$

Ohne Berücksichtigung der Verformung ist:

$$H=H_0=\frac{\left(g+\dfrac{p}{2}\right)l^2}{8\,f}=2881,70\,\text{t}$$

$$M_v=-\frac{p\,l^2}{64}=-2949,45\,\text{tm}$$

$$N_v=-\frac{H_0}{\cos\varphi_v}=-\frac{2881,70}{0,980\,49}=-2940\,\text{t}$$

$$\sigma_v=\frac{M_v}{W}+\frac{N_v}{F}=-\frac{2949,45}{0,358}-\frac{2940}{0,319}=-1746\,\text{kg/cm}^2.$$

Demnach ist dem Einfluß der Verformung eine Spannungserhöhung von $\varDelta\sigma=1077\,\text{kg/cm}^2$ oder $61,7\%$ zuzuschreiben, wovon $3,8\%$ durch die Vergrößerung der Normalkräfte, $57,9\%$ durch die zusätzlichen Momente verursacht sind.

5. Die Berechnungsmethode von Engesser.

Die Ableitung der Gleichungen erfolgt für den parabolischen, gleichmäßig verteilt belasteten Dreigelenkbogen (vgl. Abb. 6).

Bei Berücksichtigung der Formänderungen wird der Bogen durch Normalkräfte und Biegemomente, die sich als Folgen der Verformung bemerkbar machen, beansprucht. Setzt man als Näherungsgleichung für die Beziehungen zwischen Halbbogen b, Sehne s und Sehnenpfeilhöhe h:

$$s = b - \frac{8\,h^2}{3\,b} \tag{a}$$

so ergibt sich, wenn alle Größen veränderlich sind, durch Differenzieren:

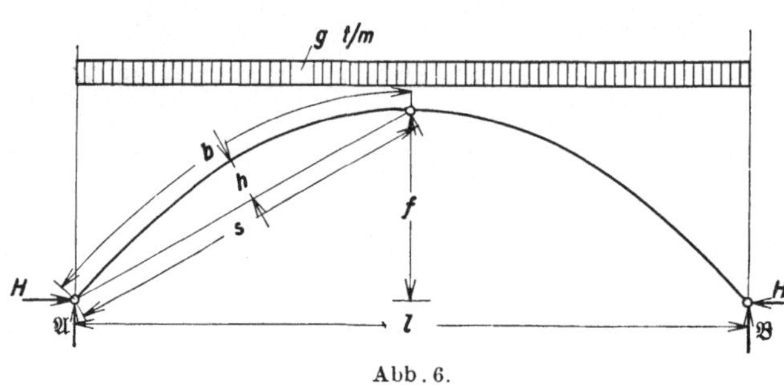

Abb. 6.

$$\left.\begin{aligned} \varDelta s &= \varDelta b\left(1 + \frac{8\,h^2}{3\,b^2}\right) \\ &\quad - \varDelta h\,\frac{16\,h}{3\,b} \end{aligned}\right\} \tag{b}$$

darin ist:

$$\varDelta b = -\frac{b\,H}{E\,F}.$$

Einer Verkürzung $\varDelta s$ der Sehne entspricht eine Senkung des Scheitels um:

$$\varDelta f = \varDelta s\,\frac{s}{f} = \frac{b}{f}\left(1 - \frac{8\,h^2}{3\,b^2}\right)\left[\varDelta b\left(1 + \frac{8\,h^2}{3\,b^2}\right) - \frac{16\,h}{3\,b}\,\varDelta h\right].$$

Bei Vernachlässigung der Glieder mit $\left(\frac{h}{b}\right)^3$, $\left(\frac{h}{b}\right)^4$ ist genau genug:

$$\varDelta f = \varDelta b\,\frac{b}{f} - \varDelta h\,\frac{16\,h}{3f}.$$

Setzt man in für flache Bogen zulässiger Näherung:

$$h = \frac{f}{4},$$

so erhält man:

$$\varDelta f = \varDelta f_N + \varDelta f_M = \varDelta b\,\frac{b}{f} - \frac{4}{3}\,\varDelta h. \tag{c}$$

Gleichzeitig mit dem Verformungsvorgang stellt sich eine Verlagerung der Bogenachse gegenüber der Stützlinie ein, so daß sich diese im Endzustand im Bogenviertel um den Betrag e (lotrecht gemessen) abweichend einstellt (vgl. Abb. 7).

Die durch die Verlagerung verursachten Momente erreichen im Bogenviertel einen Größtwert mit:

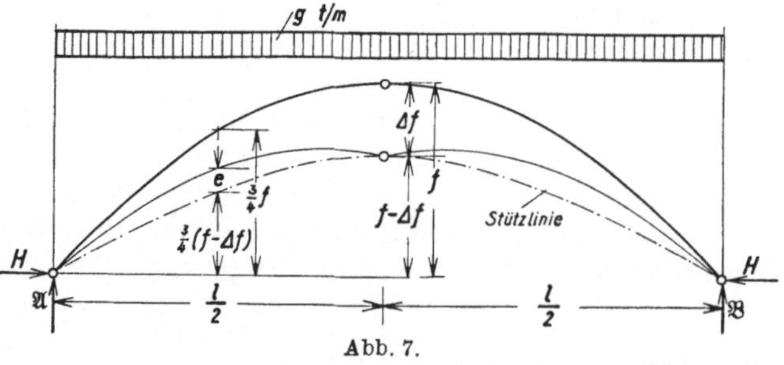

Abb. 7.

$$M_v = H \cdot e. \tag{d}$$

Nach den Gelenkpunkten hin wird eine parabolische Abnahme der Momente angenommen (vgl. Abb. 8).

Die Exzentrizität e wird zur Berechnung in zwei Teile zerlegt, deren einer, e_1, allein auf die Verkürzung $\varDelta b$ der Bogenachse zurückzuführen ist, während der andere Bestandteil e_2 ausschließlich infolge der Durchbiegungen $\varDelta h$ entstehen soll.

Man erhält aus Gl. (c) unter Beachtung der Eigenschaften der Parabel:

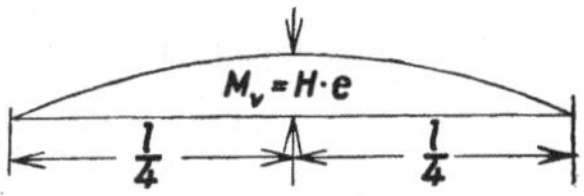

$$e_1 = \frac{\varDelta f}{4} = \frac{b\,\varDelta b}{4f}$$

sowie

$$e_2 = -\varDelta h - \frac{3}{4}\cdot\frac{4}{3}\varDelta h = -2\,\varDelta h\,*$$

wonach

$$e = e_1 + e_2 = \frac{b\,\varDelta b}{4f} - 2\,\varDelta h\,. \tag{e}$$

Für die Parabel als Momentenlinie wird die maximale Durchbiegung $\varDelta h$ im Bogenviertel

$$\varDelta h = -\frac{5\,a^2\,M_{\max}}{48\,E\,J}\,.$$

---

* Engesser erhält hier ein zu ungünstiges e_2. In nachfolgender Betrachtung wird $e_2 = -4/3\,\varDelta h$ gefunden, ein Wert, welcher bei der Durchführung der Zahlenbeispiele zu genaueren Ergebnissen führt, als der von Engesser ermittelte.

Nach Berechnung der Senkung $\varDelta f_M = -4/3\,\varDelta h$ aus Gl. (c), welche infolge der Biegemomente entsteht, denkt man sich die Verschiebung des Scheitels und Bogenviertels aus zwei Verschiebungsvorgängen zusammengesetzt (vgl. Abb. 9).

Der erste Weg sei durch die Sehnenverkürzung verursacht. Der Bogenviertelspunkt wird um $\varDelta h$ gehoben und erhält die Kote

$$\frac{3}{4}f + \varDelta h\,.$$

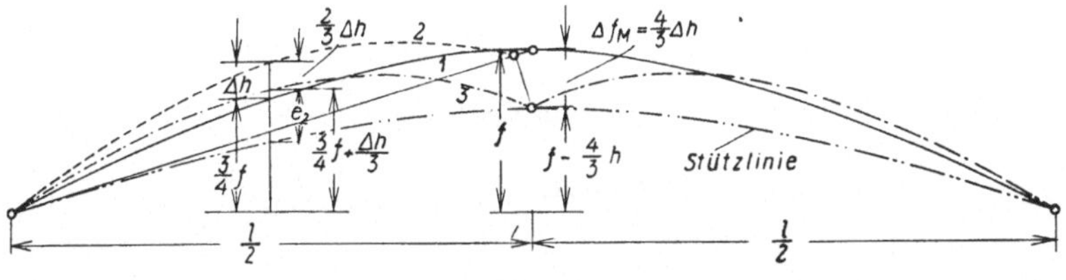

Abb. 9.

Um die Lagerbedingung für das Scheitelgelenk wiederherzustellen, muß die verformte Bogenhälfte so um den Kämpferpunkt gedreht werden, daß das Gelenk wieder auf die Symmetrieachse des Bogenscheitels zu liegen kommt. Das Scheitelgelenk senkt sich dann um:

$$\varDelta f_M = -\frac{4}{3}\,\varDelta h\,.$$

Der Bogenviertelspunkt um:

$$\frac{1}{2}\,\varDelta f_M = -\frac{2}{3}\,\varDelta h\,.$$

Als Höhenkote des Viertelspunktes ergibt sich somit:

$$\frac{4}{3}f + \varDelta h - \frac{2}{3}\,\varDelta h = \frac{3}{4}f + \frac{\varDelta h}{3}\,.$$

Die Exzentrizität e_2 berechnet sich aus:

$$e_2 = \frac{3}{4}\left(f - \frac{3}{4}\,\varDelta h\right) - \left(\frac{3}{4}f + \frac{\varDelta h}{3}\right) = -\frac{4}{3}\,\varDelta h\,.$$

Aus den Gleichungen (d) und (e) folgt:

$$\Delta h = -\frac{5\,a^2\,H}{48\,E\,J}\left[\frac{b\,\Delta b}{4\,f} - 2\,\Delta h\right].$$

Durch Auflösen nach Δh ergibt sich:

$$\Delta h = -\frac{\dfrac{5\,a^2\,H\,b\,\Delta b}{192\,f\,E\,J}}{1 - \dfrac{10\,H\,a^2}{48\,E\,J}}. \tag{f}$$

Das Moment im Bogenviertel berechnet sich aus:

$$M_{max} = H\cdot e = H\,\frac{\dfrac{b\,\Delta b}{4\,f}}{1 - \dfrac{a^2\,H}{4,8\,E\,J}}. \tag{g}$$

Darin ist für H zu setzen:

$$H = \frac{g\,l^2}{8\,(f - \Delta f)} = \frac{g\,l^2}{8\,f}\,\frac{1}{1 - \dfrac{\Delta f}{f}} = H_0\,\frac{1}{1 - \dfrac{\Delta f}{f}} \tag{h}$$

In den meisten Fällen genügt es mit

$$H = H_0$$

zu rechnen.

Wenn der Bogenträger außer durch Eigenlast g auch noch über die halbe Spannweite durch die Verkehrslast p in t/m belastet ist, so wird bei Vernachlässigung der Formänderungen das Moment im Bogenviertel:

$$M_p = -\frac{p\,l^2}{64} = -\frac{p\,a^2}{16} \tag{i}$$

Unter Berücksichtigung der Verformung wird:

$$M = M_p + H\,e = M_p + H\left[\frac{b\,\Delta b}{4\,f} - 2\,\Delta h\right]$$

worin zu setzen ist:

$$\Delta h = \Delta h_g + \Delta h_p = -\frac{5\,a^2}{48\,E\,J}\,(H\,e + M_p) = -\frac{\dfrac{5\,a^2}{48\,E\,J}\left(\dfrac{H\,b\,\Delta b}{4\,f} + M_p\right)}{\left(1 - \dfrac{a^2}{4,8\,E\,J}\right)} \tag{k}$$

Man erhält dann in ähnlicher Weise wie früher:

$$M = M_p + \frac{H\left(\dfrac{b\,\Delta b}{4\,f} + \dfrac{M_p\,a^2}{4,8\,E\,J}\right)}{1 - \dfrac{H\,a^2}{4,8\,E\,J}} \tag{l}$$

Führt man die Berechnung für den schon nach der genaueren Theorie im Zahlenbeispiel 1 untersuchten Dreigelenkbogen mit den Abmessungen:

$$l = 212,00\ \text{m} \qquad F = 0,319\ \text{m}^4 \qquad W = 0,358\ \text{m}^3$$
$$f = 21,25\ \text{m} \qquad J = 0,460\ \text{m}^6 \qquad g\ = 8,80\ \text{t/m}$$

durch, so ergibt sich aus der Gl. (g):

$$M_v = H_0 \frac{\dfrac{b \, \Delta b}{4 f}}{1 - \dfrac{H_0^2 \, l^2}{19{,}2 \, EJ}} = -257{,}95 \, \text{tm} \; (-209{,}51 \, \text{tm})$$

$$N_v = -\frac{H_0}{\cos \varphi_v} = -2372{,}80 \, \text{t} \; (-2399{,}70 \, \text{t})$$

$$\sigma_v = \frac{M_v}{W} + \frac{N_v}{F} = -\frac{257{,}95}{0{,}358} - \frac{2372{,}80}{0{,}319} = -815{,}8 \, \text{kg/cm}^2 \, (-810{,}1 \, \text{kg/cm}^2) .$$

Der Spannungszuwachs beträgt:

$$\Delta \sigma = 72 \; \text{kg/cm}^2 = 9{,}67 \, \% \; (8{,}87 \, \%) .$$

Die Werte zeigen eine befriedigende Übereinstimmung mit den in Klammer beigefügten Berechnungsergebnissen der genauen Theorie, nur erhält man schon hier ein zu großes Moment im Bogenviertel (vgl. Anm. auf S. 19).

Bei Anwendung der Gl. (i) u. (k) auf das Zahlenbeispiel 2 erhält man, wenn zunächst $H = H_0 = 2881{,}70$ t gesetzt wird:

$$M = M_p - H_0 \frac{\dfrac{b \, \Delta b}{4 f} + \dfrac{M_p \, a^2}{4{,}8 \, EJ}}{1 - \dfrac{H \, a^2}{4{,}8 \, EJ}} = -\frac{p \, a^2}{16} - H_0 \frac{\dfrac{b^2 H_0}{4 f EF} + \dfrac{p \, a^4}{76{,}8 \, EJ}}{1 - \dfrac{a^2 H_0}{4{,}8 \, EJ}}$$

$$= -2949{,}45 - 7398{,}95 = -10\,348{,}40 \, \text{tm} .$$

Berechnet man die Einsenkung η_s im Bogenscheitel aus:

$$\eta_s = \frac{b \, \Delta b}{f} - \frac{4}{3} \Delta h = -\frac{b^2 H_0}{f EF} - \frac{4}{3} \frac{\dfrac{5 \, a^2}{48 \, EJ} \left(\dfrac{b^2 H_0^2}{4 f EF} + \dfrac{p \, a^2}{16} \right)}{\left(1 - \dfrac{a^2 H_0}{4{,}8 \, EJ} \right)} = -23{,}964 - 167{,}176$$

$$= -191{,}140 \, \text{cm} ,$$

so kann ein Horizontalschub H bestimmt werden, welcher genauer ist als H_0.

$$H = \frac{\left(g + \dfrac{p}{2} \right) l^2}{8 \, (f - \eta_s)} = 3166{,}53 \, \text{t} .$$

Damit berechnet sich im zweiten Rechnungsgang aus Gl. (1):

$$M_v = -2949{,}45 - 10\,622{,}50 = -13\,571{,}95 \, \text{tm} \, (-6562{,}62 \, \text{tm})$$

$$N_v = -\frac{H}{\cos \varphi_v} = -3230 \, \text{t} \; (-3153 \, \text{t})$$

$$\sigma_v = +\frac{M_v}{W} + \frac{N_v}{F} = -\frac{13\,571{,}95}{0{,}358} - \frac{3230}{0{,}319} = -4790 \, \text{kg/cm}^2 \, (-2822 \, \text{kg/cm}^2) .$$

Man erhält demnach nach Engesser im Bogenviertel ein wesentlich größeres Moment als nach der genaueren Berechnungsmethode, deren Ergebnisse in Klammer beigefügt sind. In Anm. auf S. 19 ist versucht worden, eine Erklärung dieser Abweichung zu geben. Benützt man den dort gefundenen Wert $e_2 = -\frac{4}{3} \Delta h$ zur weiteren Aufstellung der Gleichungen, so erhält man für Gl. (k):

$$\Delta h = -\frac{\dfrac{5\,a^2}{48\,E\,J}\left(\dfrac{H\,b\,\Delta b}{4\,\mathrm{f}} + M_p\right)}{\left(1 - \dfrac{5\,a^2\,H}{36\,J\,E}\right)} \tag{k'}$$

für Gl. (1):

$$M_v = M_p + H\,\frac{\dfrac{b\,\Delta b}{4f} + \dfrac{5\,a^2\,M_p}{36\,E\,J}}{\left(1 - \dfrac{5\,a^2\,H}{36\,E\,J}\right)} \tag{1'}$$

Unter Benützung der verbesserten Gl. (k') u. (l') ergibt sich aus dem 1. Rechnungsgang mit $H = H_0 = 2881{,}70\,t$

$$M_v = M_p + H\,\frac{\dfrac{b\,\Delta b}{4f} + \dfrac{5\,a^2\,M_p}{36\,E\,J}}{\left(1 - \dfrac{5\,a^2\,H}{36\,E\,J}\right)} = -2949{,}45 - 2892{,}07 = -5841{,}52\,\mathrm{tm}$$

Nach Berechnung der Scheitelsenkung aus:

$$\eta_s = \frac{b\,\Delta b}{f} - \frac{4}{3}\,\Delta h = -0{,}2396 - 0{,}9437 = -1{,}1833\,\mathrm{m}$$

kann ein genauerer Horizontalschub H errechnet werden:

$$H = \frac{\left(g + \dfrac{p}{2}\right)l^2}{8\,(f - \eta_s)} = 3044{,}61\,\mathrm{t}$$

Aus dem zweiten Rechnungsgang mit $H = 3044{,}61\,t$ ergibt sich:

$$M_v = -2949{,}45 - 3249{,}70 = -6199{,}15\,\mathrm{tm}\ (6562{,}62\,\mathrm{tm}),$$
$$\eta_s = -0{,}253\,77 - 1{,}001\,46 = -1{,}255\,23\,\mathrm{m}\quad (1{,}441\,95\,\mathrm{m}).$$

Damit wird:

$$H = 3062{,}61\,\mathrm{t}\ (3091{,}48\,\mathrm{t}),$$
$$N_v = -3120\,\mathrm{t}\ (-3153\,\mathrm{t}).$$

Durch Wiederholung der Berechnung der Momente M_v mit jeweils verbessertem Horizontalschub H können die Zahlenwerte den in Klammer angeschriebenen Werten der genaueren Theorie noch näher gebracht werden.

Mit den obigen Zahlenwerten erhält man im Bogenviertel die Beanspruchung:

$$\sigma_v = \frac{M_v}{W} + \frac{N_v}{F} = -\frac{6199{,}1}{0{,}358} - \frac{3120}{0{,}319} = -2705\,\mathrm{kg/cm^2}\,(-2822\,\mathrm{kg/cm}).$$

6. Die genauere Theorie der Bogenträger nach Melan[1].

Als Ausgangsgleichung zur Berechnung der Einsenkungen η eines Bogenträgers benützt Melan die Differentialgleichung:

$$\left(1 - \frac{H}{E\,F}\right)\frac{d^2\eta}{d\,x^2} = -\frac{M_x}{E\,J}. \tag{a}$$

---

[1] Melan leitet die Beziehungen nur für den Zweigelenkbogen ab. Sie sind hier in entsprechender Weise für den Dreigelenkbogen angeschrieben worden (vgl. auch Fußnote 4, S. 3).

Bei Einführung von:

$$c^2 = \frac{H}{EJ - \dfrac{J}{F}H} \tag{b}$$

$$F(x) = \frac{\mathfrak{M}x}{H} - y \tag{c}$$

ergibt sich die allgemeine Form:

$$\frac{d^2\eta}{dx^2} + c^2\eta + c^2 F(x) = 0 \tag{d}$$

und als allgemeines Integral:

$$\eta = A \sin cx + B \cos cx - F(x) + \frac{1}{c^2} F''(x) \,. \tag{e}$$

Die Momente berechnen sich dann aus:

$$M_x = \mathfrak{M}x - H(y - \eta) = H\left[A \sin cx + B \cos cx + \frac{1}{c^2} F''(x)\right]. \tag{f}$$

Für den allgemeinen Belastungsfall 1 durch unsymmetrische, gleichmäßig verteilte Streckenlasten q_1 und q_2 können für die einzelnen Stetigkeitsbereiche die eingangs aufgestellten Gl. (11), (13), (15) der Einsenkungen η_I, η_{II}, η_{III} benützt werden. Ebenso die dort gefundenen Werte der Konstanten A_I A_{II} A_{III} und B_I B_{II} B_{III} [1].

Zur Berechnung des Horizontalschubes H bildet Melan aus den Verschiebungen des wirklichen Belastungszustandes (w) und den Kräften eines virtuellen Belastungsplanes (i) eine Arbeitsgleichung.

Vernachlässigt man

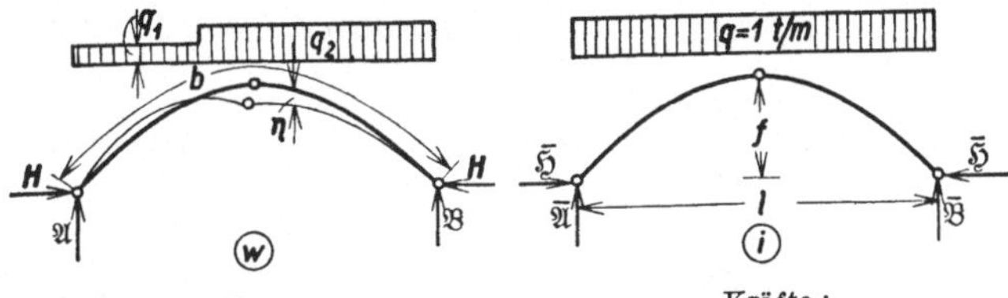

Wege:
1. Einsenkungen η
2. Bogenverkürzung $\Delta b = \dfrac{Hb}{EF}$

Kräfte:
1. Äußere Belastung $q = 1\,\text{t/m}$
2. Bogenkraft $\overline{\mathfrak{H}} = \dfrac{l^2}{8f} = r$

Abb. 10.

die durch die Verformung im (i)-Plan entstehenden Momente, d. h. nimmt man an, daß die Stützlinie mit der Bogenachse zusammenfalle[2], so erhält man durch Gleichsetzen der virtuellen Arbeiten der äußeren und inneren Kräfte:

$$1 \cdot \int_0^l \eta \cdot dx = \frac{l^2}{8f} \cdot \frac{Hb}{EF} = r \cdot \frac{Hb}{EF} \,. \tag{g}$$

---

[1] Es ist dabei zu beachten, daß das Glied $\dfrac{2J}{rF}$ wegfallen und $c^2 = \dfrac{H}{EJ - \dfrac{J}{F}H}$ gesetzt werden muß, da sich dadurch die Melansche Ausgangsgleichung von den zu Anfang abgeleiteten Grundgleichungen unterscheidet.

[2] Diese Vernachlässigung der Arbeit der Momente, welche zu günstigeren Ergebnissen als den tatsächlich vorhandenen führt, ist bei den Bogenträgern ohne Scheitelgelenk im allgemeinen zulässig. Bei den Bogenträgern mit Scheitelgelenk können sich aber dadurch erhebliche Abweichungen ergeben (vgl. Zahlenbeispiel S. 25).

Aus Gl. (g) ergibt sich mit:

$$\eta = A \sin c\,x + B \cos c\,x - F(x) + \frac{1}{c^2} F''(x)$$

die Probiergleichung für H zu:

$$H = \frac{\int\limits_0^l \mathfrak{M}_x\, d x}{\int\limits_0^l (A \cdot \sin c\,x + B \cdot \cos c\,x)\, d x + \frac{2}{3} f l + \frac{1}{c^2} \int\limits_0^l F''(x)\, d x - r\,\frac{H b}{E F}}$$

oder nach Integration in den einzelnen Stetigkeitsbereichen und Umformung:

$$H = \frac{\dfrac{\alpha^3 l^3}{6}(q_2 - q_1) + \dfrac{l^2}{4}\left[\alpha^2(q_1 - q_2) + \dfrac{q_2}{3}\right] + \dfrac{l}{c^2}[q_2 - \alpha(q_2 - q_1)]}{C + \dfrac{2}{3} f l + \dfrac{8 f}{c^2 l} - r\,\dfrac{H b}{E F}} \tag{h}$$

darin ist zu setzen:

$$C = \frac{A_I - A_{II}}{c}(1 - \cos \alpha\,c l) + \frac{B_I - B_{II}}{c} \sin \alpha\,c l + \frac{A_{II} + A_{III}}{c}\left(1 - \cos \frac{c l}{2}\right)$$

$$+ \frac{B_{II} + B_{III}}{c} \sin \frac{c l}{2}$$

$$A_I = A_{II} + (B_I - B_{III}) \sin \alpha\,c l\,; \qquad B_I = \frac{1}{c^2}\left(\frac{q_1}{H} - \frac{1}{r}\right)$$

$$A_{II} = \frac{B_{III}}{\sin \frac{c l}{2}} - B_{II} \operatorname{ctg} \frac{c l}{2}\,; \qquad\qquad B_{II} = B_I + (B_{III} - B_I) \cos \alpha\,c l$$

$$A_{III} = B_{III} \operatorname{tg} \frac{c l}{4}\,; \qquad\qquad B_{III} = \frac{1}{c^2}\left(\frac{q_2}{H} - \frac{1}{r}\right).$$

Für den Fall einer gleichmäßig über die Stützweite verteilten ruhenden Last q in t/m (entsprechend Zahlenbeispiel 1) ergibt sich für $\alpha = 1$ und $q_1 = q_2 = q$:

$$H = \frac{q\left(\dfrac{l^3}{12} + \dfrac{l}{c^2}\right)}{\dfrac{4 B}{c} \operatorname{tg} \dfrac{c l}{4} + \dfrac{2}{3} f l + \dfrac{8 f}{c^2 l} - r\,\dfrac{H b}{E F}} \tag{i}$$

worin:

$$B = \frac{1}{c^2}\left(\frac{q}{H} - \frac{1}{r}\right).$$

Für den Fall einer gleichmäßig über die ganze Stützweite verteilten ruhenden Last $g = q_1$ in t/m und halbseitiger Verkehrsbelastung $p = q_2 - q_1$ in t/m (entsprechend Zahlenbeispiel 2) ergibt sich mit $\alpha = \frac{1}{2}$:

$$H = \frac{(q_1 + q_2)\left(\dfrac{l^3}{24} + \dfrac{l}{2\,c^2}\right)}{2\,\dfrac{B_I + B_{III}}{c} \operatorname{tg} \dfrac{c l}{4} + \dfrac{2}{3} f l + \dfrac{8 f}{c^2 l} - r\,\dfrac{H b}{E F}} \tag{k}$$

worin:

$$B_I = \frac{1}{c^2}\left(\frac{q_1}{H} - \frac{1}{r}\right) \qquad B_{III} = \frac{1}{c^2}\left(\frac{q_2}{H} - \frac{1}{r}\right).$$

Zahlenbeispiel.

Für einen Dreigelenkbogen von den Abmessungen und Belastungen nach Zahlenbeispiel 2 (vgl. S. 16) ergibt sich bei der probeweisen Annahme eines Horizontalschubes $H = 2922{,}77$ t nach Melan:

$$c^2 = \frac{H}{EJ - \frac{J}{F}H} = \frac{2\,922{,}77}{9\,660\,000{,}00 - 4\,214{,}65} = 0{,}000\,302\,696$$

$$\operatorname{tg}\frac{c\,l}{4} = 1{,}319\,03\;;\; B_I = \frac{1}{c^2}\left(\frac{q_1}{H} - \frac{1}{r}\right) = -2{,}549\,23\;;$$

$$B_{III} = \frac{1}{c^2}\left(\frac{q_2}{H} - \frac{1}{r}\right) = +2{,}198\,04\;.$$

Aus Gl. (k) erhält man damit:

$$H = \frac{16\,290\,760}{-53{,}250 + 3003{,}33 + 2649{,}15 - 25{,}16} = 2922{,}26 \approx 2922{,}77 \text{ t.}$$

Dadurch wird die Richtigkeit der probeweisen Annahme von H in befriedigender Weise bestätigt.

Das Moment und die Normalkraft im Bogenviertel berechnen sich aus:

$$M_v = H\,B_I\left(\frac{1}{\cos\dfrac{c\,l}{4}} - 1\right) = -4882{,}11 \text{ tm } (-6562{,}62 \text{ tm})$$

$$N_v = -\frac{H}{\cos\varphi_v} = -\frac{2922{,}77}{0{,}9805} = -2\,980\,\text{t}\,(-3153\,\text{t})\;.$$

Damit ergibt sich als größte Randspannung σ_v im Bogenviertel:

$$\sigma_v = \frac{M_v}{W} + \frac{N_v}{F} = -\frac{4882{,}11}{0{,}358} - \frac{2980}{0{,}319} = -1363 - 934 = -2297\,\text{kg/cm}^2$$
$$= (-2822\,\text{kg/cm}^2)\;.$$

Man erhält demnach bei Berücksichtigung der Verformung nach Melan eine Spannungserhöhung von

$$\Delta\sigma_v = 551 \text{ kg/cm}^2 \ (1077 \text{ kg/cm}^2),$$

was einen Spannungszuwachs von 31,6% (61,7%) bedeutet.

Vergleicht man mit diesen Zahlenwerten die in Klammer beigefügten Zahlenergebnisse der eingangs aufgestellten Berechnungstheorie, so zeigt sich, daß die Berechnung nach Melan im vorliegenden Falle eine Spannungserhöhung ergibt, die um

$$\left(\frac{1077 - 551}{10\,77}\right)100 = 48{,}8\%$$

zu klein ist.

Diese Abweichung ist fast ausschließlich durch die Vernachlässigung der Arbeit der Momente bei der Aufstellung der Arbeitsgleichung (g) verursacht.

7. Das Berechnungsverfahren mit schrittweiser Näherung.

Im Gegensatz zu den genaueren Berechnungsmethoden, welche die Aufstellung einer besonderen, auf neuen Grundlagen aufbauenden Theorie erfordern, ist das Näherungsverfahren, welches den Einfluß der Systemverformung mitberücksichtigt, in gewissem Sinne eine Weiterbildung der gewöhnlichen Berechnungsmethode.

Untersucht man einen bestimmten Belastungsfall, so kann bei der Durchführung der Näherungsberechnungen als erster Rechnungsgang die gewöhnliche Berechnungsart dienen, bei welcher noch mit der unverformt angenommenen Bogenachse gerechnet wird. Für die aus ihr bestimmten Momente und Normalkräfte werden die Verschiebungen der Bogenachse berechnet und damit in erster Näherung die Lage der Bogenachse im verformten Zustand ermittelt. Mit dieser Achslage wird der zweite Rechnungsgang durchgeführt. Unter Verwertung der aus ihm bestimmten genaueren Momente und Normalkräfte werden erneut die Abweichungen der Bogenachse von der unverformten Lage berechnet. Damit ergibt sich die genauere Form der verbogenen und verkürzten Bogenachse, welche für den dritten Rechnungsgang maßgebend wird. Durch mehrmaliges Wiederholen der Rechnungsgänge können in langsamer, schrittweiser Näherung sowohl die tatsächlich bei Berücksichtigung des Einflusses der Systemverformung auftretenden Momente und Normalkräfte als auch die wirklich vorhandenen Durchbiegungen und Spannungen bestimmt werden.

Diese Art der Untersuchung ist bei allen Bogensystemen durchführbar und außerdem auch bei Bogenträgern mit veränderlichem Trägheitsmoment leicht anzuwenden. In den meisten Fällen wird es möglich sein, durch Extrapolieren die Anzahl der erforderlichen Rechnungsgänge wesentlich einzuschränken.

In neuerer Zeit hat Färber[1] auf diese Art der statischen Untersuchung aufmerksam gemacht und als praktisches Rechenbeispiel seinen beim Wettbewerb für die Mälarseebrücke vorgeschlagenen Dreigelenkbogen aus Stampfbeton untersucht.

Anläßlich desselben Wettbewerbes wurden auch von Prof. Gaber auf diese Weise Untersuchungen für den von ihm vorgeschlagenen und dann auch zur Ausführung gelangten Stahlbogen mit eingespannten Kämpfern durchgeführt.

Sowohl beim eingespannten Stahlbogen, als auch in noch erhöhtem Maße beim Dreigelenkbogen aus Stampfbeton zeigte sich, daß der spannungserhöhende Einfluß der Systemverformungen erheblich war und eine Berücksichtigung erforderte.

8. Vergleichende Zusammenstellung und Besprechung der Zahlenergebnisse nach den verschiedenen Berechnungsmethoden.

Um die verschiedenen Berechnungsmethoden hinsichtlich ihrer Genauigkeit und Brauchbarkeit miteinander vergleichen zu können, wurden allen Zahlenbeispielen dieselben Belastungen, System- und Querschnittsabmessungen zugrunde gelegt.

In Tabelle 1 sind die dem Belastungsfall 1 entsprechenden Normalkräfte N_v

---

[1] Färber, R.: Stahl und Beton im Wettbewerb bei der Stockholmer Westbrücke über den Mälar. Beton u. Eisen 1931, H. 12.

und Momente M_v für den Bogenviertelspunkt, sowie die Horizontalschübe H, die sich nach den verschiedenen Theorien errechnen, einander gegenübergestellt. Bei dem Vergleich der größten Spannungen σ_v im Bogenviertelspunkt wurde sowohl die prozentuale Abweichung $\Delta\sigma_v$ der genaueren, die Systemverformung berücksichtigenden Untersuchungsmethoden von dem Berechnungsverfahren ohne Berücksichtigung derselben festgestellt, als auch die prozentuale Abweichung aller Berechnungsarten von der eigenen Theorie.

Bogenabmessungen:

$l = 212,00 \qquad f = 21,25$ m

$F = 0,319$ m² $\qquad W = 0,358$ m³

$E = 21\,000\,000$ t/m²

Belastungen:

$g = 8,80$ t/m $\qquad p = 4,20$ t/m.

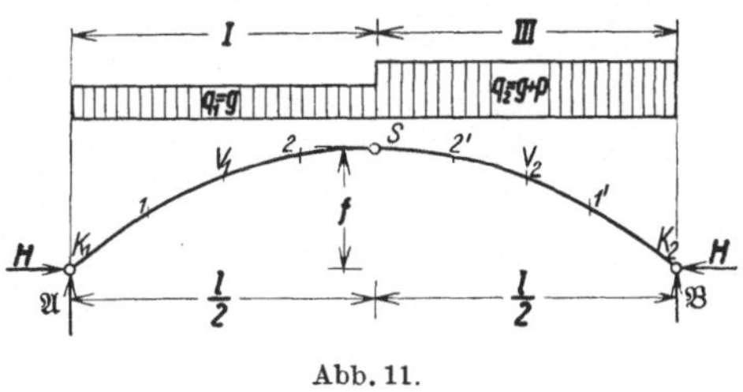

Abb. 11.

Tabelle 1.

Berechnungsmethode		H	N_v	M_v	σ_v	Abweichungen $\Delta\sigma_v$ von	
		t	t	tm	kg/cm²	I	IV
ohne Berücksichtigung des Einflusses der Systemverformung							
I	normale Berechnungsart	2881,70	— 2940	— 2949,45	— 1746	—	— 38,2%
mit Berücksichtigung des Einflusses der Systemverformung							
II	Engesser (berichtigt)	3062,61	— 3120	— 6199,15	— 2705	+ 55,0%	— 4,2%
III	Melan	2922,77	— 2980	— 4882,10	— 2297	+ 31,6%	— 18,6%
IV	Fritz	3091,48	— 3153	— 6562,60	— 2822	+ 61,7%	—

Aus den Berechnungsergebnissen ist zunächst ersichtlich, daß nach allen genaueren Untersuchungsmethoden für den vorliegenden Dreigelenkbogen eine Berechnung unter Berücksichtigung der Systemverformung unbedingt erforderlich wird. Obwohl es sich hier um einen besonders flachen und weitgespannten Dreigelenkbogen handelt, darf darin keineswegs die einzige Ursache gesehen werden, die eine derartige Spannungserhöhung bewirkt. Einen nicht zu unterschätzenden Einfluß hat unter anderem auch das Belastungsverhältnis $\frac{p}{g}$ von Verkehrslast zu ruhender Last. Man darf z. B. mit Bestimmtheit erwarten, daß für den Fall, daß die Verkehrslast p größer ist als die ruhende Belastung g, sich schon bei wesentlich kleineren Spannweiten derartige Spannungserhöhungen bemerkbar machen. Verhältnisse dieser Art wird man bei Eisenbahnbrücken antreffen, deren statischer Untersuchung die schweren Lastenzüge zugrunde gelegt werden.

Die wesentlichste Ursache der Spannungserhöhung ist aber zweifellos in der Eigenart des Dreigelenkbogensystems begründet, das infolge seiner gelenkigen Ausbildung in Scheitel und Kämpfern nur geringe Biegesteifigkeit besitzt und im Verhältnis zum gelenklosen Bogenträger „weich" ist. Dadurch ist es großen Verformungen und somit erheblichen Spannungserhöhungen ausgesetzt.

Infolge der statischen Bestimmtheit dieser Bogenart, wirkt sich die ungleiche Verteilung der Spannungen, die durch eine starke Spannungsanhäufung im Bogenviertel gekennzeichnet wird, ebenfalls ungünstig aus. Bei mehrfach statisch unbestimmten Systemen z. B. ist diese Verteilung eine gleichmäßigere. Dadurch ist ein besserer Spannungsausgleich möglich, der sich in einem gegenseitigen Entlasten der Bogenpunkte untereinander, verbunden mit einer Spannungsabwanderung nach weniger beanspruchten Stellen bemerkbar macht. Durch die Gelenke im Bogenscheitel und in den beiden Kämpfern wird dieser Ausgleich unterbunden, da die nahe den Gelenken gelegenen Bogenpunkte infolge der stark abfallenden Momente keine wesentliche Spannungserhöhung erfahren und deshalb auch nicht entlastend wirken können.

Auf die Ursachen der Abweichungen der verschiedenen genaueren Berechnungsmethoden untereinander wurde bei der Besprechung der theoretischen Grundlagen derselben und der Durchführung der Zahlenbeispiele schon im einzelnen hingewiesen.

Zusammenfassend erscheint folgende Beurteilung gerechtfertigt:

Die Näherungstheorie von Engesser in der berichtigten Fassung wird von allen Berechnungsmethoden, die den Einfluß der Systemverformung berücksichtigen, infolge ihres einfachen Aufbaues wohl die geeignetste sein, um sich rasch Klarheit darüber zu verschaffen, ob eine genauere Untersuchung mit Berücksichtigung des Einflusses der Systemverformung überhaupt nötig wird. Für die endgültige Berechnung ist sie weniger geeignet, da bei der Berechnung der größten Spannungen im Bogenviertel mit den ungünstigsten Belastungsfällen zu rechnen ist und eine Untersuchung mit der vereinfachten Annahme einer halbseitigen Verkehrsbelastung, wie sie Engesser seiner Ableitung zugrunde legt, nicht genügt. Außerdem sind die Ergebnisse Engessers wenigstens für das vorliegende Rechenbeispiel noch etwas zu günstig.

Die Berechnungsmethode von Melan scheidet beim Dreigelenkbogen aus, da sie den Einfluß der Systemverformung nicht scharf genug erfaßt.

Die eigene Theorie der Berechnung, deren Richtigkeit später (vgl. S. 65) durch die Ergebnisse der Versuche an Modellbogenträgern noch eine volle Bestätigung erfährt, verbindet mit dem Vorzug der Genauigkeit noch den Vorteil der Allgemeingültigkeit für alle praktisch vorkommenden Belastungsfälle. In der für den Belastungsfall 1 abgeleiteten Berechnungsgleichung (25) kann durch entsprechende Wahl des Koeffizienten α die Belastungslänge eingeführt werden, welche zur genauen Bestimmung der Größtspannungen im Bogenviertel tatsächlich maßgebend wird. Der Belastungsfall 2 wird beim Dreigelenkbogen nur bei der Berechnung der größten Senkung im Scheitel von Bedeutung sein.

II. Der Zweigelenkbogen.

1. Grundlegende Beziehungen.

Bezeichnet man die Koordinaten eines Punktes der Bogenachse im unbelasteten Zustand, bezogen auf den linken Kämpferpunkt mit y, x, bezogen auf den rechten Kämpferpunkt mit y, z, ferner die Senkung dieses Punktes infolge einer Belastung mit η, so berechnet sich bei Vernachlässigung der waagerechten

Verschiebungen das Moment in bezug auf den betrachteten, lotrecht verschobenen Bogenpunkt aus:

$$M_x = \mathfrak{M}_x - H\,(y-\eta) \quad \Big\}$$

bezw.

$$M_z = \mathfrak{M}_z - H\,(y-\eta)\,. \quad \Big\} \qquad (1)$$

Darin bedeutet $\mathfrak{M}_x$ das Biegemoment an der Stelle x eines freiaufliegenden Trägers gleicher Spannweite l, H der am Zweigelenkbogen auftretende Horizontalschub, y die Bogenordinate an der Stelle x der Bogenachse, welche nach der Parabelgleichung:

$$y = \frac{4f}{l^2}\,x\,(l-x) \qquad (2)$$

geformt sein soll.

2. Die Gleichung der lotrechten Verschiebungsordinaten η.

Zur Berechnung der lotrechten Verschiebungen η kann die unter I, 1 abgeleitete Differentialgleichung benützt werden, welche für parabolische Bogenträger mit konstanten Querschnittsgrößen F und J Gültigkeit besitzt.

Es ist:

$$\frac{d^2\eta}{dx^2} = -\frac{M_x}{EJ_0} - \frac{2H}{EF_0 r}\,. \qquad (3)$$

Unter Benützung der Gl. (1) ergibt sich mit:

$$\frac{H}{EJ_0} = c^2\,;$$

$$\left(\frac{\mathfrak{M}_x}{H} - y + \frac{2J}{rF}\right) = F(x)\,;$$

die allgemeine Form:

$$\left.\begin{array}{l} \dfrac{d^2\eta}{dx^2} + c^2\eta \\[2mm] \quad + c^2 F(x) = 0\,. \end{array}\right\} \qquad (4)$$

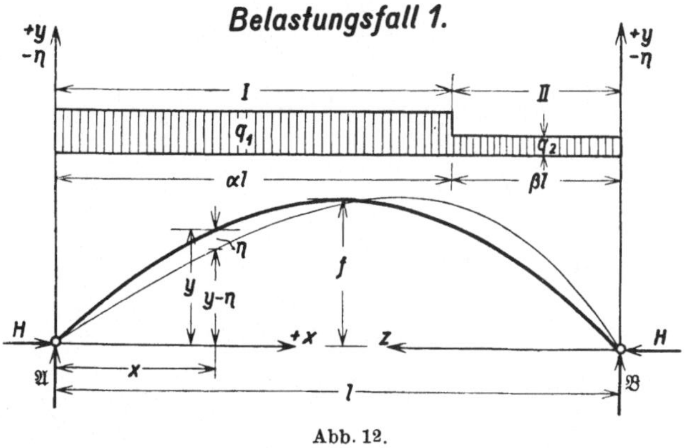

Abb. 12.

Das allgemeine Integral lautet:

$$\eta = A\sin cx + B\cos cx - F(x) + \frac{1}{c^2}F''(x)\,. \qquad (5)$$

Für den allgemeinen Lastfall einer unsymmetrischen und unstetigen, gleichmäßig verteilt aufgebrachten Belastung nach Belastungsfall 1 ergibt sich mit:

$$q_1 = g + p \quad \text{auf die Belastungslänge } x_0 = \alpha l$$

$$q_2 = g \qquad \text{auf die Belastungslänge } z_0 = \beta l$$

worin $g =$ gleichmäßig verteilte ruhende Last in t/m

$p =$ gleichmäßig verteilte Verkehrslast in t/m

für den Stetigkeitsbereich I:

$$\eta_I = A_I \sin c\,x + B_I \cos c\,x - F_I(x) + \frac{1}{c^2}F_I''(x)\,.$$

Für den Stetigkeitsbereich II:

$$\eta_{II} = A_{II}\sin c\,z + B_{II}\cos c\,z - F(z) + \frac{1}{c^2}\,F''_{II}(z)\;.$$

Setzt man für die Ausdrücke $F(x)$ und $F''(x)$:

$$F_I(x) = \frac{\mathfrak{M}_I}{H} - y + \frac{2J}{rF} = \frac{1}{H}\left[\frac{q_2\,lx}{2} - \alpha(q_2 - q_1)\left(1 - \frac{\alpha}{2}\right)lx - q_1\frac{x^2}{2}\right]$$
$$- \frac{4f}{l}\,x + \frac{4f}{l^2}\,x^2 + \frac{2J}{rF}$$

$$F''_I(x) = -\left(\frac{q_1}{H} - \frac{8f}{l^2}\right) = -\left(\frac{q_1}{H} - \frac{1}{r}\right)$$

$$F_{II}(z) = \frac{1}{H}\left[\frac{q_1}{2}\,lz - (q_1 - q_2)\beta\left(1 - \frac{\beta}{2}\right)lz - q_2\frac{z^2}{2}\right] - \frac{4f}{l}\,z + \frac{4f}{l^2}\,z^2 + \frac{2J}{rF}$$

$$F''_{II}(z) = -\left(\frac{q_2}{H} - \frac{8f}{l^2}\right) = -\left(\frac{q_2}{H} - \frac{1}{r}\right)$$

so ergeben sich die Gleichungen der Einsenkungen η zu:

$$\left.\begin{aligned}\eta_I = A_I\sin c\,x + B_I\cos c\,x &- \frac{1}{H}\left[\frac{q_2\,lx}{2} - \alpha(q_2 - q_1)\left(1 - \frac{\alpha}{2}\right)l\,x - q_1\frac{x^2}{2}\right]\\ &+ \frac{4f}{l}\,x - \frac{4f}{l^2}\,x^2 - \frac{2J}{rF} - \frac{1}{c^2}\left(\frac{q_1}{H} - \frac{1}{r}\right)\end{aligned}\right\}\quad(6)$$

$$\left.\begin{aligned}\eta'_I = c\,A_I\cos c\,x - c\,B_I\sin c\,x &- \frac{1}{H}\left[q_2\frac{1}{2} - \alpha\,(q_2 - q_1)\left(1 - \frac{\alpha}{2}\right)l - q_1\,x\right]\\ &+ \frac{4f}{l} - \frac{8f}{l^2}\,x\end{aligned}\right\}\quad(7)$$

$$\left.\begin{aligned}\eta_{II} = A_{II}\sin c\,z + B_{II}\cos c\,z &- \frac{1}{H}\left[\frac{q_1\,lz}{2} - (q_1 - q_2)\beta\left(1 - \frac{\beta}{2}\right)lz - q_2\frac{z^2}{2}\right]\\ &+ \frac{4f}{l}\,z - \frac{4f}{l^2}\,z^2 - \frac{2J}{rF} - \frac{1}{c^2}\left(\frac{q_2}{H} - \frac{1}{r}\right)\end{aligned}\right\}\quad(8)$$

$$\left.\begin{aligned}\eta'_{II} = c\,A_{II}\cos c\,z - c\,B_{II}\sin c\,z &- \frac{1}{H}\left[\frac{q_1\,l}{2} - (q_1 - q_2)\beta\left(1 - \frac{\beta}{2}\right)l - q_2\,z\right]\\ &+ \frac{4f}{l} - \frac{8f}{l^2}\,z\end{aligned}\right\}\quad(9)$$

Die Konstanten $A_I\;A_{II}\;B_I\;B_{II}$ bestimmen sich aus den Randbedingungen:

a) $x = 0;\quad \eta_I = 0;$ \qquad c) $\left.\begin{aligned}x &= \alpha l\\ z &= \beta l\end{aligned}\right\}\eta_I = \eta_{II}$

b) $z = 0;\quad \eta_{II} = 0;$ \qquad d) $\left.\begin{aligned}x &= \alpha l\\ z &= \beta l\end{aligned}\right\}\eta'_I = -\eta'_{II}\,.$

Aus a erhält man:

$$B_I = \frac{1}{c^2}\left(\frac{q_1}{H} - \frac{1}{r}\right) + \frac{2J}{rF}\tag{10}$$

aus b:

$$B_{II} = \frac{1}{c^2}\left(\frac{q_2}{H} - \frac{1}{r}\right) + \frac{2J}{rF}\tag{11}$$

aus c und d:

$$A_I = \frac{B_{II} - B_I \cos cl + (B_I - B_{II}) \cos \beta cl}{\sin cl} \tag{12}$$

$$A_{II} = \frac{B_I - B_{II} \cos cl + (B_{II} - B_I) \cos \alpha cl}{\sin cl} \tag{13}$$

Damit sind, in ähnlicher Weise wie beim Dreigelenkbogen, für die Berechnung der Einsenkungen η, sowie des Momentes M_x und der Normalkraft N_x eines Bogenpunktes $(x, y - \eta)$ die Werte η, M_x und N_x als Funktionen des veränderlichen Horizontalschubes H dargestellt. Zur Bestimmung der noch allein unbekannten Größe H ist die Aufstellung einer weiteren Beziehung notwendig, welche man durch Gleichsetzen der von den äußeren und inneren Kräften am Bogenträger geleisteten Formänderungsarbeiten erhält.

3. Die Bestimmung des Horizontalschubes H aus der Arbeitsgleichung.

Bei der Einteilung in zwei Stetigkeitsbereiche ergibt sich die Arbeitsgleichung mit:

$$\frac{q_1}{2} \int_{x=0}^{x=\alpha l} \eta_I \, dx + \frac{q_2}{2} \int_{z=0}^{z=\beta l} \eta_{II} \, dz = \frac{1}{2EJ_0} \left[\int_{x=0}^{x=\alpha l} M_I^2 \, dx + \int_{z=0}^{z=\beta l} M_{II}^2 \, dz \right]$$
$$+ \frac{1}{2EF_0} \left[\int_{x=0}^{x=\alpha l} N_I \, dx + \int_{z=}^{z=\beta l} N_{II}^2 \, dz \right] \tag{14}$$

a) Die Arbeit der äußeren Kräfte.

$$\frac{q_1}{2} \int_{x=0}^{x=\alpha l} \eta_I \, dx + \frac{q_2}{2} \int_{z=0}^{z=\beta l} \eta_{II} \, dz$$

$$= \frac{q_1}{2} \left\{ \frac{A_I}{c} (1 - \cos \alpha cl) + \frac{B_I}{c} (\sin \alpha cl - \alpha cl) - \frac{\alpha^2 l^3}{2H} \left[\frac{q_2}{2} - \alpha (q_2 - q_1) \left(1 - \frac{\alpha}{2}\right) - \frac{q_1 \alpha}{3} \right] \right.$$

$$\left. + \frac{\alpha^2 fl}{3} (6 - 4\alpha) \right\} + \frac{q_2}{2} \left\{ \frac{A_{II}}{c} (1 - \cos \beta cl) + \frac{B_{II}}{c} (\sin \beta cl - \beta cl) \right.$$

$$\left. - \frac{\beta^2 l^3}{2H} \left[\frac{q_1}{2} - \beta (q_1 - q_2) \left(1 - \frac{\beta}{2}\right) - \frac{q_2 \beta}{3} \right] + \frac{\beta^2 fl}{3} (6 - 4\beta) \right\}.$$

b) Die Arbeit der inneren Kräfte.

α) **Die Arbeit der Momente.** Aus den Gl. (1), (2) u. (3) berechnet sich das Moment an einer Stelle $x, y - \eta$ zu:

$$M_x = H \left[A \sin cx + B \cos cx + \frac{1}{c^2} F''(x) - \frac{2J}{rF} \right]. \tag{15}$$

Für die beiden Stetigkeitsbereiche I und II ist dann:

$$M_I = H \left[A_I \sin cx + B_I (\cos cx - 1) \right]$$
$$M_{II} = H \left[A_{II} \sin cz + B_{II} (\cos cz - 1) \right].$$

Damit erhält man durch Integrieren:

$$\frac{1}{2EJ_0}\left[\int\limits_{x=0}^{x=\alpha l} M_I^2\,dx + \int\limits_{z=0}^{z=\beta l} M_{II}^2\,dz\right] = \frac{H^2}{4\,c\,EJ_0}\left\{A_I^2\left[\alpha cl - \frac{\sin 2\alpha cl}{2}\right]\right.$$

$$+ A_I B_I\left[4\cos\alpha cl - \cos 2\alpha cl - 3\right] + B_I^2\left[3\alpha cl + \frac{\sin 2\alpha cl}{2} - 4\sin\alpha cl\right]$$

$$+ A_{II}^2\left[\beta cl - \frac{\sin 2\beta cl}{2}\right] + A_{II} B_{II}\left[4\cos\beta cl - \cos 2\beta cl - 3\right]$$

$$\left.+ B_{II}^2\left[3\beta cl + \frac{\sin\beta cl}{2} - 4\sin\beta cl\right]\right\}.$$

β) **Die Arbeit der Normalkräfte.** Es ist wieder mit genügender Genauigkeit:

$$N = -\frac{H}{\cos\varphi_v}$$

zu setzen. Dann ergibt sich mit:

$$N_I = N_{II} = N$$

für die Arbeit der Normalkräfte:

$$\frac{1}{2EF_0}\left[\int\limits_{x=0}^{x=\alpha l} N_I^2\,dx + \int\limits_{z=0}^{z=\beta l} N_{II}^2\,dz\right] = \frac{H^2 l}{2EF_0\cos^2\varphi_v}.$$

c) Die vollständige Arbeitsgleichung.

Es ist:

$$q_1\left\{\frac{A_I}{c}(1 - \cos\alpha cl) + \frac{B_I}{c}(\sin\alpha cl - \alpha cl) - \frac{\alpha^2 l^3}{2H}\left[\frac{q_2}{2} - \alpha(q_2 - q_1)\cdot\left(1 - \frac{\alpha}{2}\right) - \frac{q_1\alpha}{3}\right]\right.$$

$$\left.+ \frac{\alpha^2 fl}{3}(6 - 4\alpha)\right\} + q_2\left\{\frac{A_{II}}{c}(1 - \cos\beta cl) + \frac{B_{II}}{c}(\sin\beta cl - \beta cl)\right.$$

$$\left.- \frac{\beta^2 l^3}{2H}\left[\frac{q_1}{2} - \beta(q_1 - q_2)\left(1 - \frac{\beta}{2}\right) - \frac{q^2\beta}{3}\right] + \frac{\beta^2 fl}{3}(6 - 4\beta)\right\}$$

$$= \frac{H^2}{2cEJ_0}\left\{A_I^2\left[\alpha cl - \frac{\sin 2\alpha cl}{2}\right] + A_I B_I\left[4\cos\alpha cl - \cos 2\alpha cl - 3\right]\right.$$

$$+ B_I^2\left[3\alpha cl + \frac{\sin 2\alpha cl}{2} - 4\sin\alpha cl\right] + A_{II}^2\left[\beta cl - \frac{\sin 2\beta cl}{2}\right]$$

$$\left.+ A_{II}B_{II}\left[4\cos\beta cl - \cos 2\beta cl - 3\right] + B_{II}^2\left[3\beta cl + \frac{\sin 2\beta cl}{2} - 4\sin\beta cl\right]\right\} \tag{16}$$

$$+ \frac{H^2 l}{EF_0\cos^2\varphi_v}.$$

Aus dieser Gleichung ist nach der Annahme von System- und Querschnittsabmessungen für gegebene Belastungen und Belastungslängen H durch Probieren zu ermitteln.

Für den allgemeinen Fall der symmetrisch zum Bogenscheitel angeordneten und unstetigen, gleichmäßig verteilt aufgebrachten Belastung nach Belastungsfall 2 ergeben sich als Gleichungen der lotrechten Verschiebungen η:

Bereich I:

$$\eta_I = A_I \sin c\,x + B_I \cos c\,x - \frac{1}{H}\left[\frac{q_2}{2}\,lx + \alpha\,(q_1-q_2)\,lx - q_1\,\frac{x^2}{2}\right] + \frac{4f}{l}\,x - \frac{4f}{l^2}\,x^2 \left.\right\}$$
$$- \frac{2J}{rF} - \frac{1}{c^2}\left(\frac{q_1}{H} - \frac{1}{r}\right) \tag{17}$$

$$\eta_I' = c\,A_I \cos c\,x - c\,B_I \sin c\,x - \frac{1}{H}\left[\frac{q_2\,l}{2} + \alpha\,(q_1-q_2)\,l - q_1\,x\right] + \frac{4f}{l} - \frac{8f}{l^2}\,x \tag{18}$$

Bereich II:

$$\eta_{II} = A_{II} \sin c\,x + B_{II} \cos c\,x - \frac{1}{H}\left[(q_1-q_2)\frac{\alpha^2 l^2}{2} + \frac{q_2}{2}(l\,x - x^2)\right] + \frac{4f}{l}\,x - \frac{4f}{l^2}\,x^2 \left.\right\}$$
$$- \frac{2J}{rF} - \frac{1}{c^2}\left(\frac{q_2}{H} - \frac{1}{r}\right) \tag{19}$$

$$\eta_{II}' = c\,A_{II} \cos c\,x - c\,B_{II} \sin c\,x - \frac{1}{H}\left[\frac{q_2}{l} - q_2\,x\right] + \frac{4f}{l} - \frac{8f}{l^2}\,x \tag{20}$$

Die Konstanten A_I A_{II} B_I B_{II} bestimmen sich aus den Randbedingungen:

a) $x = 0$ $\eta_I = 0$;

b) $x = \dfrac{l}{2}$ $\eta_{II}' = 0$;

c) $x = \alpha l$ $\eta_I = \eta_{II}$

d) $x = \alpha l$ $\eta_I' = \eta_{II}'$

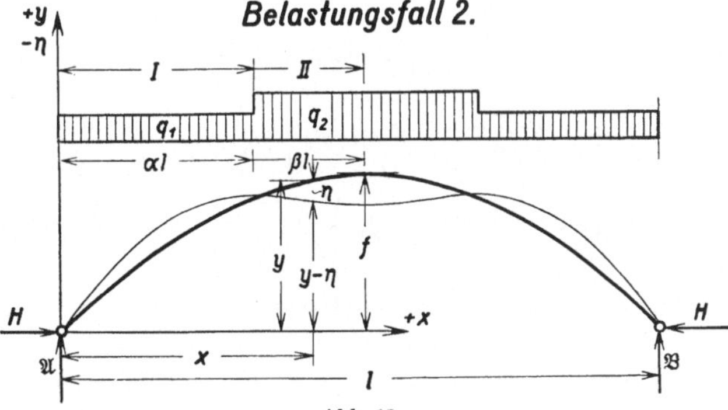

Abb. 13.

Aus a) ergibt sich:

$$B_I = \frac{1}{c^2}\left(\frac{q_1}{H} - \frac{1}{r}\right) + \frac{2J}{rF} \tag{21}$$

aus b):

$$A_{II} = B_{II}\,\mathrm{tg}\,\frac{c\,l}{2}. \tag{22}$$

Aus c) und d):

$$A_I = A_{II} + \frac{\sin\alpha\,c\,l}{c^2 H}(q_1-q_2) \tag{23}$$

$$B_{II} = B_I - \frac{\cos\alpha\,c\,l}{c^2 H}(q_1-q_2). \tag{24}$$

Unter Benützung der Momentengleichungen:

$$M_I = H\,[A_I \sin c\,x + B_I\,(\cos c\,x - 1)] \tag{25}$$
$$M_{II} = H\,[A_{II} \sin c\,x + B_{II} \cos c\,x - C_{II}]$$

worin:

$$C_{II} = \frac{1}{c^2}\left(\frac{q_2}{H} - \frac{8f}{l^2}\right) + \frac{2J}{rF}$$

erhält man die Arbeitsgleichung:

$$q_1 \int\limits_{x=0}^{x=\alpha l} \eta_I\,dx + q_2 \int\limits_{x=l/2}^{x=\alpha l} \eta_{II}\,dx = \frac{1}{E\,J_0}\left[\int\limits_{x=0}^{x=\alpha l} M_I^2\,dx + \int\limits_{x=\alpha l}^{x=l/2} M_{II}^2\,dx\right]$$
$$\left. + \frac{1}{E\,F_0}\left[\int\limits_{x=0}^{x=\alpha l} N_I^2\,dx + \int\limits_{x=\alpha l}^{x=l/2} N_{II}^2\,dx\right]\right\} \qquad (26)$$

in endgültiger Form:

$$2\,q_1\left\{\frac{A_I}{c}(1-\cos\alpha c\,l)\,\frac{B_I}{c}(\sin\alpha c\,l - \alpha c\,l) - \frac{\alpha^2 l^3}{2H}\left[\frac{q_2}{2} + \alpha\left(\frac{2}{3}q_1 - q_2\right)\right] + \frac{\alpha^2 fl}{3}(6-4\alpha)\right\}$$

$$+ 2\,q_2\left\{\frac{A_{II}}{c}\left(1-\cos\frac{c\,l}{2}\right) + \frac{B_{II}}{c}\sin\frac{c\,l}{2} - C_{II}\frac{l}{2} - \frac{l^3}{8H}\left[\frac{q_2}{3} + (q_1 - q_2)\,2\,\alpha^2\right] + \frac{fl}{3}\right\}$$

$$- 2\,q_2\left\{\frac{A_{II}}{c}(1-\cos\alpha c\,l) + \frac{B_{II}}{c}\sin\alpha c\,l - C_{II}\alpha l - \frac{\alpha^2 l^3}{2}\left[\frac{q_2}{2} + \alpha\left(q_1 - \frac{4}{3}q_2\right)\right]\right.$$

$$+ \frac{\alpha^2 fl}{3}(6-4\alpha)\Big\} = \frac{H^2}{c\,E\,J_0}\left(\left\{A_I^2\left[\alpha c\,l - \frac{\sin 2\alpha c\,l}{2}\right] + A_I B_I[4\cos\alpha c\,l - \cos 2\alpha c\,l - 3]\right.\right.$$

$$+ B_I^2\left[3\alpha c\,l + \frac{\sin 2\alpha c\,l}{2} - 4\sin\alpha c\,l\right]\right\} + \left\{A_{II}^2\,\frac{c\,l - \sin c\,l}{2} + A_{II}B_{II}[1 - \cos c\,l]\right.$$

$$+ 4\,A_{II}C_{II}\left[\cos\frac{c\,l}{2} - 1\right] + B_{II}^2\,\frac{c\,l + \sin c\,l}{2} - 4\,B_{II}C_{II}\sin\frac{c\,l}{2} + C_{II}^2\,c\,l\right\}$$

$$- \left\{A_{II}^2\left[\alpha c\,l - \frac{\sin 2\alpha c\,l}{2}\right] + A_{II}B_{II}[1 - \cos 2\alpha c\,l] + 4\,A_{II}C_{II}[\cos\alpha c\,l - 1]\right.$$

$$+ B_{II}^2\left[\alpha c\,l + \frac{\sin 2\alpha c\,l}{2}\right] - 4\,B_{II}C_{II}\sin\alpha c\,l + 2\,C_{II}^2\,\alpha c\,l\right\}\right) + \frac{H^2\,l}{E\,F_0\,\cos^2\varphi_v}. \qquad (27)$$

4. Anwendung und Zahlenbeispiele.

Setzt man im allgemeinen Belastungsfall 1 den Wert $\alpha = \frac{1}{2}$ ein, so steht der Zweigelenkbogen unter ruhender Last $g = q_2$ und halbseitiger Verkehrslast $p = q_1 - q_2$ (vgl. Abb. 14).

Es ergeben sich für die Stetigkeitsbereiche I und II die Konstanten:

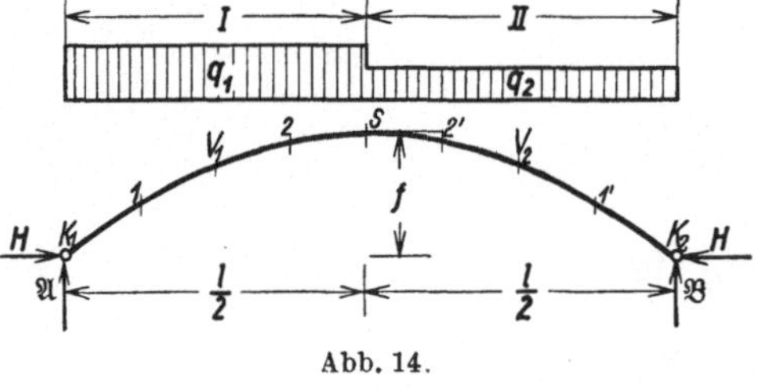

Abb. 14.

$$B_I = \frac{1}{c^2}\left(\frac{q_1}{H} - \frac{1}{r}\right) + \frac{2\,J}{r\,F}\;;$$

$$B_{II} = \frac{1}{c^2}\left(\frac{q_2}{H} - \frac{1}{r}\right) + \frac{2\,J}{r\,F}$$

$$A_I = \frac{B_{II} - B_I\cos c\,l + (B_I - B_{II})\cos\dfrac{c\,l}{2}}{\sin c\,l}$$

$$A_{II} = \frac{B_I - B_{II}\cos c\,l + (B_{II} - B_I)\cos\dfrac{c\,l}{2}}{\sin c\,l}.$$

Die Arbeitsgleichung vereinfacht sich zu:

$$q_1\left[\frac{A_I+\varrho\,A_{II}}{c}\left(1-\cos\frac{cl}{2}\right)+\frac{B_I+\varrho\,B_{II}}{c}\left(\sin\frac{cl}{2}-\frac{cl}{2}\right)-\frac{q_1\,l^3}{192\,H}(5\varrho^3+6\varrho+5)\right.$$

$$\left.+\frac{fl}{3}(1+\varrho)\right]=\frac{H^2}{2\,cEJ_0\cos\varphi_v}\left[(A_I^2+A_{II}^2)\frac{cl-\sin cl}{2}\right.$$

$$+(A_I B_I+A_{II}B_{II})\left(4\cos\frac{cl}{2}-\cos cl-3\right)$$

$$\left.+(B_I^2+B_{II}^2)\frac{3\,cl+\sin cl-8\sin\dfrac{cl}{2}}{2}\right]+\frac{H^2 l}{EF_0\cdot\cos^2\varphi_v}$$

worin $\varrho=\dfrac{q_2}{q_1}$.

Für die Zahlenwerte[1]:

$$l = 212,00\ \text{m} \qquad J = 0,460\ \text{m}^4 \qquad g = 8,80\ \text{t/m}$$
$$f = 21,25\ \text{m} \qquad W = 0,358\ \text{cm}^3 \qquad p = 4,20\ \text{t/m}$$
$$F = 0,319\ \text{m}^2 \qquad E = 21\,000\,000\ \text{t/m}^2$$

ergibt sich bei der probeweisen Annahme eines Horizontalschubes $H = 2889,12$ t:

$$c=\sqrt{\frac{H}{EJ_0}}=0,0174652\,; \qquad cl=3,702613\,; \qquad r=264,376\ \text{m}\,.$$

$$\sin cl=-0,532050\,; \qquad \sin\frac{cl}{2}=+0,960914\,;$$

$$\sin\frac{cl}{4}=+0,799013\,; \qquad \cos cl=-0,846713\,;$$

$$\cos\frac{cl}{2}=-0,276846\,; \qquad \cos\frac{cl}{4}=+0,601313\,.$$

$$B_I=+2,34016\,; \qquad B_{II}=-2,42568\,;$$
$$A_I=+3,31479\,; \qquad A_{II}=-3,01799\,.$$

Als Arbeit der äußeren Kräfte erhält man:

$$q_1\left[\frac{A_I+\varrho\,A_{II}}{c}\left(1-\cos\frac{cl}{2}\right)+\frac{B_I+\varrho\,B_{II}}{c}\left(\sin\frac{cl}{2}-\frac{cl}{2}\right)-\frac{q_1\,l^3}{192\,H}(5\varrho^2+6\varrho+5)\right.$$

$$\left.+\frac{fl}{3}(1+\varrho)\right]=527,02\ \text{tm}\,.$$

Die von Momenten und Normalkräften geleistete innere Arbeit ergibt sich zu:

$$\frac{H^2}{2\,cEJ_0}\left[(A_I^2+A_{II}^2)\frac{cl-\sin cl}{2}+(A_I B_I+A_{II}B_{II})\cdot\left(4\cos\frac{cl}{2}-\cos cl-3\right)\right.$$

$$\left.+(B_I^2+B_{II}^2)\frac{3\,cl+\sin cl-8\sin\dfrac{cl}{2}}{2}\right]+\frac{H^2 l}{EF_0\cdot\cos^2\varphi_v}$$

$$=247,087+280,237=527,32\ \text{tm}\,.$$

Durch die befriedigende Übereinstimmung zwischen äußerer und innerer Arbeit wird die Richtigkeit des probeweise eingeführten Horizontalschubes H bestätigt.

____

[1] Vgl. Anm. S. 14.

Die Senkung η_s des Bogenscheitels bestimmt sich aus:

$$\eta_s = \frac{M_s}{H} = A_I \sin\frac{cl}{2} + B_I\left(\cos\frac{cl}{2} - 1\right) = +9,72 \text{ cm} .$$

Das Moment und die Normalkraft im Bogenviertel berechnen sich aus:

$$\mathrm{M}_v = H\left[A_I \sin\frac{cl}{4} + B_I\left(\cos\frac{cl}{4} - 1\right)\right] = +4956,49 \text{ tm}$$

$$N_v = -\frac{H}{\cos\varphi_v} = -\frac{2889,12}{0,9805} = -2946 \text{ t} .$$

Die Bestimmung der größten Randspannungen σ_v im Bogenviertel ergibt:

$$\sigma_v = -\frac{M_v}{W} + \frac{N_v}{F} = -\frac{4956,49}{0,358} - \frac{2946}{0,319} = -1384 - 922 = -2306 \text{ kg/cm}^2 .$$

Ohne Berücksichtigung des Einflusses der Verformung ist:

$$M_v = \mathfrak{M}_v - \frac{3}{4}fH$$

worin:

$$H = H_0 \cdot v$$

$$H_0 = \left(g + \frac{p}{2}\right)\frac{l^2}{8f} = 2881,70 \text{ t}$$

$$v = \frac{1}{1 + \dfrac{15\,J}{8\,Ff^2}} = 0,994\,045$$

$$\mathfrak{M}_v = \frac{l^2}{32}(3\,g + 2\,p) = +48\,876,6 \text{ tm} .$$

Damit wird:

$$M_v = +48\,876,6 - 45\,653,7 = +3222,9 \text{ tm}$$

$$N_v = -\frac{2864,54}{0,9805} = -2923 \text{ t}$$

$$\sigma_v = -\frac{3222,9}{0,358} - \frac{2923}{0,319} = -1817 \text{ kg/cm}^2 .$$

Aus dem Vergleich der Zahlenergebnisse ergibt sich bei Berücksichtigung des Einflusses der Verformung im Bogenviertel eine Spannungsvermehrung von $\Delta\sigma_v = 489$ kg/cm², was eine Erhöhung um 27 % bedeutet.

5. Die genauere Theorie der Bogenträger mit Kämpfergelenken von Kasarnowsky [1].

a) Allgemeine Beziehungen.

Bezeichnungen:

l, f Spannweite und Pfeilhöhe des Bogens x, y, β Koordinaten und Neigungswinkel der
$$r = \frac{l^2}{8f} .$$ Bogenachse.

J, F, i Trägheitsmoment, Fläche und Trägheitshalbmesser eines Bogenquerschnittes.

η, ξ Vertikal- und Horizontalverschiebung eines Bogenelementes.

M, X Biegemoment und Horizontalkraft.

---

[1] Vgl. Anm. 7, S. 3.

M_0 Balkenmoment.

N Normalkraft.

H Horizontalkraft eines Dreigelenkbogens bei Vernachlässigung der Durchbiegung im Scheitel.

ε Dehnung des Bogens (positiv als Verkürzung).

E Elastizitätsmodul des Bogenmaterials.

g gleichmäßig verteilte ruhende Last.

p gleichmäßig verteilte Verkehrslast.

Es sei ferner:

$$F \cos \beta = F_0 = \text{const.}$$
$$J \cos \beta = J_0 = \text{const.}$$
$$i = \text{const.}$$
$$\varepsilon = \text{const.}$$

Entsprechend den unter I. 1. abgeleiteten Beziehungen 1 und 2 zwischen Formänderung und Verschiebung findet Kasarnowsky für die lotrechten Verschiebungen η:

$$d\eta = \varepsilon\, dy + \psi\, dx \tag{a}$$

für die waagerechten Verschiebungen ξ:

$$d\xi = -\varepsilon\, dx + \psi\, dy \tag{b}$$

darin wird für die Dehnung ε des Bogens:

$$\varepsilon = \frac{N}{EF}\,(\pm \omega t) \tag{c}$$

gesetzt. Für die Verdrehung ψ des Bogenelementes wird die Beziehung:

$$\frac{d\psi}{dx} = -\frac{M}{EJ_0} \tag{d}$$

verwertet.

Die Differentialgleichung der Einsenkungen η ergibt sich in der Form:

$$\frac{d^2\eta}{dx^2} = \varepsilon\, \frac{d^2 y}{dx^2} - \frac{M}{EJ_0}. \tag{e}$$

Führt man

$$M = M_0 - H(y - \eta) \tag{f}$$

$$\eta = \frac{4f}{l^2}\, x(1 - x) \tag{g}$$

ein, sowie vereinfachend:

$$k^2 = \frac{EJ_0}{X} \qquad \varphi = \frac{x}{k} \qquad \lambda = \frac{1}{2k} \tag{h}$$

so wird:

$$\eta = A \sin\varphi - B(1 - \cos\varphi) - \left(\frac{M_0}{X} - y\right) \tag{i}$$

$$M = X\,[A \sin\varphi - B(1 - \cos\varphi)] \tag{k}$$

Für die horizontale Verschiebung des Scheitels gegen den Kämpfer ergibt sich:

$$\xi = -\varepsilon\, \frac{1}{2} + (1 - \varepsilon)\frac{8f^2}{3l} - \frac{1}{X}\int_0^{l/2} M_0'\, y'\, dx + \frac{4f}{l}\left(\frac{1 - \cos\lambda}{\lambda}\right) A - \frac{4f}{l}\left(\frac{\lambda - \sin\lambda}{\lambda}\right) B \tag{l}$$

b) Der Zweigelenkbogen mit unsymmetrischer, halbseitiger Verkehrsbelastung.

Für die Lage der Koordinatennullpunkte in den beiden Kämpfergelenken erhält Kasarnowsky bei Belastung durch ruhende Last g in t/m und halbseitige Verkehrslast p in t/m als Gleichungen der lotrechten Einsenkungen η:

$$\eta_1 = A_1 \sin\varphi_1 - B_1 (1 - \cos\varphi_1) - \left(\frac{M_0}{X} - y\right) ; \quad \varphi_1 = \frac{x_1}{k} \tag{m}$$

$$\eta_2 = A_2 \sin\varphi_2 - B_2 (1 - \cos\varphi_2) - \left(\frac{M_0}{X} - y\right) ; \quad \varphi_2 = \frac{x_2}{k} \tag{n}$$

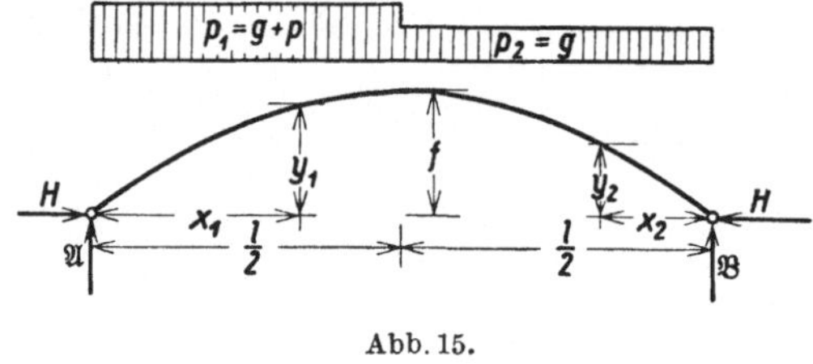

Abb. 15.

Setzt man:

$$g + p = p_1 \qquad g = p_2$$

$$X = \frac{H}{1 + \mu} \qquad H = \frac{p_1 + p_2}{2} r$$

$$M_{01} = \frac{l}{8}(3 p_1 + p_2) x_1 - \frac{p_1 x_1^2}{2} \tag{o}$$

$$M_{02} = \frac{l}{8}(p_1 + 3 p_2) x_2 - \frac{p_2 x_2^2}{2} \tag{p}$$

so ergibt sich aus den Randbedingungen:

$$\eta_1 = 0 \ \text{für} \ x_1 = 0 \qquad \eta_2 = 0 \ \text{für} \ x_2 = 0$$

$$B_1 = \frac{2f}{\lambda^2}\left(\frac{p_1 - p_2}{p_1 + p_2} + \frac{2 p_1 \mu}{p_1 + p_2} + \varepsilon\right) \tag{q}$$

$$B_2 = \frac{2f}{\lambda^2}\left(-\frac{p_1 - p_2}{p_1 + p_2} + \frac{2 p_2 \mu}{p_1 + p_2} + \varepsilon\right) \tag{r}$$

Die Konstanten A_1 und A_2 werden durch folgende Randbedingungen bestimmt:

für $\qquad x_1 = x_2 = \dfrac{l}{2} \quad$ ist $\quad \eta_1 - \eta_2 = 0 \quad$ und $\quad \eta_1' + \eta_2' = 0$.

Man erhält:

$$A_1 = \frac{2f}{\lambda^2}\left[\frac{p_1 - p_2}{p_1 + p_2}(1 + \mu)\,\operatorname{tg}\frac{\lambda}{2} + (\mu + \varepsilon)\,\operatorname{tg}\lambda\right] \tag{s}$$

$$A_2 = \frac{2f}{\lambda^2}\left[-\frac{p_1 - p_2}{p_1 + p_2}(1 + \mu)\,\operatorname{tg}\frac{\lambda}{2} + (\mu + \varepsilon)\,\operatorname{tg}\lambda\right] \tag{t}$$

Bezeichnet man mit ξ_1 und ξ_2 die horizontalen Verschiebungen der linken bzw. rechten Bogenhälfte im Scheitel, so muß sich ergeben:

$$\xi_1 + \xi_2 = 0 .$$

Diese Beziehung benützt Kasarnowsky zur Aufstellung einer weiteren Gleichung, aus welcher der Horizontalschub X bestimmt werden kann.

Es wird:

$$(\mu + \varepsilon)\frac{3(\operatorname{tg}\lambda - \lambda) - \lambda^3}{3\lambda^3} = \frac{\varepsilon l^2}{16 f^2} . \tag{u}$$

Ist der Horizontalschub durch Probieren aus Gl. (u) gefunden, so kann nach Ermittlung der Konstanten B_1, B_2, A_1, A_2 das Moment an einer beliebigen Stelle x des Bogens aus Gl. (k) berechnet werden.

Zahlenbeispiel.

Für einen Zweigelenkbogen mit den Abmessungen und Belastungen nach Zahlenbeispiel 2 (vgl. S. 35) ergibt sich bei der probeweisen Annahme eines Horizontalschubes $X = 2889,73$ t nach Kasarnowsky:

$$\lambda = \frac{l}{2}\sqrt{\frac{X}{EJ_0}} = 1,85150; \quad \mu = \frac{H_0}{X} - 1 = -0,002777;$$

$$\varepsilon = \frac{X}{EF_0} = 0,000440.$$

Damit erhält man:

$$(\mu + \varepsilon)\frac{3(\operatorname{tg}\lambda - \lambda) - \lambda^3}{\lambda^3} = 0,0027378; \quad \frac{\varepsilon l^2}{16 f^2} = 0,0027367$$

wodurch die Gl. (u) befriedigend erfüllt wird.

Mit $p_1 = g + p = 13,00$ t/m; $p_2 = g = 8,80$ t/m ergeben sich aus den Gl. (s) und (t) die Konstanten:

$$A_1 = +3,26617; \quad B_1 = +2,35295$$

das Moment M_v und die Normalkraft N_v im Bogenviertel zu:

$$M_v = X\left[A_1 \sin\frac{\lambda}{2} - B_1\left(1 - \cos\frac{\lambda}{2}\right)\right] = +4830,60 \,\text{tm}$$

$$N_v = -\frac{H}{\cos\varphi_v} = -\frac{2889,73}{0,9805} = -2947\,\text{t}.$$

Die Bestimmung der größten Randspannung im Bogenviertel ergibt:

$$\sigma_v = -\frac{M_v}{W} + \frac{N_v}{F} = -\frac{4830,60}{0,358} - \frac{2947}{0,319} = -1350 - 924 = -2274\,\text{kg/cm}^2.$$

Ohne Berücksichtigung des Einflusses der Verformung war nach S. 36

$$H = H_0 \nu = 2864,54 \text{ t}$$
$$M_v = +3222,9 \text{ tm}$$
$$N_v = -2923,0 \text{ t}$$
$$\sigma_v = -1817 \text{ kg/cm}^2.$$

Der Vergleich der Zahlenwerte ergibt bei Berücksichtigung des Einflusses der Verformung eine Spannungsvermehrung von $\Delta\sigma_v = 457$ kg/cm², was eine Erhöhung um 25,1% bedeutet.

Dieses Ergebnis zeigt gute Übereinstimmung mit den Zahlenwerten, die sich aus dem eigenen, eingangs aufgestellten Berechnungsverfahren ergaben (vgl. S. 36 u. 40).

6. Vergleichende Zusammenstellung und Besprechung der Zahlenergebnisse nach den verschiedenen Berechnungsmethoden.

In Tab. 2 sind die dem Belastungsfall 1 entsprechenden Normalkräfte N_v und Momente M_v für den Bogenviertelspunkt, sowie die Horizontalschübe H, die sich nach den verschiedenen Theorien errechnen, einander gegenübergestellt. In ähn-

licher Weise wie bei der Zusammenstellung der Berechnungsergebnisse beim Dreigelenkbogen wurde auch hier beim Vergleich der größten Spannungen σ_v im
Bogenviertelspunkt sowohl die prozentuale Abweichung $\varDelta\sigma_v$ der genaueren, die
Systemverformung berücksichtigenden Untersuchungsmethoden von dem Berechnungsverfahren ohne Berücksichtigung derselben festgestellt, als auch die
prozentuale Abweichung aller Berechnungsarten von der eigenen Theorie.

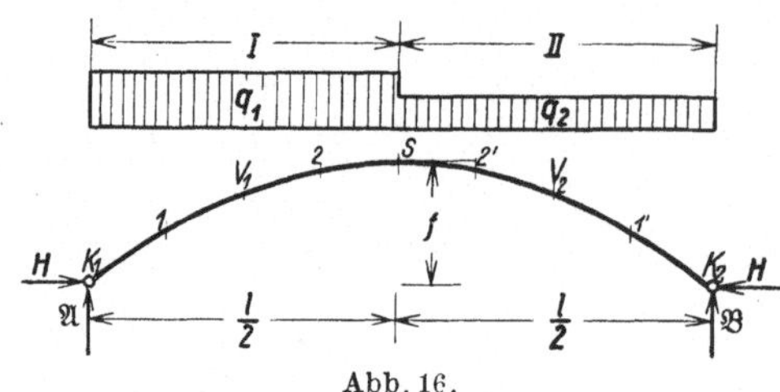

Abb. 16.

Bogenabmessungen.

$$l = 212,00 \text{ m} \qquad f = 21,25 \text{ m}$$
$$F = 0,319 \text{ m}^2 \qquad W = 0,358 \text{ m}^3$$
$$E = 21\,000\,000 \text{ t/m}^2 .$$

Belastungen.

$$g = 8,80 \text{ t/m} \qquad p = 4,20 \text{ t/m} .$$

Tabelle 2.

Berechnungsmethode	H	N_v	M_v	σ_v	Abweichung $\varDelta\sigma_v$ von	
	t	t	tm	kg/cm²	I	III
ohne Berücksichtigung des Einflusses der Systemverformung						
I normale Berechnungsart	2864,54	— 2923	+ 3222,90	— 1817	—	— 21,2%
mit Berücksichtigung des Einflusses der Systemverformung						
II Kasarnowsky	2889,73	— 2947	+ 4830,60	— 2274	+ 25,1%	— 1,4%
III Fritz	2889,12	— 2946	+ 4956,49	— 2306	+ 26,9%	—

Aus den Zahlenergebnissen ist zu ersehen, daß für den untersuchten Zweigelenkbogen eine Berechnung unter Berücksichtigung der Systemverformung unbedingt
erforderlich ist.

Ursache der erheblichen Spannungserhöhung ist in erster Linie die durch die
Kämpfergelenke und die geringe Trägerhöhe h des Bogens $\left(\dfrac{h}{l} \approx \dfrac{1}{70}\right)$ bedingte
„Weichheit" des Systems, die allerdings beim Dreigelenkbogen noch in erhöhtem
Maße zu beobachten war; außerdem die im Zusammenhang damit sich ebenfalls
ungünstig auswirkende, im Verhältnis zur ruhenden Last g große Verkehrs-
belastung p.

Der Vergleich der Zahlenergebnisse der beiden genaueren Untersuchungsmethoden läßt eine gute Übereinstimmung erkennen. In allen Fällen, in welchen
die Annahme des vereinfachten Belastungsfalles der gleichmäßig über den Bogen
verteilten, ruhenden Last g und halbseitiger Verkehrsbelastung p für die Bestimmung der Größtspannungen genügt, ist die Theorie von Kasarnowsky anwend-
bar. Wird aber eine Untersuchung mit den tatsächlich ungünstigsten Belastungsfällen für Bogenviertelspunkt und Scheitel erforderlich, so reicht die Unter-
suchungsmethode von Kasarnowsky mit den von ihm gegebenen Berechnungsgleichungen nicht mehr aus. Diesen erhöhten Anforderungen genügt dann nur
noch die eigene, allgemeiner aufgebaute Theorie der Berechnung.

III. Der Eingelenkbogen.

1. Grundlegende Beziehungen.

Bezeichnet man die Koordinaten eines Punktes der Bogenachse im unbelasteten Zustand, bezogen auf den linken Kämpferpunkt mit x, y, bezogen auf den rechten Kämpferpunkt mit z, y, ferner die Senkung dieses Punktes infolge einer Be-

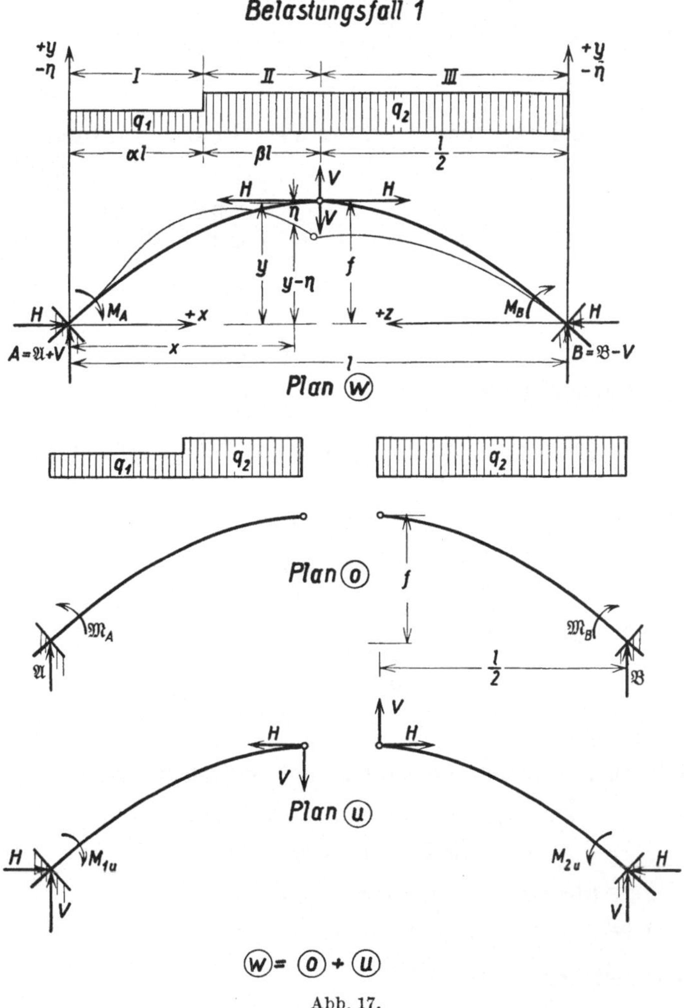

Abb. 17.

lastung mit η, so berechnet sich bei Vernachlässigung der waagerechten Verschiebungen das Moment in bezug auf den betrachteten, lotrecht verschobenen Bogenpunkt aus:

$$\left.\begin{aligned} M_x &= \mathfrak{M}_x + V x - H(y-\eta) + M_{1u} \quad \text{bzw.} \\ M_z &= \mathfrak{M}_z - V z - H(y-\eta) + M_{2u}. \end{aligned}\right\} \quad (1)$$

Darin bedeuten entsprechend einer Zerlegung des wirklichen Belastungsplanes (w) in die Teilbelastungszustände (o) und (u): (vgl. Abb. 17.)

$\mathfrak{M}_x$ das Biegemoment an der Stelle x eines Kragträgers von der Kragweite $\dfrac{l}{2}$ [(o)-Plan].

H die Horizontalkraft im Scheitelgelenk [(u)-Plan].

V die Vertikalkraft im Scheitelgelenk [(u)-Plan].

M_{1u}, M_{2u} die Einspannungsmomente an den beiden Kämpfern [(u)-Plan].

y die Bogenordinate an der Stelle x der Bogenachse, welche nach der Parabelgleichung

$$y = \frac{4\,f}{l^2}\,x\,(l-x) \tag{2}$$

geformt sein soll.

2. Die Gleichung der lotrechten Verschiebungsordinaten η.

Zur Berechnung der lotrechten Verschiebungen η wird die unter I. 1. abgeleitete Differentialgleichung benützt, welche für parabolische Bogenträger mit konstanten Querschnittsgrößen F und J Gültigkeit besitzt.

Es ist:

$$\frac{d^2\eta}{d\,x^2} = -\,\frac{M_x}{E\,J_0} - \frac{2\,H}{E\,F_0\,r} \; . \tag{3}$$

Unter Benutzung der Gl. (1) ergibt sich mit:

$$\frac{H}{E\,J_0} = c^2 \quad \text{und} \quad \left(\frac{\mathfrak{M}_x}{H} + \frac{V}{H}\,x - y + \frac{M_{1u}}{H} + \frac{2\,J}{r\,F} \right) = F(x)$$

die allgemeine Form:

$$\frac{d^2\eta}{d\,x^2} + c^2\,\eta + c^2 F(x) = 0 \; . \tag{4}$$

Das allgemeine Integral lautet:

$$\eta = A\sin c\,x + B\cos c\,x - F(x) + \frac{1}{c^2}F''(x) \; . \tag{5}$$

Für den allgemeinen Lastfall einer unsymmetrischen und unstetigen, gleichmäßig verteilt aufgebrachten Belastung nach Belastungsfall 1 ergibt sich mit:

$$q_1 = g \text{ auf die Belastungslänge } x_0 = \alpha\,l$$

$$q_2 = g + p \text{ auf die Belastungslänge } z_0 = (\tfrac{1}{2} + \beta)l$$

worin g = gleichmäßig verteilte ruhende Last in t/m

p = gleichmäßig verteilte Verkehrslast in t/m.

Für den Stetigkeitsbereich I:

$$\eta_I = A_I \sin c\,x + B_I \cos c\,x - F_I(x) + \frac{1}{c^2}F_I''(x)$$

für den Stetigkeitsbereich II:

$$\eta_{II} = A_{II} \sin c x + B_{II} \cos c x - F_{II}(x) + \frac{1}{c^2}F_{II}''(x)$$

für den Stetigkeitsbereich III:

$$\eta_{III} = A_{III} \sin c z + B_{III} \cos c z - F_{III}(z) + \frac{1}{c^2}F_{III}''(z) \; .$$

Setzt man für die Ausdrücke $F(x)$ und $F''(x)$

$$F_I(x) = \frac{1}{H}(\mathfrak{M}_I + M_{1u} + Vx) - y + \frac{2J}{rF} = \frac{1}{H}\left\{\left[\alpha(q_1 - q_2) + \frac{q_2}{2}\right]lx\right.$$

$$\left. - \left[\frac{\alpha^2 l^2}{2}(q_1 - q_2) + q_2\frac{l^2}{8}\right] - \frac{q_1}{2}x^2 + M_{1u} + Vx\right\} - \frac{4f}{l}x + \frac{4f}{l^2}x^2 + \frac{2J}{rF}$$

$$F_I''(x) = -\left(\frac{q_1}{H} - \frac{1}{r}\right)$$

$$F_{II}(x) = \frac{1}{H}\left(\frac{q_2 l}{2}x - \frac{q_2 l^2}{8} - \frac{q_2}{2}x^2 + M_{1u} + Vx\right) - \frac{4f}{l}x + \frac{4f}{l^2}x^2 + \frac{2J}{rF}$$

$$F_{II}''(x) = -\left(\frac{q_2}{H} - \frac{1}{r}\right)$$

$$F_{III}(z) = \frac{1}{H}\left(\frac{q_2 l}{2}z - q_2\frac{l^2}{8} - \frac{q_2}{2}z^2 + M_{2u} - Vz\right) - \frac{4f}{l}z + \frac{4f}{l^2}z^2 + \frac{2J}{rF}$$

$$F_{III}''(z) = -\left(\frac{q_2}{H} - \frac{1}{r}\right)$$

so ergeben sich die Gleichungen der Einsenkungen η zu:

$$\left. \begin{aligned} &\eta_I = A_I \sin cx + B_I \cos cx - \frac{1}{H}\left\{\left[\alpha(q_1 - q_2) + \frac{q_2}{2}\right]lx - \left[\frac{\alpha^2 l^2}{2}(q_1 - q_2) + q_2\frac{l^2}{8}\right]\right. \\ &\quad \left. - \frac{q_1}{2}x^2 + M_{1u} + Vx\right\} + \frac{4f}{l}x - \frac{4f}{l^2}x^2 - \frac{2J}{rF} - \frac{1}{c^2}\left(\frac{q_1}{H} - \frac{1}{r}\right) \end{aligned} \right\} \quad (6)$$

$$\eta_I' = cA_I \cos cx - cB_I \sin cx - \frac{1}{H}\left\{\left[\alpha(q_1 - q_2) + \frac{q_2}{2}\right]l - q_1 x + V\right\} + \frac{4f}{l} - \frac{8f}{l^2}x \quad (7)$$

$$\left. \begin{aligned} &\eta_{II} = A_{II} \sin cx + B_{II} \cos cx - \frac{1}{H}\left(\frac{q_2 l}{2}x - q_2\frac{l^2}{8} - \frac{q_2}{2}x^2 + M_{1u} + Vx\right) \\ &\quad + \frac{4f}{l}x - \frac{4f}{l^2}x^2 - \frac{2J}{rF} - \frac{1}{c^2}\left(\frac{q_2}{H} - \frac{1}{r}\right) \end{aligned} \right\} \quad (8)$$

$$\eta_{II}' = cA_{II} \cos cx - cB_{II} \sin cx - \frac{1}{H}\left(\frac{q_2 l}{2} - q_2 x + V\right) + \frac{4f}{l} - \frac{8f}{l^2}x \quad (9)$$

$$\left. \begin{aligned} &\eta_{III} = A_{III} \sin cz + B_{III} \cos cz - \frac{1}{H}\left(\frac{q_2 l}{2}z - q_2\frac{l^2}{8} - \frac{q_2}{2}z^2 + M_{2u} - Vz\right) \\ &\quad + \frac{4f}{l}z - \frac{4f}{l^2}z^2 - \frac{2J}{rF} - \frac{1}{c^2}\left(\frac{q_2}{H} - \frac{1}{r}\right) \end{aligned} \right\} \quad (10)$$

$$\eta_{III}' = cA_{III} \cos cz - cB_{III} \sin cz - \frac{1}{H}\left(\frac{q_2 l}{2} - q_2 z - V\right) + \frac{4f}{l} - \frac{8f}{l^2}z. \quad (11)$$

Zur Bestimmung der Konstanten $A_I\,A_{II}\,A_{III}$, $B_I\,B_{II}\,B_{III}$, sowie der Größen V, M_{1u}, M_{2u} und deren Darstellung als Funktionen des Horizontalschubes H dienen die Randbedingungen:

a)	$x = 0$	$\eta_I = 0$	e)	$x = l$	$M_{IIs} = 0$
b)	$z = 0$	$\eta_{III} = 0$	f)	$z = l$	$M_{IIIs} = 0$
c)	$x = 0$	$\eta_I' = 0$	g)	$x = \alpha l$	$\eta_I = \eta_{II}$
d)	$z = 0$	$\eta_{III}' = 0$	h)	$x = \alpha l$	$\eta_I' = \eta_{II}'$

$$\text{i)} \quad V = \frac{M_{2u} - M_{1u}}{l}.$$

Darin bedeutet:

$$M_s = \text{das Moment im Scheitelgelenk.}$$

Aus a folgt:

$$B_I = \frac{1}{H}\left[M_{1u} - \frac{\alpha^2 l^2}{2}(q_1 - q_2) - q_2\frac{l^2}{8}\right] + \frac{1}{c^2}\left(\frac{q_1}{H} - \frac{1}{r}\right) + \frac{2J}{rF} \qquad (12)$$

Aus b:

$$B_{III} = \frac{1}{H}\left[M_{2u} - q_2\frac{l^2}{8}\right] + \frac{1}{c^2}\left(\frac{q_2}{H} - \frac{1}{r}\right) + \frac{2J}{rF} \qquad (13)$$

Aus c:

$$A_I = \frac{1}{Hcl}\left\{\left[\alpha(q_1 - q_2) + \frac{q_2}{2}\right]l^2 + M_{2u} - M_{1u}\right\} - \frac{4f}{cl} \qquad (14)$$

Aus d:

$$A_{III} = \frac{1}{Hcl}\left(q_2\frac{l^2}{2} - M_{2u} + M_{1u}\right) - \frac{4f}{cl} \qquad (15)$$

Aus g und h:

$$A_{II} = A_I - \frac{q_1 - q_2}{c^2 H}\sin\alpha\, cl \qquad (16)$$

$$B_{II} = B_I - \frac{q_1 - q_2}{c^2 H}\cos\alpha\, cl , \qquad (17)$$

Unter Verwertung dieser Beziehungen erhält man aus e und f für M_{1u} und M_{2u} die Ausdrücke:

$$M_{1u} = H\;\frac{-C_1\left(\dfrac{cl}{2}\sin cl - \sin^2\dfrac{cl}{2}\right) - C_2\left(cl\cos^2\dfrac{cl}{2} - \dfrac{\sin cl}{2}\right)}{cl\cos^2\dfrac{cl}{2} - \sin cl}$$

$$\frac{+ C_3\sin^2\dfrac{cl}{2} + C_4\dfrac{\sin cl}{2} - C_5\left(cl\cos\dfrac{cl}{2} - 2\sin\dfrac{cl}{2}\right)}{cl\cos^2\dfrac{cl}{2} - \sin cl} \qquad (18)$$

$$M_{2u} = H\;\frac{C_1\sin^2\dfrac{cl}{2} + C_2\dfrac{\sin cl}{2} - C_3\left(\dfrac{cl}{2}\sin cl - \sin^2\dfrac{cl}{2}\right)}{cl\cos^2\dfrac{cl}{2} - \sin cl}$$

$$\frac{-C_4\left(cl\cos^2\dfrac{cl}{2} - \dfrac{\sin cl}{2}\right) + C_5\left(cl\cos\dfrac{cl}{2} - 2\sin\dfrac{cl}{2}\right)}{cl\cos^2\dfrac{cl}{2} - \sin cl} \qquad (19)$$

Darin ist zu setzen:

$$C_1 = \frac{l}{cH}\left[\alpha(q_1 - q_2) + \frac{q_2}{2}\right] - \frac{4f}{cl} - \frac{q_1 - q_2}{c^2 H}\sin\alpha\, cl \qquad (20)$$

$$C_2 = \frac{1}{c^2}\left(\frac{q_1}{H} - \frac{1}{r}\right) + \frac{2J}{rF} - \frac{l^2}{2H}\left[\alpha^2(q_1 - q_2) + \frac{q_2}{4}\right] - \frac{q_1 - q_2}{c^2 H}\cos\alpha\, cl \qquad (21)$$

$$C_3 = \frac{q_2\,l}{2c\,H} - \frac{4f}{c\,l} \tag{22}$$

$$C_4 = \frac{1}{c^2}\left(\frac{q_2}{H} - \frac{1}{r}\right) + \frac{2J}{rF} - \frac{q_2\,l^2}{8H} \tag{23}$$

$$C_5 = \frac{1}{c^2}\left(\frac{q_2}{H} - \frac{1}{r}\right) + \frac{2J}{rF} \tag{24}$$

Damit können in ähnlicher Weise wie beim Dreigelenkbogen für die Berechnung der Einsenkungen η, sowie des Momentes M_x und der Normalkraft N_x eines Bogenpunktes $(x, y - \eta)$ die Werte η, M_x und N_x als Funktionen des veränderlichen Horizontalschubes H dargestellt werden. Zur Bestimmung der noch zu berechnenden Größe H ist die Aufstellung einer weiteren Beziehung notwendig, welche man durch Gleichsetzen der von den äußeren und inneren Kräften am Bogenträger geleisteten Formänderungsarbeiten erhält.

3. Die Bestimmung des Horizontalschubes H aus der Arbeitsgleichung.

Bei der Einteilung in drei Berechnungsbereiche ergibt sich die Arbeitsgleichung mit:

$$\frac{q_1}{2}\int_{x=0}^{x=\alpha l}\eta_I\,dx + \frac{q_2}{2}\int_{x=\alpha l}^{x=l/2}\eta_{II}\,dx + \frac{q_2}{2}\int_{z=0}^{z=l/2}\eta_{III}\,dz = \frac{1}{2EJ_0}\left[\int_{x=0}^{x=\alpha l}M_I^2\,dx + \int_{x=\alpha l}^{x=l/2}M_{II}^2\,dx + \int_{z=0}^{z=l/2}M_{III}^2\,dz\right]$$

$$+ \frac{1}{2EF_0}\left[\int_{x=0}^{x=\alpha l}N_I^2\,dx + \int_{x=\alpha l}^{x=l/2}N_{II}^2\,dx + \int_{z=0}^{z=l/2}N_{III}^2\,dz\right] \tag{25}$$

a) Die Arbeit der äußeren Kräfte.

$$\frac{q_1}{2}\int_{x=0}^{x=\alpha l}\eta_I\,dx + \frac{q_2}{2}\int_{x=\alpha l}^{x=l/2}\eta_{II}\,dx + \frac{q_2}{2}\int_{z=0}^{z=l/2}\eta_{III}\,dz$$

$$= \frac{q_1}{2}\left\{\frac{A_I}{c}(1-\cos\alpha\,c\,l) + \frac{B_I}{c}\sin\alpha\,c\,l - \frac{\alpha l}{2H}\left[\frac{q_2}{2}l^2\left(\alpha - \frac{1}{2}\right) - \frac{q_1}{3}l^2\alpha^2 + 2M_{1u} + V\alpha l\right]\right.$$

$$+ \frac{\alpha^2 l f}{3}(6-4\alpha) - \alpha l\left[\frac{2J}{rF} + \frac{1}{c^2}\left(\frac{q_1}{H} - \frac{1}{r}\right)\right]\right\} + \frac{q_2}{2}\left\{\frac{A_{II}}{c}\left(1-\cos\frac{c\,l}{2}\right) + \frac{B_{II}}{c}\sin\frac{c\,l}{2}\right.$$

$$- \frac{l}{2H}\left(M_{1u} + \frac{Vl}{4} - \frac{q_2\,l^2}{24}\right) + \frac{fl}{3} - \frac{l}{2}\left[\frac{2J}{rF} + \frac{1}{c^2}\left(\frac{q_2}{H} - \frac{1}{r}\right)\right]\right\} - \frac{q_2}{2}\left\{\frac{A_{II}}{c}(1-\cos\alpha\,c\,l)\right.$$

$$+ \frac{B_{II}}{c}\sin\alpha\,c\,l - \frac{\alpha l}{2H}\left[\frac{q_2\,l^2}{12}(6\alpha - 4\alpha^2 - 3) + V\alpha l + 2M_{1u}\right] + \frac{\alpha^2 l f}{3}(6-4\alpha)$$

$$- \alpha l\left[\frac{2J}{rF} + \frac{1}{c^2}\left(\frac{q_2}{H} - \frac{1}{r}\right)\right]\right\} + \frac{q_2}{2}\left\{\frac{A_{III}}{c}\left(1-\cos\frac{c\,l}{2}\right) + \frac{B_{III}}{c}\sin\frac{c\,l}{2}\right.$$

$$- \frac{l}{2H}\left[M_{2u} - \frac{Vl}{4} - \frac{q_2\,l^2}{24}\right] + \frac{fl}{3} - \frac{l}{2}\left[\frac{2J}{rF} + \frac{1}{c^2}\left(\frac{q_2}{H} - \frac{1}{r}\right)\right]\right\}$$

b) Die Arbeit der inneren Kräfte.

α) Die Arbeit der Momente. Aus den Gl. (1), (2) u. (5) berechnet sich das Moment an einer Stelle x, $y - \eta$ zu:

$$M_{\mathrm{x}} = H\left[A \sin c\,x + B \cos c\,x + \frac{1}{c^2} F''(x) - \frac{2J}{rF}\right] \tag{26}$$

Für die einzelnen Stetigkeitsbereiche ist dann:

$$M_I = H\left[A_I \sin c\,x + B_I \cos c\,x - \frac{1}{c^2}\left(\frac{q_1}{H} - \frac{1}{r}\right) - \frac{2J}{rF}\right]$$

$$M_{II} = H\left[A_{II} \sin c\,x + B_{II} \cos c\,x - \frac{1}{c^2}\left(\frac{q_2}{H} - \frac{1}{r}\right) - \frac{2J}{rF}\right]$$

$$M_{III} = H\left[A_{III} \sin c\,z + B_{III} \cos c\,z - \frac{1}{c^2}\left(\frac{q_2}{H} - \frac{1}{r}\right) - \frac{2J}{rF}\right].$$

Damit erhält man:

$$\frac{1}{2EJ_0}\left[\int\limits_{x=0}^{x=\alpha l} M_I^2\,dx + \int\limits_{x=\alpha l}^{x=l/2} M_{II}^2\,dx + \int\limits_{z=0}^{z=l/2} M_{III}^2\,dz\right] = \frac{H^2}{4cEJ_0}\Bigg(\Bigg\{ A_I^2\left(\alpha c l - \frac{\sin 2\alpha c l}{2}\right)$$

$$+ A_I B_I(1 - \cos 2\alpha c l) - 4 A_I(1 - \cos \alpha c l)\left[\frac{1}{c^2}\left(\frac{q_1}{H} - \frac{1}{r}\right) + \frac{2J}{rF}\right] + B_I^2\left(\alpha c l + \frac{\sin 2\alpha c l}{2}\right)$$

$$- 4 B_I \sin\alpha c l\left[\frac{1}{c^2}\left(\frac{q_1}{H} - \frac{1}{r}\right) + \frac{2J}{rF}\right] + 2\alpha c l\left[\frac{1}{c^2}\left(\frac{q_1}{H} - \frac{1}{r}\right) + \frac{2J}{rF}\right]^2\Bigg\} + \Bigg\{\frac{A_{II}^2}{2}(c l - \sin c l)$$

$$+ A_{II} B_{II}(1 - \cos c l) - 4 A_{II}\left(1 - \cos\frac{c l}{2}\right)\left[\frac{1}{c^2}\left(\frac{q_2}{H} - \frac{1}{r}\right) + \frac{2J}{rF}\right] + \frac{B_{II}^2}{2}(c l + \sin c l)$$

$$- 4 B_{II} \sin\frac{c l}{2}\left[\frac{1}{c^2}\left(\frac{q_2}{H} - \frac{1}{r}\right) + \frac{2J}{rF}\right] + c l\left[\frac{1}{c_2}\left(\frac{q_2}{H} - \frac{1}{r}\right) + \frac{2J}{rF}\right]^2\Bigg\} - \Bigg\{A_{II}^2\left(\alpha c l - \frac{\sin 2\alpha c l}{2}\right)$$

$$+ A_{II} B_{II}(1 - \cos 2\alpha c l) + B_{II}^2\left(\alpha c l + \frac{\sin 2\alpha c l}{2}\right) - 4 A_{II}(1 - \cos\alpha c l)\left[\frac{1}{c^2}\left(\frac{q_2}{H} - \frac{1}{r}\right)\right.$$

$$\left.+ \frac{2J}{rF}\right] - 4 B_{II} \sin\alpha c l\left[\frac{1}{c^2}\left(\frac{q_2}{H} - \frac{1}{r}\right) + \frac{2J}{rF}\right] + 2\alpha c l\left[\frac{1}{c^2}\left(\frac{q_2}{H} - \frac{1}{r}\right) + \frac{2J}{rF}\right]^2\Bigg\}$$

$$+ \Bigg\{\frac{A_{III}^2}{2}(c l - \sin c l) + A_{III} B_{III}(1 - \cos c l) - 4 A_{III}\left(1 - \cos\frac{c l}{2}\right)\left[\frac{1}{c^2}\left(\frac{q_2}{H} - \frac{1}{r}\right) + \frac{2J}{rF}\right]$$

$$+ \frac{B_{III}^2}{2}(c l + \sin c l) - 4 B_{III} \sin\frac{c l}{2}\left[\frac{1}{c^2}\left(\frac{q_2}{H} - \frac{1}{r}\right) + \frac{2J}{rF}\right] + c l\left[\frac{1}{c^2}\left(\frac{q_2}{H} - \frac{1}{r}\right) + \frac{2J}{rF}\right]^2\Bigg\}\Bigg)$$

β) Die Arbeit der Normalkräfte. Es ist mit genügender Genauigkeit

$$N = -\frac{H}{\cos\varphi_v}$$

zu setzen. Dann ergibt sich mit

$$N_I = N_{II} = N_{III} = N$$

für die Arbeit der Normalkräfte:

$$\frac{1}{2EF^0}\left[\int\limits_{x=0}^{x=\alpha l} N_I^2\,dx + \int\limits_{x=\alpha l}^{x=l/2} N_{II}^2\,dx + \int\limits_{z=0}^{z=l/2} N_{III}^2\,dz\right] = \frac{H^2 l}{2EF_0\cos^2\varphi_v}$$

c) Die vollständige Arbeitsgleichung.

Es ist:

$$q_1\Big\{\frac{A_I}{c}(1-\cos\alpha c l)+\frac{B_I}{c}\sin\alpha c l-\frac{\alpha l}{2H}\Big[\frac{q_2}{2}l^2\Big(\alpha-\frac{1}{2}\Big)-\frac{q_1}{3}\alpha^2 l^2+2M_{1u}+V\alpha l\Big]$$

$$+\frac{\alpha^2 l f}{3}(6-4\alpha)-\alpha l\Big[\frac{2J}{rF}+\frac{1}{c^2}\Big(\frac{q_1}{H}-\frac{1}{r}\Big)\Big]\Big\}+q_2\Big\{\frac{A_{II}}{c}\Big(1-\cos\frac{c l}{2}\Big)+\frac{B_{II}}{c}\sin\frac{c l}{2}$$

$$-\frac{l}{2H}\Big(M_{1\mu}+\frac{V l}{4}-\frac{q_2 l^2}{24}\Big)+\frac{f l}{3}-\frac{l}{2}\Big[\frac{2J}{rF}+\frac{l}{c^2}\Big(\frac{q_2}{H}-\frac{1}{r}\Big)\Big]\Big\}-q_2\Big\{\frac{A_{II}}{c}(1-\cos\alpha c l)$$

$$+\frac{B_{II}}{c}\sin\alpha c l-\frac{\alpha l}{2H}\frac{q_2 l^2}{12}\Big[(6\alpha-4\alpha^2-3)+V\alpha l+2M_{1u}\Big]$$

$$+\frac{\alpha^2 l f}{3}(6-4\alpha)-\alpha l\Big[\frac{2J}{rF}+\frac{1}{c^2}\Big(\frac{q_2}{H}-\frac{1}{r}\Big)\Big]\Big\}+q_2\Big\{\frac{A_{III}}{c}\Big(1-\cos\frac{c l}{2}\Big)$$

$$+\frac{B_{III}}{c}\sin\frac{c l}{2}-\frac{l}{2H}\Big[M_{2u}-\frac{V l}{4}-\frac{q_2 l^2}{24}\Big]+\frac{f l}{3}-\frac{l}{2}\Big[\frac{2J}{rF}+\frac{1}{c^2}\Big(\frac{q_2}{H}-\frac{1}{r}\Big)\Big]\Big\}$$

$$=\frac{H^2}{2cEJ_0}\Big(\Big\{A_I^2\Big(\alpha c l-\frac{\sin 2\alpha c l}{2}\Big)+A_I B_I(1-\cos 2\alpha c l)-4A_I(1-\cos\alpha c l)$$

$$\Big[\frac{1}{c^2}\Big(\frac{q_1}{H}-\frac{1}{r}\Big)+\frac{2J}{rF}\Big]+B_I^2\Big(\alpha c l+\frac{\sin 2\alpha c l}{2}\Big)$$

$$-4B_I\sin\alpha c l\Big[\frac{1}{c^2}\Big(\frac{q_1}{H}-\frac{1}{r}\Big)+\frac{2J}{rF}\Big]+2\alpha c l\Big[\frac{1}{c^2}\Big(\frac{q_1}{H}-\frac{1}{r}\Big)+\frac{2J}{rF}\Big]^2\Big\}$$

$$+\Big\{\frac{A_{II}^2}{2}(c l-\sin c l)+A_{II}B_{II}(1-\cos c l)-4A_{II}\Big(1-\cos\frac{c l}{2}\Big)\Big[\frac{1}{c^2}\Big(\frac{q_2}{H}-\frac{1}{r}\Big)+\frac{2J}{rF}\Big]$$

$$+\frac{B_{II}^2}{2}(c l+\sin c l)-4B_{II}\sin\frac{c l}{2}\Big[\frac{1}{c^2}\Big(\frac{q_2}{H}-\frac{1}{r}\Big)+\frac{2J}{rF}\Big]$$

$$+c l\Big[\frac{1}{c^2}\Big(\frac{q_2}{H}-\frac{1}{r}\Big)+\frac{2J}{rF}\Big]^2\Big\}-\Big\{A_{II}^2\Big(\alpha c l-\frac{\sin 2\alpha c l}{2}\Big)+A_{II}B_{II}(1-\cos 2\alpha c l)$$

$$+B_{II}^2\Big(\alpha c l+\frac{\sin 2\alpha c l}{2}\Big)-4A_{II}(1-\cos\alpha c l)\Big[\frac{1}{c^2}\Big(\frac{q_2}{H}-\frac{1}{r}\Big)+\frac{2J}{rF}\Big]$$

$$-4B_{II}\sin\alpha c l\Big[\frac{1}{c^2}\Big(\frac{q_2}{H}-\frac{1}{r}\Big)+\frac{2J}{rF}\Big]+2\alpha c l\Big[\frac{1}{c^2}\Big(\frac{q_2}{H}-\frac{1}{r}\Big)+\frac{2J}{rF}\Big]^2\Big\}$$

$$+\Big\{\frac{A_{III}^2}{2}(c l-\sin c l)+A_{III}B_{III}(1-\cos c l)-4A_{III}\Big(1-\cos\frac{c l}{2}\Big)$$

$$\Big[\frac{1}{c^2}\Big(\frac{q_2}{H}-\frac{1}{r}\Big)+\frac{2J}{rF}\Big]+\frac{B_{III}^2}{2}(c l+\sin c l)-4B_{III}\sin\frac{c l}{2}\Big[\frac{1}{c^2}\Big(\frac{q_2}{H}-\frac{1}{r}\Big)+\frac{2J}{rF}\Big]$$

$$+c l\Big[\frac{1}{c^2}\Big(\frac{q_2}{H}-\frac{1}{r}\Big)+\frac{2J}{rF}\Big]^2\Big\}\Big)+\frac{H^2 l}{EF_0\cdot\cos^2\varphi_v}\,. \tag{27}$$

Aus dieser Gleichung ist nach der Annahme von System- und Querschnittsabmessungen für gegebene Belastungen und Belastungslängen H durch Probieren zu ermitteln.

Für den allgemeinen Fall der symmetrisch zum Bogenscheitel angeordneten und unstetigen, gleichmäßig verteilt aufgebrachten Belastung nach Belastungs-

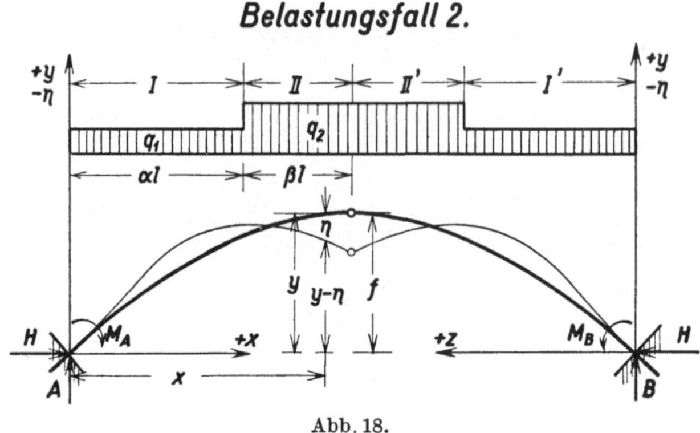

fall 2 ergeben sich die Gleichungen der lotrechten Verschiebungen η in ähnlicher Weise wie für den Bereich I und II des Belastungsfalles 1. Es ist nur aus Gründen der Symmetrie:

$$M_{1u} = M_{2u} = M_u$$

und

$$V = \frac{M_{2u} - M_{1u}}{l} = 0 .$$

$$\left.\begin{aligned}\eta_I = A_I \sin cx + B_I \cos cx - \frac{1}{H}\left\{\left[\alpha(q_1 - q_2) + \frac{q_2}{2}\right]lx - \left[\frac{\alpha^2 l^2}{2}(q_1 - q_2) + q_2\frac{l^2}{8}\right]\right. \\ \left. - \frac{q_1}{2}x^2 + M_u\right\} + \frac{4f}{l}x - \frac{4f}{l^2}x^2 - \frac{2J}{rF} - \frac{1}{c^2}\left(\frac{q_1}{H} - \frac{1}{r}\right)\end{aligned}\right\} \quad (28$$

$$\eta_I' = cA_I \cos cx - cB_I \sin cx - \frac{1}{H}\left\{\left[\alpha(q_1 - q_2) + \frac{q_2}{2}\right]l - q_1 x\right\} + \frac{4f}{l} - \frac{8f}{l^2}x \quad (29)$$

$$\left.\begin{aligned}\eta_{II} = A_{II}\sin cx + B_{II}\cos cx - \frac{1}{H}\left(\frac{q_2 l}{2}x - q_2\frac{l^2}{8} - \frac{q_2}{2}x^2 + M_u\right) + \frac{4f}{l}x - \frac{4f}{l^2}x^2 \\ - \frac{2J}{rF} - \frac{1}{c^2}\left(\frac{q_2}{H} - \frac{1}{r}\right)\end{aligned}\right\}(30)$$

$$\eta_{II}' = cA_{II}\cos cx - cB_{II}\sin cx - \frac{1}{H}\left(\frac{q_2 l}{2} - q_2 x\right) + \frac{4f}{l} + \frac{8f}{l^2}x. \quad (31)$$

Die Konstanten A_I, A_{II}, B_I, B_{II} sowie die Größe M_u bestimmen sich aus den Randbedingungen:

a) $x = 0$ $\eta_I = 0$ c) $x = \alpha l$ $\eta_I = \eta_{II}$

b) $x = 0$ $\eta_I' = 0$ d) $x = \alpha l$ $\eta_I' = \eta_{II}'$

e) $x = \dfrac{l}{2}$ $M_{II_s} = 0$

Aus a folgt:

$$M_u = H\left[B_I - \frac{1}{c^2}\left(\frac{q_1}{H} - \frac{1}{r}\right) - \frac{2J}{rF}\right] + \frac{\alpha^2 l^2}{2}(q_1 - q_2) + q_2\frac{l^2}{8} \quad (32)$$

Aus b:

$$A_I = \frac{l}{cH}\left[\alpha(q_1 - q_2) + \frac{q_2}{2}\right] + \frac{4f}{cl} \quad (33)$$

Aus c und d:

$$A_{II} = A_I - \frac{q_1 - q_2}{c^2 H}\sin \alpha cl \quad (34)$$

$$B_{II} = B_I - \frac{q_1 - q_2}{c^2 H}\cos \alpha cl \quad (35)$$

Aus e:

$$B_I = \frac{q_1 - q_2}{c^2 H}\cos\alpha c l + \frac{1}{\cos\frac{cl}{2}}\left[\frac{1}{c^2}\left(\frac{q_2}{H} - \frac{1}{r}\right) + \frac{2J}{rF}\right] - A_{II}\,\mathrm{tg}\,\frac{cl}{2}. \qquad (36)$$

Bei Benutzung der Gleichungen:

$$M_I = H\left[A_I\sin cx + B_I\cos cx - \frac{1}{c^2}\left(\frac{q_1}{H} - \frac{1}{r}\right) - \frac{2J}{rF}\right] \qquad (37)$$

$$M_{II} = H\left[A_{II}\sin cx + B_{II}\cos cx - \frac{1}{c^2}\left(\frac{q_2}{H} - \frac{1}{r}\right) - \frac{2J}{rF}\right] \qquad (38)$$

$$N_I = N_{II} = N = -\frac{H}{\cos\varphi_v} \qquad (39)$$

erhält man aus der Arbeitsgleichung:

$$q_1\int_0^{\alpha l}\eta_I\,dx + q_2\int_{\alpha l}^{l/2}\eta_{II}\,dx = \frac{1}{EJ_0}\left[\int_0^{\alpha l}M_I^2\,dx + \int_{\alpha l}^{l/2}M_{II}^2\,dx\right] + \frac{1}{EF_0}\left[\int_0^{\alpha l}N_I^2\,dx + \int_{\alpha l}^{l/2}N_{II}^2\,dx\right]$$

die endgültige Form:

$$2\,q_1\left\{\frac{A_I}{c}(1 - \cos\alpha c l) + \frac{B_I}{c}\sin\alpha c l - \frac{\alpha l}{2H}\left[\frac{q_2}{2}l^2\left(\alpha - \frac{1}{2}\right) - \frac{q_1}{3}l^2\alpha^2 + 2M_u\right]\right.$$

$$+ \frac{\alpha^2 l f}{3}(6 - 4\alpha) - \alpha l\left[\frac{2J}{rF} + \frac{1}{c^2}\left(\frac{q_1}{H} - \frac{1}{r}\right)\right]\right\} + 2\,q_2\left\{\frac{A_{II}}{c}\left(1 - \cos\frac{cl}{2}\right)\right.$$

$$+ \frac{B_{II}}{c}\sin\frac{cl}{2} - \frac{l}{2H}\right)M_u - \frac{q_2 l^2}{24}\right) + \frac{fl}{3} - \frac{l}{2}\left[\frac{2J}{rF} + \frac{1}{c^2}\left(\frac{q_2}{H} - \frac{1}{r}\right)\right]\right\}$$

$$-2\,q_2\left\{\frac{A_{II}}{c}(1 - \cos\alpha c l) + \frac{B_{II}}{c}\sin\alpha c l - \frac{\alpha l}{2H}\left[\frac{q_2 l^2}{12}(6\alpha - 4\alpha^2 - 3) + 2M_u\right]\right.$$

$$+ \frac{\alpha^2 l f}{3}(6 - 4\alpha) - \alpha l\left[\frac{2J}{rF} + \frac{1}{c^2}\left(\frac{q_2}{H} - \frac{1}{r}\right)\right]\right\} = \frac{H^2}{cEJ_0}\left(\left\{A_I^2\left(\alpha c l - \frac{\sin 2\alpha c l}{2}\right)\right.\right.$$

$$+ A_I B_I(1 - \cos 2\alpha c l) - 4A_I(1 - \cos\alpha c l)\left[\frac{1}{c^2}\left(\frac{q_1}{H} - \frac{1}{r}\right) + \frac{2J}{rF}\right]$$

$$+ B_I\left(\alpha c l + \frac{\sin 2\alpha c l}{2}\right) - 4B_I\sin\alpha c l\left[\frac{1}{c^2}\left(\frac{q_1}{H} - \frac{1}{r}\right) + \frac{2J}{rF}\right]$$

$$+ 2\alpha c l\left[\frac{1}{c^2}\left(\frac{q_1}{H} - \frac{1}{r}\right) + \frac{2J}{rF}\right]^2\right\} + \left\{\frac{A_{II}^2}{2}(c l - \sin c l) + A_{II} B_{II}(1 - \cos c l)\right.$$

$$-4A_{II}\left(1 - \cos\frac{cl}{2}\right)\left[\frac{1}{c^2}\left(\frac{q_2}{H} - \frac{1}{r}\right) + \frac{2J}{rF}\right] + \frac{B_{II}^2}{2}(c l + \sin c l) - 4B_{II}\sin\frac{cl}{2}$$

$$\left[\frac{1}{c^2}\left(\frac{q_2}{H} - \frac{1}{r}\right) + \frac{2J}{rF}\right] + c l\left[\frac{1}{c^2}\left(\frac{q_2}{H} - \frac{1}{r}\right) + \frac{2J}{rF}\right]^2\right\} - \left\{A_{II}^2\left(\alpha c l - \frac{\sin 2\alpha c l}{2}\right)\right.$$

$$+ A_{II} B_{II}(1 - \cos 2\alpha c l) + B_{II}^2\left(\alpha c l + \frac{\sin 2\alpha c l}{2}\right) - 4A_{II}(1 - \cos\alpha c l)$$

$$\left[\frac{1}{c^2}\left(\frac{q_2}{H} - \frac{1}{r}\right) + \frac{2J}{rF}\right] - 4B_{II}\sin\alpha c l\left[\frac{l}{c^2}\left(\frac{q_2}{H} - \frac{1}{r}\right) + \frac{2J}{rF}\right]$$

$$+ 2\alpha c l\left[\frac{1}{c^2}\left(\frac{q_2}{H} - \frac{1}{r}\right) + \frac{2J}{rF}\right]^2\right\}\right) + \frac{H^2 l}{EF_0\cos^2\varphi_v}. \qquad (40)$$

4. Anwendung und Zahlenbeispiel.

Setzt man im allgemeinen Belastungsfall 1 den Wert $\alpha = \tfrac{1}{2}$ ein, so steht der Eingelenkbogen unter ruhender Last $g = q_1$ und halbseitiger Verkehrsbelastung $p = q_2 - q_1$ (vgl. Abb. 19).

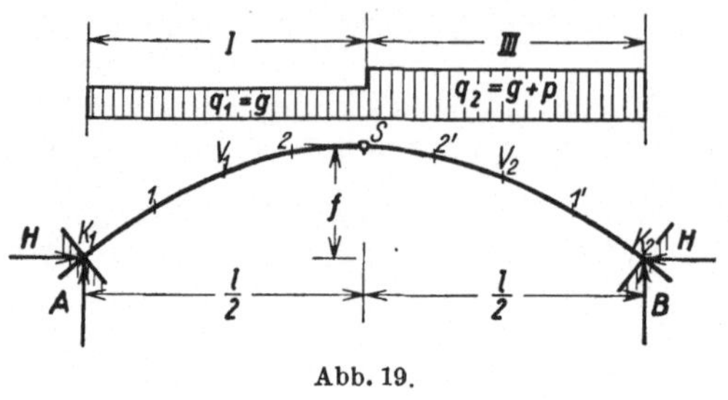

Abb. 19.

Der Stetigkeitsbereich II verschwindet und für die Bogenstücke I und III ergeben sich die Konstanten:

$$A_I = \frac{q_1 l}{2\,cH} - \frac{4f}{cl} + \frac{M_{2u} - M_{1u}}{c\,lH}\;;$$

$$A_{III} = \frac{q_2 l}{2\,cH} - \frac{4f}{cl} - \frac{M_{2u} - M_{1u}}{c\,lH}$$

$$B_I = \frac{M_{1u}}{H} - \frac{q_1 l^2}{8H} + \frac{1}{c^2}\left(\frac{q_1}{H} - \frac{1}{r}\right) + \frac{2J}{rF}\;;\qquad B_{III} = \frac{M_{2u}}{H} - \frac{q_2 l^2}{8H} + \frac{1}{c^2}\left(\frac{q_2}{H} - \frac{1}{r}\right) + \frac{2J}{rF}$$

ferner die Momente:

$$\frac{M_{1u}}{H} = \frac{-C_1\left(\dfrac{cl}{2}\sin cl - \sin^2\dfrac{cl}{2}\right) - C_2\left(cl\cos^2\dfrac{cl}{2} - \dfrac{\sin cl}{2}\right) + C_3\sin^2\dfrac{cl}{2} + C_4\dfrac{\sin cl}{2}}{cl\cos^2\dfrac{cl}{2} - \sin cl}$$

$$\frac{-C_5\sin\dfrac{cl}{2} + C_6\left(cl\cos\dfrac{cl}{2} - \sin\dfrac{cl}{2}\right)}{cl\cos^2\dfrac{cl}{2} - \sin cl}$$

$$\frac{M_{2u}}{H} = \frac{C_1\sin^2\dfrac{cl}{2} + C_2\dfrac{\sin cl}{2} - C_3\left(cl\,\dfrac{\sin cl}{2} - \sin^2\dfrac{cl}{2}\right) -}{cl\cos^2\dfrac{cl}{2} - \sin cl}$$

$$\frac{-C_4\left(cl\cos^2\dfrac{cl}{2} - \dfrac{\sin cl}{2}\right) + C_5\left(cl\cos\dfrac{cl}{2} - \sin\dfrac{cl}{2}\right) - C_6\sin\dfrac{cl}{2}}{cl\cos^2\dfrac{cl}{2} - \sin cl}\,.$$

Darin ist zu setzen:

$$C_1 = \frac{q_1 l}{2\,cH} - \frac{4f}{cl}\;;\qquad\qquad C_4 = \frac{1}{c^2}\left(\frac{q_2}{H} - \frac{1}{r}\right) + \frac{2J}{rF} - \frac{q_2 l^2}{8H}$$

$$C_2 = \frac{1}{c^2}\left(\frac{q_1}{H} - \frac{1}{r}\right) + \frac{2J}{rF} - \frac{q_1 l^2}{8H}\;;\qquad C_5 = \frac{1}{c^2}\left(\frac{q_2}{H} - \frac{1}{r}\right) + \frac{2J}{rF}$$

$$C_3 = \frac{q_2 l}{2cH} - \frac{4f}{cl}\;;\qquad\qquad C_6 = \frac{1}{c^2}\left(\frac{q_1}{H} - \frac{1}{r}\right) + \frac{2J}{rF}\,.$$

Die Arbeitsgleichung erhält die Form:

$$q_1\left\{\frac{A_I}{c}\left(1 - \cos\frac{cl}{2}\right) + \frac{B_I}{c}\sin\frac{cl}{2} - \frac{l}{8H}\left[3\,M_{1u} + M_{2u} - \frac{q_1 l^2}{6}\right] + \frac{fl}{3}\right.$$

$$\left. - \frac{l}{2}\left[\frac{1}{c^2}\left(\frac{q_1}{H} - \frac{1}{r}\right) + \frac{2J}{rF}\right]\right\} + q_2\left\{\frac{A_{III}}{c}\left(1 - \cos\frac{cl}{2}\right) + \frac{B_{III}}{c}\sin\frac{cl}{2}\right.$$

$$-\frac{l}{8H}\left[3M_{2u}+M_{1u}-\frac{q_1 l^2}{6}\right]+\frac{fl}{3}-\frac{l}{2}\left[\frac{1}{c^2}\left(\frac{q_2}{H}-\frac{1}{r}\right)+\frac{2J}{rF}\right]\Bigg\}$$

$$=\frac{H^2}{2\,cEJ_0}\Bigg(\Bigg\{A_I^2\left(\frac{cl}{2}-\frac{\sin cl}{2}\right)+A_I B_I(1-\cos cl)$$

$$-4A_I\left(1-\cos\frac{cl}{2}\right)\left[\frac{1}{c^2}\left(\frac{q_1}{H}-\frac{1}{r}\right)+\frac{2J}{rF}\right]+B_I^2\left(\frac{cl}{2}+\frac{\sin cl}{2}\right)$$

$$-4B_I\sin\frac{cl}{2}\left[\frac{1}{c^2}\left(\frac{q_1}{H}-\frac{1}{r}\right)+\frac{2J}{rF}\right]+cl\left[\frac{1}{c_2}\left(\frac{q_1}{H}-\frac{1}{r}\right)+\frac{2J}{rF}\right]^2\Bigg\}+\Bigg\{A_{III}^2\left(\frac{cl}{2}-\frac{\sin cl}{2}\right)$$

$$+A_{III}B_{III}(1-\cos cl)-4A_{III}\left(1-\cos\frac{cl}{2}\right)\left[\frac{1}{c^2}\left(\frac{q_2}{H}-\frac{1}{r}\right)+\frac{2J}{rF}\right]$$

$$+B_{III}^2\left(\frac{cl}{2}+\frac{\sin cl}{2}\right)-4B_{III}\sin\frac{cl}{2}\left[\frac{1}{c^2}\left(\frac{q_2}{H}-\frac{1}{r}\right)+\frac{2J}{rF}\right]$$

$$+cl\left[\frac{1}{c^2}\left(\frac{q_2}{H}-\frac{1}{r}\right)+\frac{2J}{rF}\right]^2\Bigg\}\Bigg)+\frac{H^2 l}{EF_0\cos^2\varphi_v}\;.$$

Für die bisher allen Zahlenbeispielen zugrunde gelegten Abmessungen:

$$l = 212{,}00 \text{ m} \qquad J = 0{,}460 \text{ m}^4 \qquad g = 8{,}80 \text{ t/m}$$
$$f = 21{,}25 \text{ m} \qquad W = 0{,}358 \text{ m}^3 \qquad p = 4{,}20 \text{ t/m}$$
$$F = 0{,}319 \text{ m}^2 \qquad E = 21\,000\,000 \text{ t/m}^2$$

ergibt sich bei der probeweisen Annahme eines Horizontalschubs $H = 2910{,}95$ t

$$cl = l\sqrt{\frac{H}{EJ_0}} = 3{,}716574 \qquad\qquad r = 264{,}376 \text{ m}$$

$$\sin cl = -0{,}543819;\ \sin\frac{cl}{2} = +0{,}958958;\ \sin\frac{cl}{4} = +0{,}801109$$

$$\cos cl = -0{,}839203;\ \cos\frac{cl}{2} = -0{,}283547;\ \cos\frac{cl}{4} = +0{,}598519$$

$$C_1 = -4{,}59170 \qquad C_2 = -19{,}46548 \qquad C_3 = +4{,}13220$$
$$C_4 = -22{,}8767 \qquad C_5 = +2{,}212745 \qquad C_6 = -2{,}48188$$

$$A_I = -3{,}0309 \qquad A_{III} = +2{,}5714$$
$$B_I = -1{,}4974 \qquad B_{III} = +0{,}8924$$
$$M_{1u} = +52304{,}2 \text{ tm} \qquad M_{2u} = +69190{,}7 \text{ tm}$$
$$V = 79{,}653 \text{ t}\;.$$

Als Arbeit der äußeren Kräfte erhält man:

$$q_1\Bigg\{\frac{A_I}{c}\left(1-\cos\frac{cl}{2}\right)+\frac{B_I}{c}\sin\frac{cl}{2}-\frac{l}{8H}\left[3M_{1u}+M_{2u}-\frac{q_1 l^2}{6}\right]$$

$$+\frac{fl}{3}-\frac{l}{2}\left[\frac{1}{c^2}\left(\frac{q_1}{H}-\frac{1}{r}\right)+\frac{2J}{rF}\right]+q_2\Bigg\{\frac{A_{III}}{c}\left(1-\cos\frac{cl}{2}\right)+\frac{B_{III}}{c}\sin\frac{cl}{2}$$

$$-\frac{l}{8H}\left[3M_{2u}+M_{1u}-\frac{q_2 l^2}{6}\right]+\frac{fl}{3}-\frac{l}{2}\left[\frac{1}{c^2}\left(\frac{q_2}{H}-\frac{1}{r}\right)+\frac{2J}{rF}\right]\Bigg\}$$

$$=23{,}5047+323{,}440=346{,}945 \text{ tm}.$$

Die von Momenten und Normalkräften geleistete Arbeit ergibt sich mit:

$$\frac{H^2}{2\,c\,E\,J_0}\left(\left\{A_I^2\left(\frac{c\,l}{2}-\frac{\sin c\,l}{2}\right)+A_I\,B_I\,(1-\cos c\,l)-4\,A_I\left(1-\cos\frac{c\,l}{2}\right)\right.\right.$$

$$\left[\frac{1}{c^2}\left(\frac{q_1}{H}-\frac{1}{r}\right)+\frac{2\,J}{r\,F}\right]+B_I^2\left(\frac{c\,l}{2}+\frac{\sin c\,l}{2}\right)-4\,B_I\sin\frac{c\,l}{2}\left[\frac{1}{c^2}\left(\frac{q_1}{H}-\frac{1}{r}\right)+\frac{2\,J}{r\,F}\right]$$

$$+c\,l\left[\frac{1}{c^2}\left(\frac{q_1}{H}-\frac{1}{r}\right)+\frac{2\,J}{r\,F}\right]^2\right\}+\left\{A_{III}^2\left(\frac{c\,l}{2}-\frac{\sin c\,l}{2}\right)+A_{III}\,B_{III}\,(1-\cos c\,l)\right.$$

$$-4\,A_{III}\left(1-\cos\frac{c\,l}{2}\right)\left[\frac{1}{c^2}\left(\frac{q_2}{H}-\frac{1}{r}\right)+\frac{2\,J}{r\,F}\right]+B_{III}^2\left(\frac{c\,l}{2}+\frac{\sin c\,l}{2}\right)$$

$$-4\,B_{III}\sin\frac{c\,l}{2}\left[\frac{1}{c^2}\left(\frac{q_2}{H}-\frac{1}{r}\right)+\frac{2\,J}{r\,F}\right]+c\,l\left[\frac{1}{c^2}\left(\frac{q_2}{H}-\frac{1}{r}\right)+\frac{2\,J}{r\,F}\right]^2\right\}\right)+\frac{H^2\,l}{E\,F_0\cos^2\varphi_v}$$

$$=62{,}9810+284{,}4880=347{,}469\ \text{tm}.$$

Die Übereinstimmung zwischen der Arbeit der äußeren und inneren Kräfte ist ausreichend. Die Größe des Horizontalschubes $H=2910{,}95$ t ist also richtig gewählt.

Das Moment und die Normalkraft im linken Bogenviertel berechnen sich aus:

$$\mathrm{M}_{v_1}=H\left[A_I\sin\frac{c\,l}{4}+B_I\cos\frac{c\,l}{4}-C_6\right]=-2452{,}24\,\text{tm}$$

$$\mathrm{N}_{v_1}=-\frac{H}{\cos\varphi_v}=-\frac{2910{,}95}{0{,}9805}=-2968\ \text{t}$$

im rechten Bogenviertel aus:

$$M_{v_2}=H\left[A_{III}\sin\frac{c\,l}{4}+B_{III}\cos\frac{c\,l}{4}-C_5\right]=+1110{,}09\,\text{tm}$$

$$N_{v_1}=N_{v_2}=-2968\ \text{t}.$$

Das Moment und die Normalkraft im linken Kämpfer ergeben sich mit:

$$M_{k_1}=H\,[B_I-C_6]=+2865{,}84\ \text{tm}$$

$$N_{k_1}=-\frac{H}{\cos\varphi_k}=-\frac{2910{,}95}{0{,}928\,177}=-3136\ \text{t}$$

am rechten Kämpfer aus:

$$M_{k_2}=H\,[B_{III}-C_5]=-3843{,}33\ \text{tm}$$

$$N_{k_1}=N_{k_2}=-3136\ \text{t}.$$

Das Moment im Bogenscheitel ergibt sich aus:

$$M_s=H\left[A_I\sin\frac{c\,l}{2}+B_I\cos\frac{c\,l}{2}-C_6\right]=0.$$

Die Einsenkung η_s im Bogenscheitel errechnet sich mit:

$$\eta_s=A_I\sin\frac{c\,l}{2}+B_I\cos\frac{c\,l}{2}-C_6+f-\frac{M_{1u}+M_{2u}}{2\,H}=f-\frac{M_{1u}+M_{2u}}{2\,H}$$

$$=21{,}2500-20{,}8686=0{,}3814\ \text{m}.$$

Die Bestimmung der größten Randspannungen ergibt in den Bogenviertelspunkten:

$$\sigma_{v_1} = -\frac{2452,24}{0,358} - \frac{2968}{0,319} = -685 - 931 = -1616 \ \text{kg/cm}^2$$

$$\sigma_{v_2} = -\frac{1110,09}{0,358} - \frac{2968}{0,319} = -310 - 931 = -1241 \ \text{kg/cm}^2 \ .$$

In den Kämpfern:

$$\sigma_{k_1} = -\frac{2865,84}{0,358} - \frac{3136}{0,319} = -800 - 983 = -1783 \ \text{kg/cm}^2$$

$$\sigma_{k_2} = -\frac{3843,33}{0,358} - \frac{3136}{0,319} = -1073 - 983 = -2056 \ \text{kg/cm}^2 \ .$$

Ohne Berücksichtigung des Einflusses der Verformung ist:

$$H = \frac{l^2 \nu}{16 f}(2g + p) = 2\,838{,}14 \ \text{t}$$

$$V = 0{,}093750 \ l \cdot p = 83{,}475 \ \text{t.}$$

Darin wurde:

$$\nu = \frac{1}{1 + \dfrac{5\,J \cos^2 \varphi_v}{F f^2}} = 0{,}984882$$

gesetzt.

Damit ergeben sich:

$$M_{v_1} = -\frac{g\,l^2}{32} - V\frac{l}{4} + H\frac{f}{4} = -12\,359 - 4424 + 15\,085 = -1698 \ \text{tm}$$

$$M_{v_2} = -(g+p)\frac{l^2}{32} + V\frac{l}{4} + H\frac{f}{4} = -18\,250 + 4424 + 15\,085 = +1259 \ \text{tm}$$

$$M_{k_1} = -g\frac{l^2}{8} - V\frac{l}{2} + H f = -49\,438 - 8848 + 60\,340 = +2054 \ \text{tm}$$

$$M_{k_2} = -(g+p)\frac{l^2}{8} + V\frac{l}{2} + H f = -73\,000 + 60\,340 + 8848 = -3812 \ \text{tm}$$

$$N_{v_1} = N_{v_2} = -\frac{2838,14}{0,9805} = -2894 \ \text{t}$$

$$N_{k_1} = N_{k_2} = -\frac{2838,14}{0,92817} = -3058 \ \text{t}$$

sowie die größten Randspannungen:

$$\sigma_{v1} = -\frac{1698}{0,358} - \frac{2894}{0,319} = -474 - 908 = -1382 \ \text{kg/cm}^2$$

$$\sigma_{v2} = -\frac{1259}{0,358} - \frac{2894}{0,319} = -352 - 908 = -1260 \ \text{kg/cm}^2$$

$$\sigma_{k1} = -\frac{2054}{0,358} - \frac{3058}{0,319} = -574 - 959 = -1533 \ \text{kg/cm}^2$$

$$\sigma_{k2} = -\frac{3812}{0,358} - \frac{3058}{0,319} = -1065 - 959 = -2024 \ \text{kg/cm}^2 \ .$$

5. Vergleichende Zusammenstellung und Besprechung der Berechnungsergebnisse.

In Tabelle 3 sind die dem Belastungsfall 1 entsprechenden Normalkräfte N und Momente M für Bogenviertelspunkts und Kämpfer, sowie die Horizontalschübe H der normalen und der verfeinerten Berechnungstheorie einander vergleichend gegenüber gestellt. In ähnlicher Weise wie beim Drei- und Zweigelenkbogen wurden beim Vergleich der Spannungen σ im Bogenviertel und Kämpfer in Tabelle 4 die aus der Berechnung nach der genaueren Theorie sich ergebenden prozentualen Spannungserhöhungen $\varDelta\,\sigma$ festgestellt.

Bogenabmessungen:

$$l = 212{,}00 \text{ m}$$
$$f = 21{,}25 \text{ m}$$
$$F = 0{,}319 \text{ m}^2$$
$$W = 0{,}358 \text{ m}^3$$
$$E = 21\,000\,000 \text{ t/m}^2 \,.$$

Belastungen:

$$g = 8{,}80 \text{ t/m}$$
$$p = 4{,}20 \text{ t/m} \,.$$

Tabelle 3.

	ohne	mit
Horizontalschub, Normalkräfte und Momente aus der Berechnung		
	Berücksichtigung des Einflusses der Systemverformung	
	I normale Berechnungsart	II eigene Berechnungstheorie
H_t	2838 t	2910 t
N_{k1}	—3058 „	—3136 „
N_{v1}	—2894 „	—2968 „
N_{v2}	—2894 „	—2968 „
N_{k2}	—3058 „	—3136 „
M_{k1}	+2054 tm	+2865 tm
M_{v1}	—1698 „	—2452 „
M_{v2}	+1259 „	+1110 „
M_{k2}	—3812 „	—3843 „

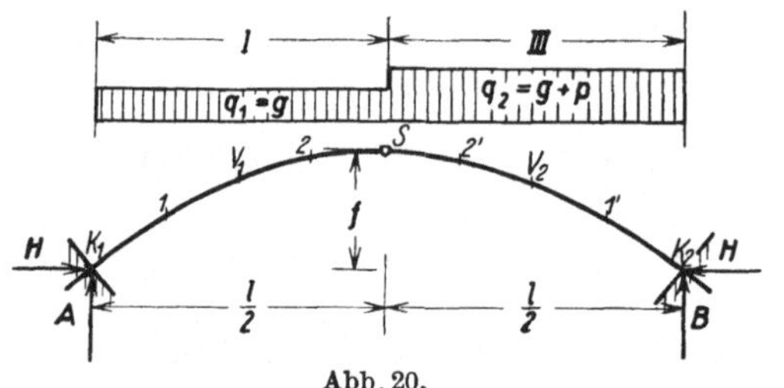

Abb. 20.

Tabelle 4.

	Spannungen σ kg/cm²	Abweichungen $\varDelta\,\sigma$ von II	Spannungen σ kg/cm²	Abweichungen $\varDelta\,\sigma$ von I
Randspannungen σ aus der Berechnung				
	ohne		mit	
	Berücksichtigung des Einflusses der Systemverformung			
	I normale Berechnungsart		II eigene Berechnungstheorie	
σ_{k1}	— 1533	— 14,0%	— 1783	+ 16,3%
σ_{v1}	— 1382	— 14,5%	— 1616	+ 16,9%
σ_{v2}	— 1260	+ 1,53%	— 1241	— 1,51%
σ_{k2}	— 2024	— 1,56%	— 2056	+ 1,58%

Aus der Zusammenstellung der Zahlenergebnisse ist ersichtlich, daß auch für den Eingelenkbogen eine Berechnung nach der genaueren Theorie erforderlich wird.

Auch bei diesem Bogensystem ist als wesentlichste Ursache der erheblichen, als Folgen der Systemverformung auftretenden Spannungserhöhungen die Verminderung der Systemsteifigkeit anzusehen, die durch das Scheitelgelenk bedingt ist. In ähnlicher Weise wie beim Drei- und Zweigelenkbogen beeinflussen dann noch die geringen Trägerhöhen und Trägheitsmomente, sowie das Belastungsverhältnis $\frac{p}{g}$ die Größenordnung der Verformungen und Spannungsvermehrungen.

Eine Theorie der Berechnung dieses selten angewandten Bogensystems, bei welcher dem Einfluß der Systemverformung Rechnung getragen wird, ist dem Verfasser nicht bekannt geworden. Daher besteht keine Möglichkeit, die Zahlenergebnisse nach einem anderen, auf ähnlichen Voraussetzungen aufbauenden genaueren Berechnungsverfahren zu überprüfen.

IV. Der beiderseits eingespannte, gelenklose Bogen.

1. Grundlegende Beziehungen.

Bezeichnet man die Koordinaten eines Punktes der Bogenachse im unbelasteten Zustand bezogen auf den linken Kämpfer mit x, y, bezogen auf den rechten Kämpferpunkt mit z, y, ferner die Senkung dieses Punktes infolge einer Belastung mit η, so berechnet sich bei Vernachlässigung der waagerechten Verschiebungen das Moment in bezug auf den betrachteten, lotrecht verschobenen Bogenpunkt aus:

$$M_x = \mathfrak{M}_x + V x - H(y-\eta) + M_1$$

bzw.

$$M_z = \mathfrak{M}_z - V z - H(y-\eta) + M_2. \tag{1}$$

Darin bedeuten:

$\mathfrak{M}_x$ das Biegemoment an der Stelle x eines freiaufliegenden Balkens gleicher Spannweite,

H der Horizontalschub,

M_1, M_2 die Kämpfermomente,

$V = \dfrac{M_2 - M_1}{l}$ die zusätzliche lotrechte Lagerkraft,

y die Bogenordinate an der Stelle x der nach der Parabelgleichung

$$y = \frac{4 f}{l^2} x(l-x) \tag{2}$$

geformten Bogenachse.

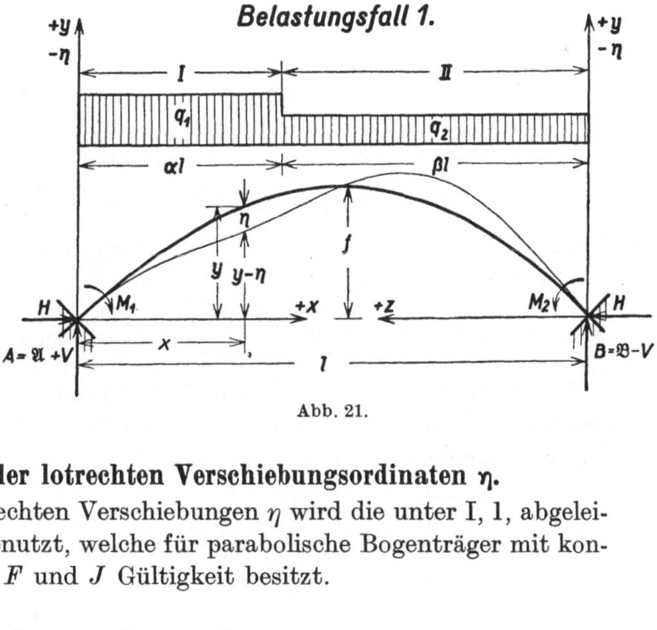

Abb. 21.

2. Die Gleichung der lotrechten Verschiebungsordinaten η.

Zur Berechnung der lotrechten Verschiebungen η wird die unter I, 1, abgeleitete Differentialgleichung benutzt, welche für parabolische Bogenträger mit konstanten Querschnittsgrößen F und J Gültigkeit besitzt.

Es ist:

$$\frac{d^2\eta}{dx^2} = -\frac{M x}{E J_0} - \frac{2 H}{E F_0 r}. \tag{3}$$

Unter Benützung der Gl. (1) ergibt sich mit:

$$\frac{H}{E J_0} = c^2 \qquad \left(\frac{Mx}{H} + \frac{V}{H}x + \frac{M_1}{H} - y + \frac{2J}{rF}\right) = F(x)$$

die allgemeine Form:

$$\frac{d^2\eta}{dx^2} + c^2\eta + c^2 F(x) = 0 . \tag{4}$$

Das allgemeine Integral lautet:

$$\eta = A\sin c\,x + B\cos c\,x - F(x) + \frac{1}{c^2}F''(x) . \tag{5}$$

Für den allgemeinen Lastfall einer unsymmetrischen und unstetigen, gleichmäßig verteilt aufgebrachten Belastung nach Belastungsfall 1 ergibt sich für den Stetigkeitsbereich I:

$$\eta_I = A_I\sin c\,x + B_I\cos c\,x - F_I(x) + \frac{1}{c^2}F_I''(x)$$

für den Stetigkeitsbereich II:

$$\eta_{II} = A_{II}\sin c\,z + B_{II}\cos c\,z - F_{II}(z) + \frac{1}{c^2}F_{II}''(z) .$$

Führt man für die Ausdrücke $F(x)$ und $F''(x)$:

$$F_I(x) = \frac{1}{H}\left\{\left[\frac{q_2}{2} + (q_1-q_2)\alpha\left(1-\frac{\alpha}{2}\right)\right]l\,x - \frac{q_1}{2}x^2 + V\,x + M_1\right\} - \frac{4f}{l}x + \frac{4f}{l^2}x^2 + \frac{2J}{rF}$$

$$F_I''(x) = -\left(\frac{q_1}{H} - \frac{8f}{l^2}\right) = -\left(\frac{q_1}{H} - \frac{1}{r}\right)$$

$$F_{II}(z) = \frac{1}{H}\left\{\left[\frac{q_2}{2} + \frac{q_1-q_2}{2}\alpha^2\right]l\,z - \frac{q_2}{2}z^2 - V\,z + M_2\right\} - \frac{4f}{l}z + \frac{4f}{l^2}z^2 + \frac{2J}{rF}$$

$$F_{II}''(z) = -\left(\frac{q_2}{H} - \frac{1}{r}\right)$$

so erhält man die Gleichungen:

$$\left.\begin{aligned}
\eta_I = A_I\sin c\,x + B_I\cos c\,x &- \frac{1}{H}\left\{\left[\frac{q_2}{2} + (q_1-q_2)\alpha\left(1-\frac{\alpha}{2}\right)\right]l\,x\right.\\
&\left. - \frac{q_1}{2}x^2 + V\,x + M_1\right\} + \frac{4f}{l}x - \frac{4f}{l^2}x^2 - \frac{2J}{rF} - \frac{1}{c^2}\left(\frac{q_1}{H} - \frac{1}{r}\right)
\end{aligned}\right\} \tag{6}$$

$$\left.\begin{aligned}
\eta_{II} = A_{II}\sin c\,z + B_{II}\cos c\,z &- \frac{1}{H}\left\{\left[\frac{q_2}{2} + \frac{q_1-q_2}{2}\alpha^2\right]l\,z - \frac{q_2}{2}z^2\right.\\
&\left. - V\,z + M_2\right\} + \frac{4f}{l}z - \frac{4f}{l^2}z^2 - \frac{2J}{rF} - \frac{1}{c^2}\left(\frac{q_2}{H} - \frac{1}{r}\right).
\end{aligned}\right\} \tag{7}$$

Die Größen M_1, M_2, V sowie die Konstanten A_I A_{II}, B_I B_{II} sind zu bestimmen und als Funktionen des Horizontalschubes H darzustellen. Dazu lassen sich folgende Randbedingungen anschreiben:

a) $x = 0$ $\eta_I = 0$;   d) $z = 0$ $\eta_{II}' = 0$

b) $z = 0$ $\eta_{II} = 0$;   e) $x = \alpha l$ $\eta_I = \eta_{II}$

                                                      $z = \beta l$

c) $x = 0$ $\eta_I' = 0$;   f) $x = \alpha l$ $\eta_I' = -\eta_{II}'$

                                                      $z = \beta l$

$$\text{g)} \quad V = \frac{M_2 - M_1}{l}.$$

Aus a ergibt sich:

$$B_I = \frac{M_1}{H} + \frac{1}{c^2}\left(\frac{q_1}{H} - \frac{1}{r}\right) + \frac{2J}{rF} \tag{8}$$

aus b:

$$B_{II} = \frac{M_2}{H} + \frac{1}{c^2}\left(\frac{q_2}{H} - \frac{1}{r}\right) + \frac{2J}{rF} \tag{9}$$

aus c:

$$A_I = \frac{1}{cH}\left\{\left[\frac{q_2}{2} + (q_1 - q_2)\alpha\left(1 - \frac{\alpha}{2}\right)\right]l + V\right\} - \frac{4f}{cl} \tag{10}$$

aus d:

$$A_{II} = \frac{1}{cH}\left\{\left[\frac{q_2}{2} + \frac{\alpha^2}{2}(q_1 - q_2)\right]l - V\right\} - \frac{4f}{cl} \tag{11}$$

aus e und f:

$$M_1 = H\,\frac{\left[\frac{q_\alpha l}{cH} + \frac{4f}{cl}\right]C_1 + \left[\frac{q_\beta l}{cH} - \frac{4f}{cl}\right]C_2 + \left[\frac{1}{c^2}\left(\frac{q_1}{H} - \frac{1}{r}\right) + \frac{2J}{rF}\right]C_3}{2(1 - \cos cl) - cl\sin cl} \\ + \frac{\left[\frac{1}{c^2}\left(\frac{q_2}{H} - \frac{1}{r}\right) + \frac{2J}{rF}\right]C_4 + \frac{q_1 - q_2}{c^2 H}C_5}{2(1 - \cos cl) - cl\sin cl} \tag{12}$$

$$M_2 = -H\,\frac{\left[\frac{q_\alpha l}{cH} - \frac{4f}{cl}\right]D_1 + \left[\frac{q_\beta l}{cH} - \frac{4f}{cl}\right]D_2 + \left[\frac{1}{c^2}\left(\frac{q_1}{H} - \frac{1}{r}\right) + \frac{2J}{rF}\right]D_3}{2(1 - \cos cl) - cl\sin} \\ + \frac{\left[\frac{1}{c^2}\left(\frac{q_2}{H} - \frac{1}{r}\right) + \frac{2J}{rF}\right]D_4 + \frac{q_1 - q_2}{c^2 H}D_5}{2(1 - \cos cl) - cl\sin cl} \tag{13}$$

darin ist zu setzen:

$$q_\alpha = \frac{q_2}{2} + (q_1 - q_2)\alpha\left(1 - \frac{\alpha}{2}\right) \qquad q_\beta = \frac{q_2}{2} + \frac{\alpha^2}{2}(q_1 - q_2)$$

$$
\begin{aligned}
C_1 &= \sin cl - cl\cos cl & D_1 &= -C_2 \\
C_2 &= \sin cl - cl & D_2 &= -C_1 \\
C_3 &= \cos cl + cl\sin cl - 1 & D_3 &= -C_4 \\
C_4 &= \cos cl - 1 & D_4 &= -C_3 \\
C_5 &= \cos\alpha cl - \cos\beta cl - cl\sin\beta cl & D_5 &= \cos\beta cl - \cos\alpha cl - cl\sin\alpha cl.
\end{aligned}
$$

Aus der allgemeinen Momentengleichung:

$$M_x = H\left[A\sin cx + B\cos cx + \frac{1}{c^2}F''(x) - \frac{2J}{rF}\right]$$

ergeben sich:

$$
\begin{aligned}
M_I &= H\left[A_I\sin cx + B_I\cos cx - \frac{1}{c^2}\left(\frac{q_1}{H} - \frac{1}{r}\right) - \frac{2J}{rF}\right] \\
M_{II} &= H\left[A_{II}\sin cz + B_{II}\cos cz - \frac{1}{c^2}\left(\frac{q_2}{H} - \frac{1}{r}\right) - \frac{2J}{rF}\right].
\end{aligned}
\tag{14}
$$

Für die Normalkräfte wird vereinfachend:

$$N_I = N_{II} = -\frac{H}{\cos\varphi v} = \text{const} \tag{15}$$

gesetzt.

Bei bekannter Horizontalkraft H können nun alle Einsenkungen η, Momente M_x und Normalkräfte N_x errechnet werden.

3. Die Bestimmung des Horizontalschubes H aus der Arbeitsgleichung.

Durch Gleichsetzen der von äußeren und inneren Kräften geleisteten Arbeiten erhält man:

$$\frac{q_1}{2}\int_0^{\alpha l}\eta_I\,dx + \frac{q_2}{2}\int_0^{\beta l}\eta_{II}\,dz = \frac{1}{2EJ_0}\left[\int_0^{\alpha l}M_I^2\,dx + \int_0^{\beta l}M_{II}^2\,dz\right] + \frac{1}{2EF_0}\left[\int_0^{\alpha l}N_I^2\,dx + \int_0^{\beta l}N_{II}^2\,dz\right].$$

Bei Verwertung der Gl. (6), (7), (14), (15) erhält man:

$$q_1\left(\frac{A_I}{c}(1-\cos\alpha\,c\,l) + \frac{B_I}{c}\sin\alpha\,c\,l - \frac{\alpha l}{2H}\left\{\left[\frac{q_2}{2} + (q_1-q_2)\alpha\left(1-\frac{\alpha}{2}\right)\right]\alpha\,l^2\right.\right.$$

$$\left.\left.-\frac{q_1}{3}\alpha^2 l^2 + V\alpha\,l + 2M_1\right\} + \frac{\alpha^2 lf}{3}(6-4\alpha) - \alpha\,l\left[\frac{2J}{rF} + \frac{1}{c^2}\left(\frac{q_1}{H}-\frac{1}{r}\right)\right]\right)$$

$$+ q_2\left(\frac{A_{II}}{c}(1-\cos\beta\,c\,l) + \frac{B_{II}}{c}\sin\beta\,c\,l - \frac{\beta l}{2H}\left\{\left[\frac{q_2}{2} + \frac{\alpha^2}{2}(q_1-q_2)\right]\beta\,l^2\right.\right.$$

$$\left.\left.-\frac{q_2}{3}\beta^2 l^2 - V\beta\,l + 2M_2\right\} + \frac{\beta^2 lf}{3}(6-4\beta) - \beta\,l\left[\frac{2J}{rF} + \frac{1}{c^2}\left(\frac{q_2}{H}-\frac{1}{r}\right)\right]\right)$$

$$= \frac{H^2}{2cEJ_0}\left(\left\{A_I^2\left(\alpha\,c\,l - \frac{\sin 2\alpha\,c\,l}{2}\right) + A_I B_I(1-\cos 2\alpha\,c\,l)\right.\right.$$

$$+ B_I^2\left(\alpha\,c\,l + \frac{\sin 2\alpha\,c\,l}{2}\right) - 4A_I(1-\cos\alpha\,c\,l)\left[\frac{1}{c^2}\left(\frac{q_1}{H}-\frac{1}{r}\right) + \frac{2J}{rF}\right]$$

$$\left.-4B_I\sin\alpha\,c\,l\left[\frac{1}{c^2}\left(\frac{q_1}{H}-\frac{1}{r}\right) + \frac{2J}{rF}\right] + 2\alpha\,c\,l\left[\frac{1}{c^2}\left(\frac{q_1}{H}-\frac{1}{r}\right) - \frac{2J}{rF}\right]^2\right\}$$

$$+ \left\{A_{II}^2\left(\beta\,c\,l - \frac{\sin 2\beta\,c\,l}{2}\right) + A_{II}B_{II}(1-\cos 2\beta\,c\,l) + B_{II}^2\left(\beta\,c\,l + \frac{\sin 2\beta\,c\,l}{2}\right)\right.$$

$$-4A_{II}(1-\cos\beta\,c\,l)\left[\frac{1}{c^2}\left(\frac{q_2}{H}-\frac{1}{r}\right) + \frac{2J}{rF}\right] - 4B_{II}\sin\beta\,c\,l\left[\frac{1}{c^2}\left(\frac{q_2}{H}-\frac{1}{r}\right) + \frac{2J}{rF}\right]$$

$$+ 2\beta\,c\,l\left[\frac{1}{c^2}\left(\frac{q_2}{H}-\frac{1}{r}\right) + \frac{2J}{rF}\right]^2\right\} + \frac{H^2 l}{EF_0\cos^2\varphi_v}. \tag{16}$$

Aus dieser Gleichung kann bei gegebenen System- und Querschnittsgrößen sowie vorgeschriebener Belastung der Horizontalschub H durch Probieren gefunden werden.

Für den allgemeinen Fall der symmetrisch zum Bogenscheitel angeordneten und unstetigen, gleichmäßig verteilt aufgebrachten Belastung nach Belastungsfall 2 ergeben sich die Gleichungen der lotrechten Einsenkungen η in ähnlicher Weise wie für den Bereich I und II des Belastungsfalles 1. Setzt man aus Symmetriegründen

$$M_1 = M_2 = M_k \quad\text{und}\quad V = \frac{M_2-M_1}{l} = 0$$

so wird:

$$\left.\begin{aligned}\eta_I = & A_I \sin c\,x + B_I \cos c\,x - \frac{1}{H}\left[\frac{q_2}{2} l\,x + \alpha (q_1 - q_2)\, l\,x - q_1 \frac{x^2}{2} + M_k\right] \\ & + \frac{4f}{l} x - \frac{4f}{l^2} x^2 - \frac{2J}{rF} - \frac{1}{c^2}\left(\frac{q_1}{H} - \frac{1}{r}\right)\end{aligned}\right\} \quad (17)$$

$$\left.\begin{aligned}\eta_{II} = & A_{II} \sin c\,x + B_{II} \cos c\,x - \frac{1}{H}\left[\frac{q_2}{2} l\,x + \frac{\alpha^2 l^2}{2} (q_1 - q_2) - \frac{q_2}{2} x^2 + M_k\right] \\ & + \frac{4f}{l} x - \frac{4f}{l^2} x^2 - \frac{2J}{rF} - \frac{1}{c^2}\left(\frac{q_2}{H} - \frac{1}{r}\right)\end{aligned}\right\} \quad (18)$$

Die Größe M_k sowie die Konstanten A_I A_{II}, B_I B_{II} bestimmen sich aus den Randbedingungen:

a) $x = 0 \qquad \eta_I = 0;$

b) $x = 0 \qquad \eta_I' = 0;$

c) $x = \frac{l}{2} \qquad \eta_{II}' = 0;$

d) $x = \alpha\, l \qquad \eta_I = \eta_{II};$

e) $x = \alpha\, l \qquad \eta_I' = \eta_{II}'.$

Belastungsfall 2.

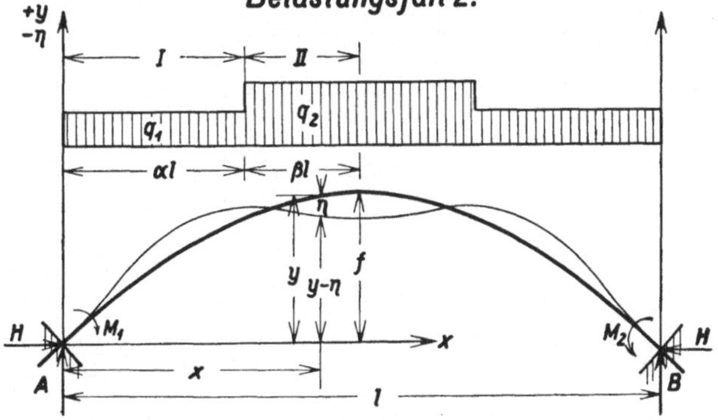

Abb. 22.

Daraus ergeben sich:

$$A_I = \frac{l}{cH}\left[\frac{q_2}{2} + \alpha (q_1 - q_2)\right] - \frac{4f}{c\,l} \quad (19)$$

$$A_{II} = A_I + \frac{q_2 - q_1}{c^2 H} \sin \alpha\, c\, l \quad (20)$$

$$B_{II} = A_{II} \operatorname{ctg} \frac{c\,l}{2} \quad (21)$$

$$B_I = B_{II} + \frac{(q_1 - q_2)}{c^2 H} \cos \alpha\, c\, l \quad (22)$$

$$M_k = H\left[B_I - \frac{2J}{rF} - \frac{1}{c^2}\left(\frac{q_1}{H} - \frac{1}{r}\right)\right]. \quad (23)$$

Bei Benutzung der Gleichungen:

$$M_I = H\left[A_I \sin cx + B_I \cos cx - \frac{1}{c^2}\left(\frac{q_1}{H} - \frac{1}{r}\right) - \frac{2J}{rF}\right] \quad (24)$$

$$M_{II} = H\left[A_{II} \sin cx + B_{II} \cos cx - \frac{1}{c^2}\left(\frac{q_2}{H} - \frac{1}{r}\right) - \frac{2J}{rF}\right] \quad (25)$$

$$N_I = N_{II} = N = -\frac{H}{\cos \varphi_v} \quad (26)$$

erhält man aus der Arbeitsgleichung:

$$q_1 \int_0^{\alpha l} \eta_I\, d\,x + q_2 \int_{\alpha l}^{l/2} \eta_{II}\, d\,x = \frac{1}{EJ_0}\left[\int_0^{\alpha l} M_I^2\, d\,x + \int_{\alpha l}^{l/2} M_{II}{}^2\, d\,x\right] + \frac{1}{EF_0}\left[\int_0^{\alpha l} N_I^2\, d\,x + \int_{\alpha l}^{l/2} N_{II}^2\, d\,x\right]$$

die endgültige Form:

$$
\begin{aligned}
&2q_1\left\{\frac{A_I}{c}(1-\cos\alpha cl)+\frac{B_I}{c}\sin\alpha cl-\frac{\alpha^2 l^3}{2H}\left[\frac{q_2}{2}+\alpha\left(\frac{2}{3}q_1-q_2\right)\right]-\frac{\alpha l}{H}M_k\right.\\
&\left.+\frac{\alpha^2 lf}{3}(6-4\alpha)-\alpha l\left[\frac{2J}{rF}+\frac{1}{c^2}\left(\frac{q_1}{H}-\frac{1}{r}\right)\right]\right\}+2q_2\left\{\frac{A_{II}}{c}\left(1-\cos\frac{cl}{2}\right)+\frac{B_{II}}{c}\sin\frac{cl}{2}\right.\\
&\left.-\frac{l^3}{8H}\left[\frac{q_2}{3}+(q_1-q_2)2\alpha^2\right]-\frac{l}{2H}M_k+\frac{fl}{3}-\frac{l}{2}\left[\frac{2J}{rF}+\frac{1}{c^2}\left(\frac{q_2}{H}-\frac{1}{r}\right)\right]\right\}\\
&-2q_2\left\{\frac{A_{II}}{c}(1-\cos\alpha cl)+\frac{B_{II}}{c}\sin\alpha cl-\frac{\alpha^2 l^3}{2H}\left[\frac{q_2}{2}+\alpha\left(q_1-\frac{4}{3}q_2\right)\right]-\frac{\alpha l}{H}M_k\right.\\
&\left.+\frac{\alpha^2 lf}{3}(6-4\alpha)-\alpha l\left[\frac{2J}{rF}+\frac{1}{c^2}\left(\frac{q_2}{H}-\frac{1}{r}\right)\right]\right\}=\frac{H^2}{cEJ_0}\left(\left\{A_I^2\left(\alpha cl-\frac{\sin 2\alpha cl}{2}\right)\right.\right.\\
&+A_I B_I(1-\cos 2\alpha cl)-4A_I(1-\cos\alpha cl)\left[\frac{1}{c^2}\left(\frac{q_1}{H}-\frac{1}{r}\right)+\frac{2J}{rF}\right]\\
&+B_I^2\left(\alpha cl+\frac{\sin 2\alpha cl}{2}\right)-4B_I\sin\alpha cl\left[\frac{1}{c^2}\left(\frac{q_1}{H}-\frac{1}{r}\right)+\frac{2J}{rF}\right]\\
&+2\alpha cl\left[\frac{1}{c^2}\left(\frac{q_1}{H}-\frac{1}{r}\right)+\frac{2J}{rF}\right]^2\bigg\}+\bigg\{\frac{A_{II}^2}{2}(cl-\sin cl)+A_{II}B_{II}(1-\cos cl)\\
&-4A_{II}\left(1-\cos\frac{cl}{2}\right)\left[\frac{1}{c^2}\left(\frac{q_2}{H}-\frac{1}{r}\right)+\frac{2J}{rF}\right]+\frac{B_{II}^2}{2}(cl+\sin cl)\\
&-4B_{II}\sin\frac{cl}{2}\left[\frac{1}{c^2}\left(\frac{q_2}{H}-\frac{1}{r}\right)+\frac{2J}{rF}\right]+cl\left[\frac{1}{c^2}\left(\frac{q_2}{H}-\frac{1}{r}\right)+\frac{2J}{rF}\right]^2\bigg\}\\
&-\bigg\{A_{II}^2\left(\alpha cl-\frac{\sin 2\alpha cl}{2}\right)+A_{II}B_{II}(1-\cos 2\alpha cl)+B_{II}^2\left(\alpha cl+\frac{\sin 2\alpha cl}{2}\right)\\
&-4A_{II}(1-\cos\alpha cl)\left[\frac{1}{c^2}\left(\frac{q_2}{H}-\frac{1}{r}\right)+\frac{2J}{rF}\right]-4B_{II}\sin\alpha cl\left[\frac{1}{c^2}\left(\frac{q_2}{H}-\frac{1}{r}\right)+\frac{2J}{rF}\right]\\
&\left.+2\alpha cl\left[\frac{1}{c^2}\left(\frac{q_2}{H}-\frac{1}{r}\right)+\frac{2J}{rF}\right]^2\bigg\}\right)+\frac{H^2 l}{EF_0\cos^2\varphi_v}
\end{aligned}
\tag{27}
$$

4. Anwendung und Zahlenbeispiel.

Setzt man im allgemeinen Belastungsfall 1 den Wert $\alpha=\beta=\tfrac{1}{2}$ ein, so steht der eingespannte Bogen unter ruhender Last $g=q_2$ und halbseitiger Verkehrslast $p=q_1-q_2$ (vgl. Abb. 23).

Die Konstanten und die Kämpfermomente berechnen sich dann aus:

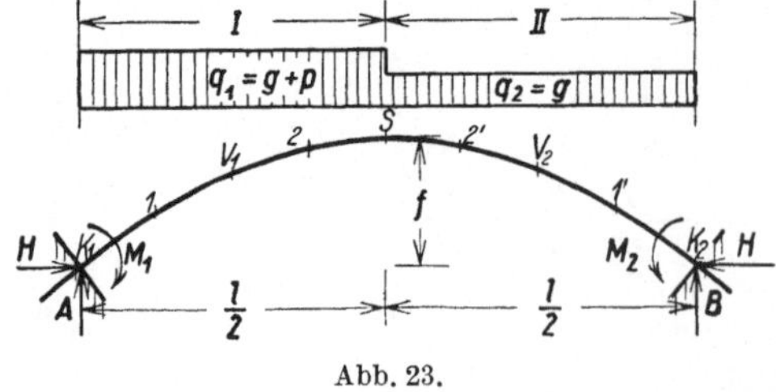

Abb. 23.

$$A_I=k_1+\frac{V}{cH}\qquad\qquad A_{II}=k_2-\frac{V}{cH}$$

$$B_I=k_3+\frac{M_1}{H}\qquad\qquad B_{II}=k_4+\frac{M_2}{H}$$

$$M_1=H\frac{k_1C_1+k_2C_2+k_3C_3+k_4C_4+k_5C_5}{2(1-\cos cl)-cl\sin cl}$$

$$M_2=-H\frac{k_1D_1+k_2D_2+k_3D_3+k_4D_4+k_5D_5}{2(1-\cos cl)-cl\sin cl}$$

darin bedeuten:

$$k_1 = \frac{l}{8\,cH}\,(q_2 + 3\,q_1) - \frac{4\,f}{c\,l} \; ; \quad k_2 = \frac{l}{8\,cH}\,(q_1 + 3\,q_2) - \frac{4\,f}{c\,l}$$

$$k_3 = \frac{1}{c^2}\left(\frac{q_1}{H} - \frac{1}{r}\right) + \frac{2\,J}{r\,F} \; ; \quad k_4 = \frac{1}{c^2}\left(\frac{q_2}{H} - \frac{1}{r}\right) + \frac{2\,J}{r\,F}$$

$$k_5 = \frac{q_1 - q_2}{c^2 H}$$

$$
\begin{aligned}
C_1 &= \sin c\,l - c\,l\cos c\,l & \qquad D_1 &= -C_2 \\
C_2 &= \sin c\,l - c\,l & D_2 &= -C_1 \\
C_3 &= \cos c\,l + c\,l\sin c l - 1 & D_3 &= -C_4 \\
C_4 &= \cos c\,l - 1 & D_4 &= -C_3 \\
C_5 &= -c\,l\sin\frac{c l}{2} & D_5 &= C_5
\end{aligned}
$$

Die Arbeitsgleichung erhält die Form:

$$
\begin{aligned}
q_1\Bigg[& (A_I + \varrho\,A_{II})\,\frac{1 - \cos\dfrac{c l}{2}}{c} + (B_I + \varrho\,B_{II})\,\frac{\sin\dfrac{c l}{2}}{c} - \frac{q_1\,l^3}{192\,H}\,(5\,\varrho^2 + 6\,\varrho + 5) \\
& + \frac{V\,l^2}{8\,H}\,(\varrho - 1) - \frac{1}{2\,H}(M_1 + \varrho\,M_2) + \frac{f\,l}{3}\,(1 + \varrho) - \frac{1}{2}\,(k_3 + \varrho\,k_4)\Bigg] \\
= \frac{H^2}{2cEJ_0}\Bigg[& (A_I^2 + A_{II}^2)\,\frac{c\,l - \sin c\,l}{2} + (A_I\,B_I + A_{II}\,B_{II})\,(1 - \cos c\,l) + \\
& + (B_I^2 + B_{II}^2)\,\frac{c\,l + \sin c\,l}{2} - 4\left(1 - \cos\frac{c l}{2}\right)(A_I\,k_3 + A_{II}\,k_4) \\
& - 4\sin\frac{c l}{2}\,(B_I\,k_3 + B_{II}\,k_4) + c\,l\,(k_3^2 + k_4^2)\Bigg] + \frac{H^2\,l}{EF_0\cos^2\varphi_v}\,.
\end{aligned}
$$

Für die bisher allen Zahlenbeispielen zugrunde gelegten Abmessungen:

$$l = 212,00 \text{ m}; \qquad J = 0,460 \text{ m}^4; \qquad g = 8,80 \text{ t/m}$$
$$f = 21,25 \text{ m}; \qquad W = 0,358 \text{ m}^3; \qquad p = 4,20 \text{ t/m}$$
$$\phantom{f = 21,25 \text{ m};} \qquad F = 0,319 \text{ m}^2; \qquad E = 21\,000\,000 \text{ t/m}^2$$

ergibt sich bei der probeweisen Annahme eines Horizontalschubes $H = 2807,36$ t:

$$c\,l = l\sqrt{\frac{H}{E\,J_0}} = 3{,}649\,850; \quad \varrho = \frac{q_2}{q_1} = 0{,}676\,923; \quad \frac{2\,J}{r\,F} = 0{,}010\,910 \quad \frac{1}{r} = 0{,}00378249$$

$$\sin c\,l = -0{,}486\,656 \qquad\qquad \sin\frac{c l}{2} = +0{,}967\,883$$

$$\cos c\,l = -0{,}873\,594 \qquad\qquad \cos\frac{c l}{2} = -0{,}251\,402$$

$$
\begin{aligned}
k_1 &= +2{,}9196; & k_3 &= +2{,}87\,259; & k_5 &= +5{,}04\,747 \\
k_2 &= -1{,}6862; & k_4 &= -2{,}17\,489 & &
\end{aligned}
$$

$$
\begin{aligned}
C_1 &= +2{,}701\,829 & \qquad C_4 &= -1{,}87\,359 \\
C_2 &= -4{,}136\,506 & C_5 &= -3{,}53\,262\,. \\
C_3 &= -3{,}64\,981 & &
\end{aligned}
$$

Die Kämpfermomente bestimmen sich mit:

$$M_1 = -4766{,}06 \text{ tm} \qquad\qquad M_2 = +1907{,}98 \text{ tm}$$

Die Konstanten ergeben:

$$A_I = +3{,}57\,095 \qquad\qquad A_{II} = -2{,}33\,755$$
$$B_I = +1{,}17\,489 \qquad\qquad B_{II} = -1{,}49\,526\ .$$

Als Arbeit der äußeren Kräfte erhält man:

$$q_1 \left[(A_I + \varrho A_{II}) \frac{1 - \cos \frac{cl}{2}}{c} + (B_I + \varrho\, B_{II}) \frac{\sin \frac{cl}{2}}{c} - \frac{q_1 l^3}{192\,H} (5\varrho^2 + 6\varrho + 5) \right.$$
$$\left. + \frac{V l^2}{8\,H} (\varrho - 1) - \frac{l}{2\,H} (M_1 + \varrho\, M_2) + \frac{fl}{3} (1 + \varrho) - \frac{l}{2} (k_3 + \varrho\, k_4) \right] = 330{,}642 \text{ tm}\ .$$

Die Arbeit der Momente und Normalkräfte ergibt:

$$\frac{H^2}{2\,c\,E\,J_0} \left[(A_I^2 + A_{II}^2) \frac{cl - \sin cl}{2} + (A_I B_I + A_{II} B_{II})(1 - \cos c\,l) + (B_I^2 + B_{II}^2) \frac{cl + \sin c}{2} \right.$$
$$\left. - 4 \left(1 - \cos \frac{cl}{2} \right) (A_I k_3 + A_{II} k_4) - 4 \sin \frac{cl}{2} (B_I k_3 + B_{II} k_4) + c\,l\,(k_3^2 + k_4^2) \right)$$
$$+ \frac{H^2 l}{E F_0 \cos^2 \varphi_v} = 66{,}063 + 264{,}601 = 330{,}664.$$

Durch die Übereinstimmung zwischen der Arbeit der äußeren und inneren Kräfte wird die Annahme des Horizontalschubes als richtig bestätigt.

Mit den gefundenen Zahlenwerten errechnen sich Moment und Normalkraft im linken Bogenviertel zu:

$$M_{v1} = H \left[A_I \sin \frac{cl}{4} + B_I \cos \frac{cl}{4} - k_3 \right] = +1883{,}37 \text{ tm}$$
$$N_{v1} = -\frac{H}{\cos \varphi_v} = -\frac{2807{,}36}{0{,}9805} = -2861 \text{ t}$$

im rechten Bogenviertel aus:

$$M_{v2} = H \left[A_{II} \sin \frac{cl}{4} + B_{II} \cos \frac{cl}{4} - k_4 \right] = -1653{,}37 \text{ tm}$$
$$N_{v2} = N_{v1} = -2\,861 \text{ t}$$

am linken Bogenkämpfer aus:

$$M_{k1} = M_1 = -4\,766{,}06 \text{ tm}$$
$$N_{k1} = -\frac{H}{\cos \varphi_k} = -\frac{2\,807{,}36}{0{,}928\,18} = -3024 \text{ t}$$

am rechten Kämpfer aus:

$$M_{k2} = M_2 = +1907{,}98 \text{ tm}$$
$$N_{k2} = N_{k1} = -3024 \text{ t}\ .$$

Im Bogenscheitel aus:

$$M_s = H \left[A_I \sin \frac{cl}{2} + B_I \cos \frac{cl}{2} - k_3 \right] = +809{,}36 \text{ tm}$$
$$N_s = -H = -2807{,}36 \text{ t}\ .$$

Die Bestimmung der größten Randspannungen ergibt:
In den Bogenkämpfern:

$$\sigma_{k1} = -\frac{4766,06}{0,358} - \frac{3024}{0,319} = -1331 - 948 = -2279 \text{ kg/cm}^2$$

$$\sigma_{k2} = -\frac{1907,98}{0,358} - \frac{3024}{0,319} = -532 - 948 = -1481 \text{ kg/cm}^2$$

in den Bogenviertelspunkten aus:

$$\sigma_{v1} = -\frac{1883,37}{0,358} - \frac{2861}{0,319} = -526 - 897 = -1423 \text{ kg/cm}^2$$

$$\sigma_{v2} = -\frac{1653,37}{0,358} - \frac{2861}{0,319} = -462 - 897 = -1359 \text{ kg/cm}^2$$

im Bogenscheitel aus:

$$\sigma_s = -\frac{809,36}{0,358} - \frac{2807,36}{0,319} = -226 - 880 = -1106 \text{ kg/cm}^2 \, .$$

Ohne Berücksichtigung des Einflusses der Verformung ist:

$$H' = H_0 \nu = 2785,50 \text{ t}$$

$$M' = +\frac{l^2}{48}(8g + p) = +69850,5 \text{ t}$$

$$V' = \frac{l}{32}(16g + 3p) = +1016,28 \text{ t} \, .$$

Darin wurde:

$$\nu = \frac{1}{1 + \dfrac{45 J \cos^2 \varphi_v}{4 F f^2}} = 0,966615$$

gesetzt.

Damit ergeben sich:

$$M_{v1} = M' + V'\frac{l}{4} - H'\frac{f}{12} - \frac{l^2}{32}(9g + p) = +1645,8 \text{ tm}$$

$$M_{v2} = M' - V'\frac{l}{4} - H'\frac{f}{12} - g\frac{l^2}{32} = -1304,0 \text{ tm}$$

$$M_{k1} = M' + V'\frac{l}{2} + H'\frac{2}{3}f - \frac{l^2}{8}(4g + p) = -4311,6 \text{ tm}$$

$$M_{k2} = M' - V'\frac{l}{2} + H'\frac{2}{3}f = +1586,0 \text{ tm}$$

$$M_s = M' - H'\frac{f}{3} - \frac{gl^2}{8} = +683,9 \text{ tm}$$

$$N_{v1} = N_{v2} = -\frac{2785,5}{0,980\,50} = -2840 \text{ t}$$

$$N_{k1} = N_{k2} = -\frac{2785,5}{0,928\,17} = -3000 \text{ t}$$

$$N_s = -H = -2785,5 \text{ t}$$

sowie die größten Randspannungen:

$$\sigma_{v1} = -\frac{1645,8}{0,358} - \frac{2840}{0,319} = -459 - 890 = -1350 \ \text{kg/cm}^2$$

$$\sigma_{v2} = -\frac{1304,0}{0,358} - \frac{2840}{0,319} = -364 - 890 = -1255 \ \text{kg/cm}^2$$

$$\sigma_{k1} = -\frac{4311,6}{0,358} - \frac{3000}{0,319} = -1204 - 940 = -2144 \ \text{kg/cm}^2$$

$$\sigma_{k2} = -\frac{1586,0}{0,358} - \frac{3000}{0,319} = -443 - 940 = -1383 \ \text{kg/cm}^2$$

$$\sigma_{s} = -\frac{673,9}{0,358} - \frac{2785,5}{0,319} = -191 - 873 = -1064 \ \text{kg/cm}^2 \ .$$

5. Vergleichende Zusammenstellung und Besprechung der Berechnungsergebnisse.

In Tabelle 5 sind die dem Belastungsfall 1 entsprechenden Normalkräfte N und Momente M für Bogenviertelspunkte, Kämpfer und Scheitel, sowie die Horizontalschübe H der normalen und der verfeinerten Berechnungsmethode einander

Tabelle 5.

Horizontalschub, Normalkräfte und Momente aus der Berechnung		
ohne		mit
Berücksichtigung des Einflusses der Systemverformung		
I		II
normale Berechnungsart		eigene Berechnungstheorie
$N_s = -H$	— 2785 t	— 2807 t
N_{k1}	— 3000 „	— 3024 „
N_{v1}	— 2840 „	— 2861 „
N_{v2}	— 2840 „	— 2861 „
N_{k2}	— 3000 „	— 3024 „
M_{k1}	— 4311 tm	— 4766 tm
M_{v1}	+ 1645 „	+ 1883 „
M_s	+ 683 „	+ 809 „
M_{v2}	— 1304 „	— 1653 „
M_{k2}	+ 1586 .,	+ 1907 „

gegenübergestellt. In ähnlicher Weise wie bei den früher besprochenen Bogen-systemen wurden beim Vergleich der Spannungen σ in Scheitel, Bogenviertels-punkten und Kämpfern in Tab. 6 die aus der Berechnung nach der genaueren Theorie sich ergebenden prozentualen Spannungserhöhungen $\Delta \sigma$ festgestellt.

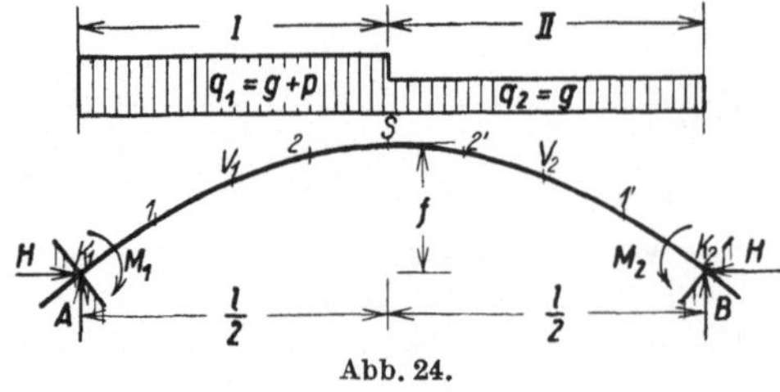

Abb. 24.

Bogenabmessungen.

$l = 212,00$ m $f = 21,25$ m

$F = 0,319$ m² $W = 0,358$ m³

$E = 21\,000\,000$ t/m² .

Belastungen.

$g = 8,80$ t/m $p = 4,20$ t/m .

Aus dem Vergleich der Zahlenergebnisse ist ersichtlich, daß auch beim beiderseits eingespannten Bogen eine Berechnung nach der genaueren Theorie noch ratsam wird.

Infolge der großen Systemsteifigkeit dieser vollkommen gelenklosen Bogenart sind die Spannungserhöhungen gegenüber den Systemen mit Gelenken erheblich kleiner.

Tabelle 6.

	Randspannungen σ aus der Berechnung			
	ohne		mit	
	Berücksichtigung des Einflusses der Systemverformung			
	I		II	
	normale Berechnungsart		eigene Berechnungstheorie	
	Spannungen σ kg/cm²	Abweichungen $\varDelta\,\sigma$ von II	Spannungen σ kg/cm²	Abweichungen $\varDelta\,\sigma$ von I
σ_{k1}	— 2144	— 5,9%	— 2279	+ 6,3%
σ_{v1}	— 1350	— 5,1%	— 1423	+ 5,4%
σ_s	— 1064	— 3,8%	— 1106	+ 3,9%
σ_{v2}	— 1255	— 7,6%	— 1359	+ 8,3%
σ_{k2}	— 1383	— 6,6%	— 1481	+ 7,1%

V. Versuche an Bogenmodellen zur Ermittlung des Einflusses der Systemverformung.

1. Zweck der Modellversuche.

Als Ergänzung zu den zahlreichen praktischen Rechenbeispielen, welche in erster Linie die in besonderen Fällen durch die Systemverformung bedingten Spannungserhöhungen nachweisen sollten, wurden Versuche und Berechnungen am Bogenmodell mit der Absicht durchgeführt, für einen bestimmten Belastungsfall die Zusammenhänge zwischen Belastung und Formänderung zu veranschaulichen und kurvenmäßig darzustellen. Außerdem sollte durch die Möglichkeit einer Gegenüberstellung der Ergebnisse von Theorie und Versuch eine gegenseitige Kontrolle erreicht werden.

Die Möglichkeit, Versuche und Messungen an ausgeführten Bogentragwerken durchzuführen, wurde von vornherein aus folgenden Überlegungen heraus außer acht gelassen:

Die zahlenmäßigen Ergebnisse solcher Versuche können nur gering sein, da der Einfluß der Verformung bei den meisten bisher ausgeführten Bogenbrücken nur sehr klein ist und Versuche an denselben daher nicht geeignet sind, grundsätzliche Fragen und Gesetzmäßigkeiten zu klären und darzustellen. Ferner sind Versuche am stehenden Bauwerk einer Reihe von Fehlereinflüssen ausgesetzt, die durch die meistenteils unklare statische Wirkung der Überbauten und Verbände verursacht sind. Dazu kommen die Umstände und Schwierigkeiten beim Aufbringen der Belastung. Schließlich können die Voraussetzungen für eine Vergleichsmöglichkeit der verschiedenen Bogenarten untereinander praktisch wohl schwerlich erfüllt werden. Alle diese Schwierigkeiten und Fehlereinflüsse waren beim Modellversuch leicht zu umgehen und auszuschalten.

2. Versuchsanordnung und Durchführung[1].

Es wurden Stahlbänder aus St. 80 mit einem Elastizitätsmodul $E = 2\,072\,500$ kg/cm² mit Hilfe einer Holzschablone in kaltem Zustande auf Parabelform gebracht. Als theoretische Stützweite wurde einheitlich $l = 180,00$ cm gewählt, als Pfeilhöhe $f = 23,20$ cm. Damit ergab sich ein Pfeilverhältnis $\dfrac{f}{l} = \dfrac{1}{7,75}$. Der Bogenquerschnitt war praktisch konstant. $F = b \cdot h = 30,00 \cdot 3,90 = 117$ mm². Durch die Verwendung hochwertigen Stahles bei gleichzeitig geringen Bogen-

Abb. 25. Schneidengelenklagerung für Drei- und Zweigelenkbogen.

stärken konnten auch im elastischen Bereich der Bogenbeanspruchungen noch deutlich wahrnehmbare Verformungen erzielt werden. Die Lagerung der Zwei- und Dreigelenkbogen im Kämpfer erfolgte auf Schneidengelenken (vgl. Abb. 25).

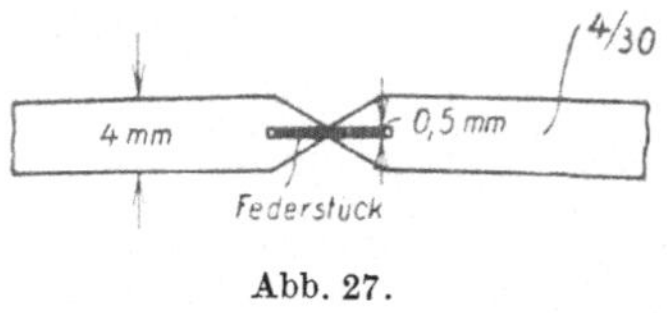

Abb. 27.

Die Scheitelgelenke wurden als Blattfedergelenke ausgebildet (vgl. Abb. 27). Die Kämpferenden bei den Bogenträgern mit unverdrehbaren Kämpferquerschnitten wurden in zweiteilige Lagerschuhe eingespannt und verschraubt (vgl. Abb. 26).

Um Versuch und theoretische Behandlung zu vereinfachen, wurden alle Bogensysteme gleichartig durch eine am Bogenscheitel wirkende Einzellast P_s belastet. Bei diesem Lastfall zeigten namentlich die Bogenträger mit Scheitelgelenk besonders große und wirksame System-

[1] Die Versuche wurden vom Verfasser in der „Versuchsanstalt für Holz, Stein und Stahl" an der Technischen Hochschule zu Karlsruhe durchgeführt. Herrn Prof. Dr. Gaber, dem Leiter der Versuchsanstalt, der mir in großzügiger Weise die Benützung seiner ursprünglich für die Durchführung von Knickversuchen entworfene Versuchseinrichtung gestattete, sei hier dafür herzlichst gedankt.

verformungen. Die Bruchlast wurde in 10 bis 15 Laststufen aufgebracht. Zwischen den einzelnen Laststufen wurde von Zeit zu Zeit wieder völlig entlastet, um das Auftreten der ersten bleibenden Formänderung feststellen zu

Abb. 26. Kämpfereinspannung für den gelenklosen Bogen und den Eingelenkbogen.

können. Im Bogenscheitel zeigten sich erwartungsgemäß die größten Senkungen. Sie wurden mit Hilfe einer Millimeterskala abgelesen (vgl. Tab. 7, S. 76 u. Abb. 34—43).

Jeder Versuch wurde nur einmal durchgeführt.

Der Dreigelenkbogen mit einer Einzellast im Scheitel.

$$l = 180{,}00 \text{ cm} \qquad f = 23{,}20 \text{ cm} \qquad \frac{f}{l} = \frac{1}{7{,}75}$$

$$EJ = 32\,800 \text{ kgcm}^2 \qquad F = 30{,}00/3{,}90 = 117 \text{ mm}^2$$

Abb. 34. Bogen unbelastet.

Abb. 35. Bogen überbelastet.

Der Zweigelenkbogen mit einer Einzellast im Scheitel.

$$l = 180,00 \text{ cm} \qquad f = 23,20 \text{ cm} \qquad \frac{f}{l} = \frac{1}{7,75}$$

$$EJ = 32\,800 \text{ kgcm}^2 \qquad F = 1,17 \text{ cm}^2$$

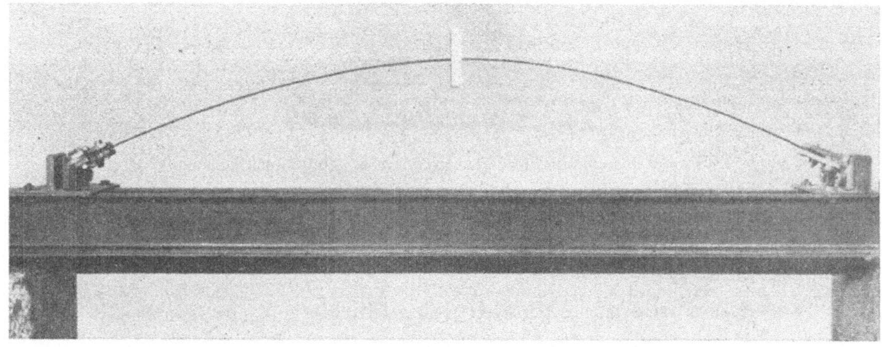

Abb. 36. Bogen unbelastet.

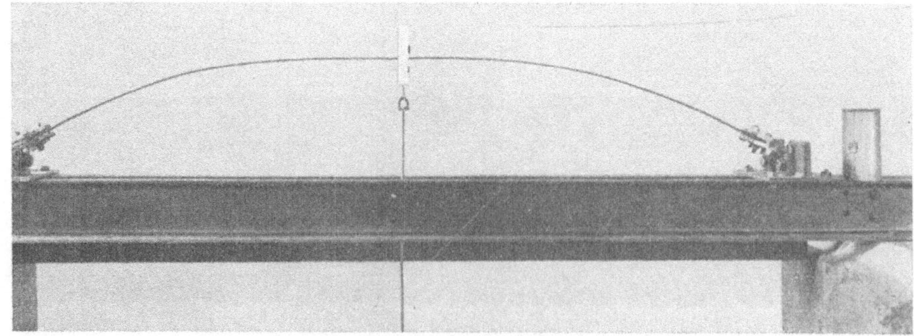

Abb. 37. Bogen belastet.

Abb. 38. Bogen überbelastet.

Der Eingelenkbogen mit einer Einzellast im Scheitel.

$$l = 180,00 \text{ cm} \qquad f = 23,20 \text{ cm} \qquad \frac{f}{l} = \frac{1}{7,75}$$

$$EJ = 32\,800 \text{ kgcm}^2 \qquad F = 1,17 \text{ cm}^2$$

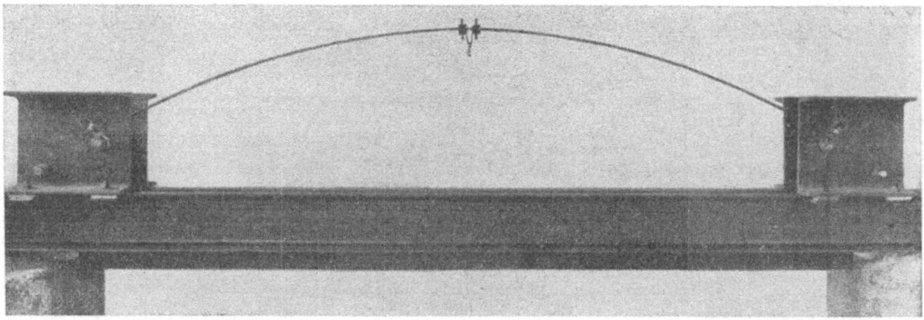

Abb. 39. Bogen unbelastet.

Abb. 40. Bogen überbelastet.

Der eingespannte, gelenklose Bogen mit einer Einzellast im Scheitel.

$$l = 180{,}00 \,\text{cm} \qquad f = 23{,}20 \,\text{cm} \qquad \frac{f}{l} = \frac{1}{7{,}75}$$

$$EJ = 32\,800 \,\text{kgcm}^2 \qquad F = 1{,}17 \,\text{cm}^2$$

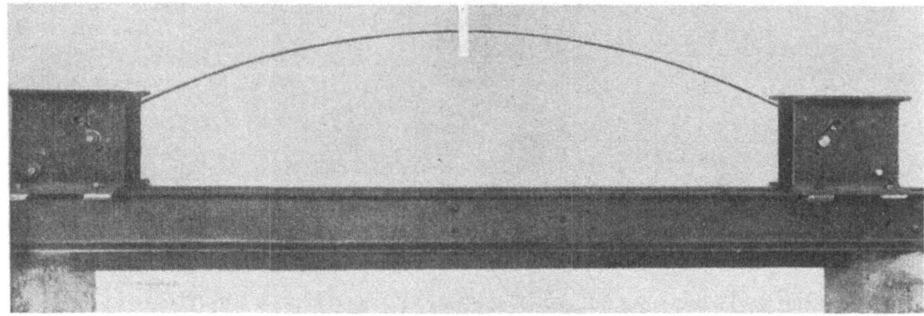

Abb. 41. Bogen unbelastet.

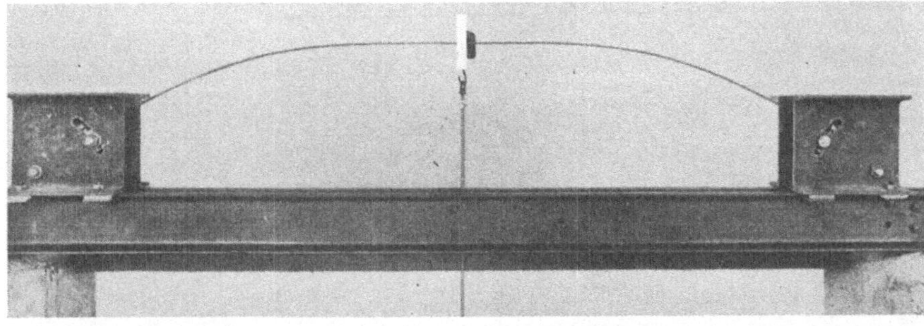

Abb. 42. Bogen belastet.

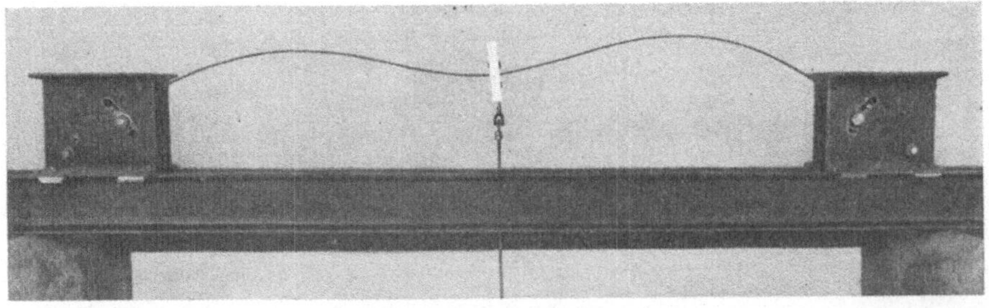

Abb. 43. Bogen überbelastet.

3. Kontrolle der Versuchergebnisse auf theoretischem Wege.

a) Die Aufstellung der Berechnungsgleichungen für den Dreigelenkbogen.

Bei der Ableitung der theoretischen Berechnungsgrundlagen kann von der im 1. Teil, Kapitel I, Abschnitt 2, S. 8 in der allgemeinen Form angeschriebenen

Differentialgleichung (9) und ihrem allgemeinen Integral in Gestalt der Gl. (10) ausgegangen werden.

Es ist dann:

$$\frac{d^2\eta}{d\,x^2} + c^2\eta + c^2 F(x) = 0 \tag{a}$$

$$\eta = A \cdot \sin c\,x + B \cdot \cos c\,x - F(x) + \frac{1}{c^2} F''(x) \tag{b}$$

worin:

$$c^2 = \frac{H}{E\,J_0} \tag{c}$$

Aus:

$$F(x) = \frac{\mathfrak{M}}{H} - y + \frac{2\,J}{r\,F}$$

ergibt sich für den Fall der Belastung durch eine Einzellast P_s im Scheitel (vgl. Abb. 28):

$$F(x) = \frac{P_s\,x}{2\,H} - y = \frac{P_s\,x}{2\,H} - \frac{4f}{l}\,x + \frac{4f}{l^2}\,x^2 + \frac{2\,J}{r\,F} \tag{d}$$

$$F''(x) = \frac{8f}{l^2} \tag{e}$$

sowie:

$$\eta = A \cdot \sin c\,x + B \cdot \cos c\,x - \frac{P_s\,x}{2\,H} + \frac{4f}{l}\,x - \frac{4f}{l^2}\,x^2 + \frac{8f}{c^2\,l^2} - \frac{2\,J}{r\,F}. \tag{f}$$

Aus den Randbedingungen:

$\alpha)$ $x = 0$

     $\eta = 0$

$\beta)$ $x = \dfrac{l}{2}$

     $\eta = \eta_s = \mathfrak{f} - \dfrac{P\,l}{4\,H}$

ergeben sich die Konstanten:

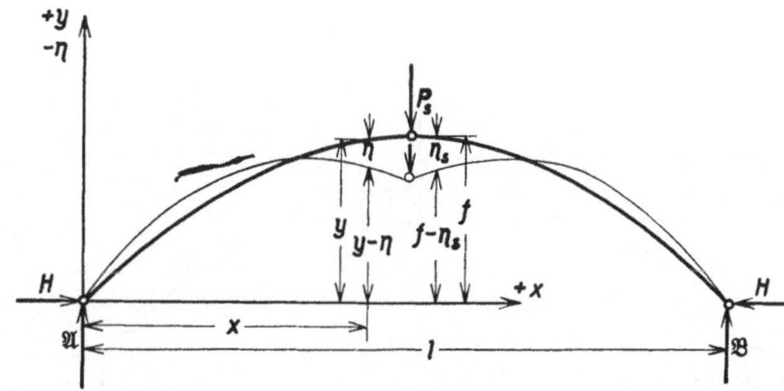

Abb. 28.

$$A = B \cdot \mathrm{tg}\,\frac{c\,l}{4} \tag{g}$$

$$B = -\frac{8f}{c^2\,l^2} + \frac{2\,J}{r\,F}. \tag{h}$$

Das Moment an einer Stelle x, $y - \eta$ des Bogens berechnet sich aus:

$$\begin{aligned} \mathrm{M} &= H\left[A \cdot \sin c\,x + B \cdot \cos c\,x + \frac{1}{c^2} F''(x) - \frac{2\,J}{r\,F}\right] \\ &= H\,[A \cdot \sin c\,x + B\,(\cos c\,x - 1)]. \end{aligned} \tag{i}$$

Aus der Aufstellung der Arbeitsgleichung

$$\frac{P_s\,\eta_s}{2} = 2\int_0^{l/2}\frac{M^2\,dx}{2\,E\,J_0} + 2\int_0^{l/2}\frac{N^2\,dx}{2\,E\,F_0}$$

ergibt sich die zur Berechnung des Horizontalschubes H erforderliche Bestimmungsgleichung in der Form:

$$\left.\begin{aligned}
P_s\left(\mathfrak{f}-\frac{P_s\,l}{4H}\right) &= \frac{H^2}{c\,E\,J_0}\left[A^2\frac{c\,l-\sin c\,l}{2} + A\cdot B\left(4\cos\frac{c\,l}{2}-\cos c\,l-3\right)\right.\\
&\left. + B^2\left(3\frac{c\,l}{2}+\frac{\sin c\,l}{2}-4\sin\frac{c\,l}{2}\right)\right] + \frac{H^2\,l}{E\,F_0\cos^2\varphi_v}\,.
\end{aligned}\right\}\quad\text{(k)}$$

Der Horizontalschub H, der einer Belastung P_s entspricht, wird hieraus durch Probieren gefunden.

b) Die Aufstellung der Berechnungsgleichungen für den Zweigelenkbogen.

In ähnlicher Weise wie beim Dreigelenkbogen lassen sich hier folgende Beziehungen finden:

$$\frac{d^2\eta}{d\,x^2} + c^2\eta + c^2 F(x) = 0 \qquad\text{(a)}$$

$$\eta = A\cdot\sin c\,x + B\cdot\cos c\,x - F(x) + \frac{1}{c^2}F''(x) \qquad\text{(b)}$$

$$c^2 = \frac{H}{E\,J_0} \qquad\text{(c)}$$

$$F(x) = \frac{P\,x}{2H} - \frac{4f}{l}x + \frac{4f}{l^2}x^2 + \frac{2J}{rF} \qquad\text{(d)}$$

$$\eta = A\cdot\sin c\,x + B\cdot\cos c\,x - \frac{P_s\,x}{2H} + \frac{4f}{l}x - \frac{4f}{l^2}x^2 + \frac{8f}{c^2\,l^2} - \frac{2J}{rF} \qquad\text{(e)}$$

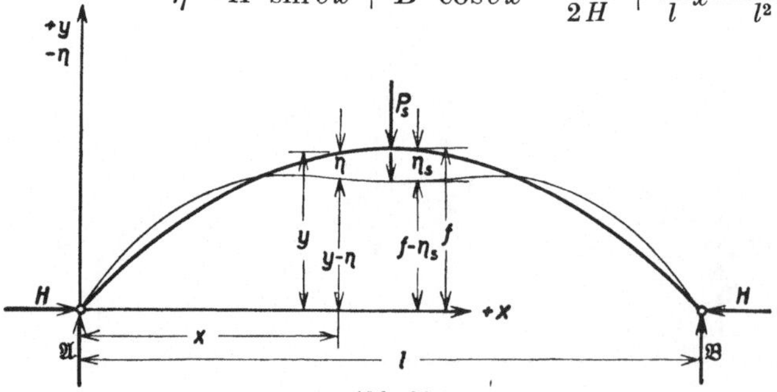

$$\alpha)\ \ x=0 \qquad \eta=0$$

$$\beta)\ \ x=\frac{l}{2} \qquad \eta'=0$$

$$A = B\cdot\operatorname{tg}\frac{c\,l}{2} + \frac{P_s}{2\,cH\cos\dfrac{c\,l}{2}} \qquad\text{(f)}$$

$$B = -\frac{8f}{c^2\,l^2} + \frac{2J}{rF} \qquad\text{(g)}$$

$$\left.\begin{aligned}M = H[&A\cdot\sin c\,x\\ &+ B\,(\cos c\,x - 1)]\end{aligned}\right\}\quad\text{(h)}$$

Abb. 29.

Aus der Arbeitsgleichung ergibt sich die Berechnungsgleichung für den Horizontalschub H mit:

$$\left.\begin{aligned}
P_s&\left[f-\frac{P\,l}{4H}+A\cdot\sin\frac{c\,l}{2}+B\left(\cos\frac{c\,l}{2}-1\right)\right]\\
&= \frac{H^2}{c\,E\,J_0}\left[A^2\frac{c\,l-\sin c\,l}{2}+A\,B\left(4\cos\frac{c\,l}{2}-\cos c\,l-3\right)+B^2\left(\frac{3\,c\,l}{2}+\frac{\sin c\,l}{2}-4\sin\frac{c\,l}{2}\right)\right]\\
&\qquad\qquad + \frac{H^2\,l}{E\,F_0\cos^2\varphi_v}
\end{aligned}\right\}\text{(i)}$$

Der einer Scheitellast P_s entsprechende Horizontalschub H kann hieraus durch Probieren gefunden werden.

c) Die Aufstellung der Berechnungsgleichungen für den Eingelenkbogen.

Entsprechend den beim Drei- und Zweigelenkbogen angeschriebenen allgemeinen Gleichungen gilt auch hier:

$$\frac{\mathrm{d}^2\eta}{\mathrm{d}x^2} + c^2\eta + c^2 F(x) = 0 \tag{a}$$

$$\eta = A \cdot \sin cx + B \cdot \cos cx - F(x) + \frac{1}{c^2} F''(x) \tag{b}$$

Bei einer Zerlegung des wirklichen Belastungszustandes (w) in die Teilbelastungspläne (o) und (u) (vgl. Abb. 30) berechnet sich das Moment an einer Bogenstelle x, $y - \eta$ aus:

$$M_x = \mathfrak{M} - H(y - \eta) + M_{ku}$$

$$= H\left[A \cdot \sin cx + B \cdot \cos cx + \frac{1}{c^2} F''(x) \right] \tag{c}$$

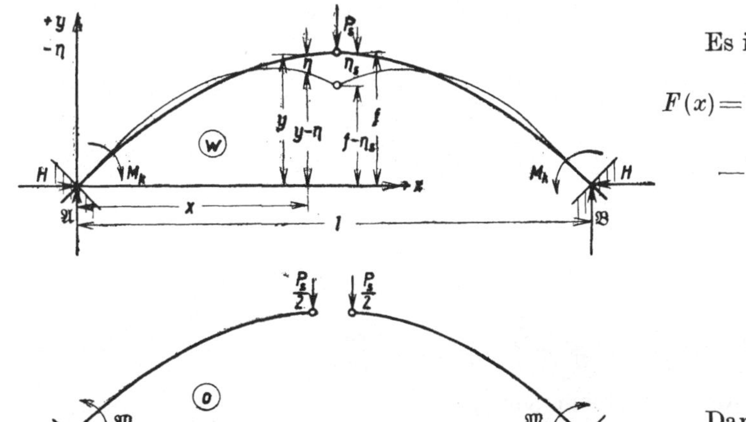

Abb. 30.

Es ist ferner:

$$\left. \begin{aligned} F(x) &= \frac{P_s x}{2H} - \frac{P_s l}{4H} + \frac{M_{ku}}{H} \\ &\quad - \frac{4f}{l} x + \frac{4f}{l^2} x^2 \end{aligned} \right\} \tag{d}$$

$$F''(x) = \frac{8f}{l^2} \tag{e}$$

$$c^2 = \frac{H}{E J_0} \tag{f}$$

Damit wird:

$$\left. \begin{aligned} \eta &= A \cdot \sin cx + B \cdot \cos cx \\ &\quad - \frac{P_s x}{2H} - \frac{P_s l}{4H} - \frac{M_{ku}}{H} \\ &\quad + \frac{4f}{l} x - \frac{4f}{l^2} x^2 + \frac{8f}{c^2 l^2} \\ &\quad - \frac{2J}{rF} \cdot \end{aligned} \right\} \tag{g}$$

Aus den Randbedingungen:

$$\begin{aligned} \alpha)\ & x = 0 & \eta &= 0 \\ \beta)\ & x = 0 & \eta' &= 0 \\ \gamma)\ & x = \frac{l}{2} & M_s &= 0 \end{aligned}$$

erhält man:

$$\mathrm{A} = \frac{P_s}{2cH} - \frac{4f}{cl} \tag{h}$$

$$B = A \cdot \operatorname{tg}\frac{cl}{2} - \frac{8f}{c^2 l^2 \cos\frac{cl}{2}} + \frac{2J}{rF\cos\frac{cl}{2}} \tag{i}$$

$$M_{ku} = \frac{P_s l}{4} + H\left(B + \frac{8f}{c^2 l^2} - \frac{2J}{rF}\right). \tag{k}$$

Aus der Aufstellung der Arbeitsgleichung ergibt sich die Bestimmungsgleichung für den Horizontalschub H in der Form:

$$\left.\begin{aligned} P_s\left(f - \frac{M_{ku}}{H}\right) = \frac{H^2}{cEJ_0}\Big\{ & A^2\frac{cl - \sin cl}{2} + AB(1 - \cos cl) + B^2\frac{cl + \sin cl}{2} \\ & + \frac{32f}{c^2l^2}\left[B\cdot\sin\frac{cl}{2} - A\left(\cos\frac{cl}{2} - 1\right)\right] + cl\left(\frac{8f}{c^2l^2}\right)^2\Big\} + \frac{H^2 l}{EF_0\cos^2\varphi_v}. \end{aligned}\right\} \tag{e}$$

Aus dieser Gleichung kann für jede Last P_s der Horizontalschub H durch Probieren bestimmt werden.

d) Die Aufstellung der Berechnungsgleichungen für den beiderseits eingespannten, gelenklosen Bogen.

Aus den allgemeinen Gleichungen:

$$\frac{d^2\eta}{dx^2} + c^2\eta + c^2F(x) = 0 \tag{a}$$

$$\eta = A\cdot\sin cx + B\cdot\cos cx - F(x) + \frac{1}{c^2}F''(x) \tag{b}$$

ergibt sich mit:

$$c^2 = \frac{H}{EJ_0} \tag{c}$$

$$F(x) = \frac{P_s x}{2H} + \frac{M_k}{H} - \frac{4f}{l}x + \frac{4f}{l^2}x^2 + \frac{2J}{rF} \tag{d}$$

die Gleichung der lotrechten Verschiebungen η:

$$\eta = A\cdot\sin cx + B\cdot\cos cx - \frac{P_s x}{2H} - \frac{M_k}{H} + \frac{4f}{l}x - \frac{4f}{l^2}x^2 + \frac{8f}{c^2l^2} - \frac{2J}{rF} \tag{e}$$

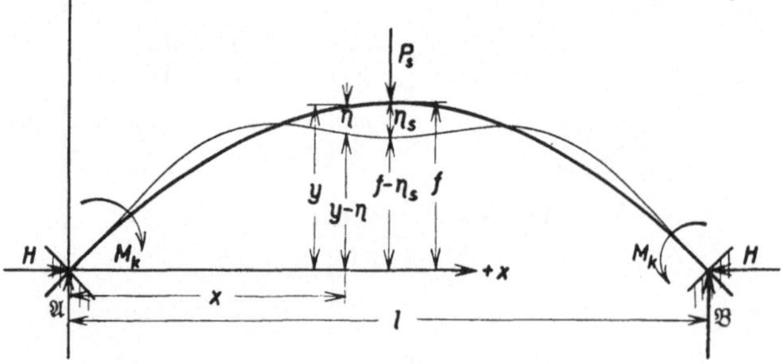

Abb. 31.

Aus den Randbedingungen (vgl. Abb. 31):

α) $x = 0$ $\quad \eta = 0$

β) $x = 0$ $\quad \eta' = 0$

γ) $x = \frac{l}{2}$ $\quad \eta' = 0$

erhält man:

$$A = \frac{P}{2cH} - \frac{4f}{cl} \tag{f}$$

$$B = A \cdot \mathrm{tg}\,\frac{c\,l}{2} - \frac{P}{2\,cH \cdot \sin\frac{c\,l}{2}} \tag{g}$$

$$M_k = H\left(B + \frac{8f}{c^2 l^2} - \frac{2J}{rF}\right) \tag{h}$$

$$\left.\begin{aligned}
M &= H\left[A \cdot \sin c\,x + B \cdot \cos c\,x + \frac{1}{c^2}F''(x) - \frac{2J}{rF}\right] \\
&= H\left[A \cdot \sin c\,x + B \cdot \cos c\,x + \frac{8f}{c^2 l^2} - \frac{2J}{rF}\right].
\end{aligned}\right\} \tag{i}$$

Durch Aufstellen der Arbeitsgleichung erhält man:

$$\left.\begin{aligned}
&P_s\left[A \cdot \sin\frac{cl}{2} + B\left(\cos\frac{cl}{2} - 1\right) + \mathrm{f} - \frac{Pl}{4H}\right] = \frac{H^2}{c\,EJ_0}\left\{A^2\frac{cl - \sin cl}{2} + A\,B\,(1 - \cos c\,l)\right. \\
&\quad + B^2\frac{c\,l + \sin c\,l}{2} + \frac{32f}{c^2 l^2}\left[B \cdot \sin\frac{cl}{2} - A\left(\cos\frac{cl}{2} - 1\right) + c\,l\left(\frac{8f}{c^2 l^2}\right)^2\right\} + \frac{H^2 l}{EF_0\cos^2\varphi_v}
\end{aligned}\right\} \tag{k}$$

Aus dieser Probiergleichung kann für jede Last P_s der entsprechende Horizontalschub H gefunden werden.

<h3 style="text-align:center">e) Zahlenbeispiel.</h3>

Von den vielen Zahlenrechnungen, die zur Bestimmung der P_s/η_s-Kurven der einzelnen Bogensysteme erforderlich waren, wird hier ein Berechnungsbeispiel ausführlich wiedergegeben.

Für einen Zweigelenkbogen von den Abmessungen:

$l = 180{,}00$ cm

$f = 23{,}20$ cm

$EJ_0{}^* = 32\,800$ kgcm²

$F = 1{,}17$ cm².

soll die Scheitelsenkung η_s bestimmt werden für den Fall, daß im Bogenscheitel eine Einzellast $P_s = 8$ kg wirkt (vgl. Abb. 32).

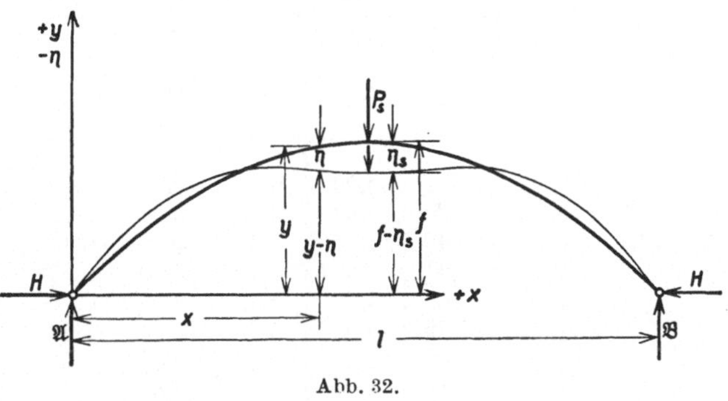

Abb. 32.

Bei der probeweisen Annahme eines Horizontalschubes $H = 12{,}220$ kg ergeben sich die Werte:

$$c^2 = \frac{H}{EJ_0} = 0{,}000\,384\,738 \qquad c\,l = 3{,}53066$$

$$A = -10{,}7592 \qquad\qquad B = +14{,}8891.$$

Mit diesen Zahlen ergibt sich aus der Arbeitsgleichung i als Arbeit der äußeren Kräfte:

$$A_a = P_s\left[f - \frac{Pl}{4H} + A \cdot \sin\frac{cl}{2} + B\left(\cos\frac{cl}{2} - 1\right)\right] = 7{,}61 \text{ kg cm}$$

---

* Der Wert EJ wurde rückwärts aus Biegeversuchen ermittelt, da ein Rechnen mit einem auf Grund einer Querschnittsmessung ermittelten Trägheitsmoment J zu ungenau war.

als Arbeit der inneren Kräfte:

$$A_i = \frac{H^2}{c\,E\,J_0}\left[A^2\,\frac{cl-\sin cl}{2} + A\,B\left(4\cos\frac{cl}{2} - \cos cl - 3\right)\right.$$
$$\left. + B^2\left(\frac{3\,cl}{2} + \frac{\sin cl}{2} - 4\sin\frac{cl}{2}\right)\right] = 7{,}68\,\text{kg cm}.$$

Das Normalkraftglied $\dfrac{H^2 l}{E\,F_0\cos^2\varphi_v}$ kann vernachlässigt werden.

Der angenommene Horizontalschub $H = 12{,}220$ kg bringt eine ausreichende Übereinstimmung dieser beiden Arbeiten und wird dadurch als zutreffend bestätigt.

Die Scheitelsenkung η_s berechnet sich aus:

$$\eta_s = f - \frac{P\,l}{4\,H} + A\cdot\sin\frac{cl}{2} + B\left(\cos\frac{cl}{2} - 1\right) = 0{,}96\,\text{cm}.$$

Beim Versuch konnte ebenfalls der Wert $\eta_s = 0{,}96$ cm gemessen werden.

Für alle durch Rechnung ermittelten Senkungen η_s der verschiedenen Bogensysteme (vgl. Tabelle 8, S. 77) wurde nachgewiesen, daß sie im elastischen Bereich liegen, die Voraussetzungen der Berechnungstheorie somit noch gültig waren.

4. Zusammenstellung und Vergleich der Ergebnisse von Versuch und Theorie.

Die Zahlenergebnisse der im Abschnitt 2 beschriebenen Bogenversuche sind in Tabelle 7 niedergelegt. Verschiedene Stadien der Belastung und Verformung wurden in Lichtbildern festgehalten (vgl. S. 67—70, Abb. 34—43).

Tabelle 7.

Dreigelenk-bogen		Eingelenk-bogen		Zweigelenk-bogen		Eingespannter Bogen	
P_s	η_s	P_s	η_s	P_s	η_s	P_s	η_s
kg	cm	kg	cm	kg	cm	kg	cm
0,00	0,00	0,00	0,00	0,00	0,00	0,00	0,00
0,38	0,20	0,82	0,25	2,00	0,22	3,00	0,22
0,88	0,42	1,50	0,48	4,00	0,44	6,00	0,45
1,00	0,51	2,50	0,79	6,00	0,67	9,00	0,73
1,25	0,62	3,50	1,42	8,00	0,96	12,00	1,06
1,50	0,82	0,00	0,00	10,00	1,27	15,00	1,48
1,75	1,00	4,50	2,21	0,00	0,00	0,00	0,02
2,00	1,19	5,00	2,89	12,00	1,67	18,00	2,06
0,00	0,00	0,00	0,05	14,00	2,16	21,00	2,92
2,25	1,33	—	—	16,00	2,76	0,00	0,13
2,50	1,60	—	—	0,00	0,04	24,00	4,78
0,00	0,00	—	—	18,00	3,63	25,00	Bruch
2,75	1,81	—	—	20,00	4,83	—	—
3,00	2,03	—	—	0,00	0,24	—	—
3,25	2,30	—	—	21,00	Bruch	—	—
3,50	2,54	—	—	—	—	—	—
0,00	0,00	—	—	—	—	—	—
3,75	2,82	—	—	—	—	—	—
4,00	3,22	—	—	—	—	—	—
0,00	0,00	—	—	—	—	—	—
4,25	3,91	—	—	—	—	—	—
4,50	4,90	—	—	—	—	—	—
0,00	0,10	—	—	—	—	—	—

Die Ergebnisse der rechnerischen Behandlung der Bogenversuche sind in Tabelle 8 und 9 zusammengestellt. Gleichzeitig sind dort den rechnerisch ermittelten Senkungen η_s zum Vergleich die Versuchswerte gegenübergestellt.

Tabelle 8.

Dreigelenkbogen			Eingelenkbogen		
P_s kg	η_s in cm Rechnung	Versuch	P_s kg	η_s in cm Rechnung	Versuch
0,00	0,00	0,00	0,00	0,00	0,00
1,00	0,44	0,51	2,00	0,61	0,74
2,00	1,05	1,19	4,00	2,14	1,82
3,00	1,96	2,03	—	—	—
3,50	2,66	2,54	—	—	—

Aus den Zahlenergebnissen und deren kurvenmäßiger Darstellung ist zunächst ersichtlich, daß bei allen Bogensystemen die Senkungen η_s den Belastungen P_s nur anfänglich proportional sind, dann aber bald viel rascher zunehmen als die Belastungen (vgl. Abb. 33). Nach der Berechnungstheorie, die den Einfluß der Systemverformung vernachlässigt, ergeben sich geradlinige η_s/P_s-Linien. Diese Geraden werden durch Tangenten an die Anfangspunkte der gezeichneten Kurven dargestellt. Die η_s/P_s-Kurven der Systeme mit Scheitelgelenk zeigen eine gewisse Verwandtschaft

Tabelle 9.

Zweigelenkbogen			Eingespannter Bogen		
P_s kg	η_s in cm Rech-nung	Ver-such	P_s kg	η_s in cm Rech-nung	Ver-such
0,00	0,00	0,00	0,00	0,00	0,00
4,00	0,41	0,44	6,00	0,43	0,45
8,00	0,96	0,96	12,00	1,04	1,06
12,00	1,69	1,67	18,00	1,98	2,06
16,00	2,76	2,76	21,00	2,79	2,92
18,00	3,55	3,63	—	—	—

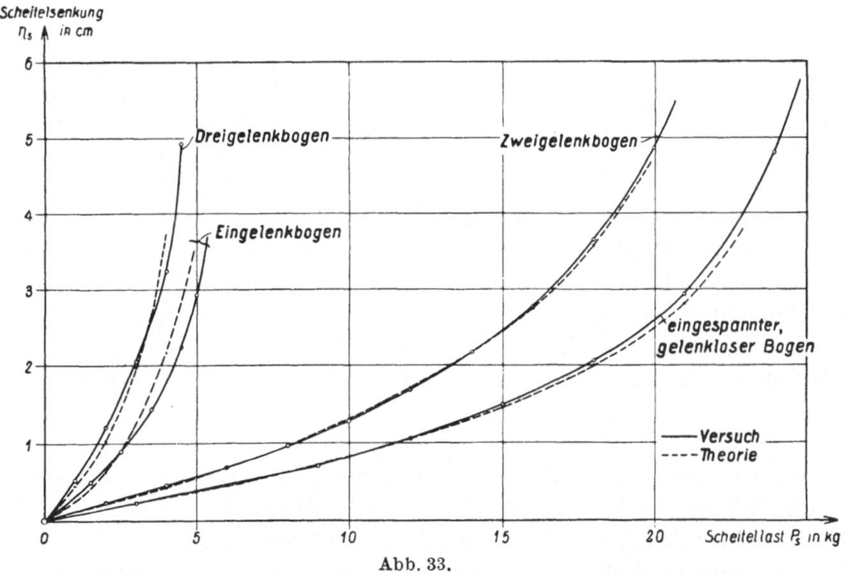

Abb. 33.

miteinander, die aber lediglich auf die bei diesem Lastfall besonders ungünstige Auswirkung des Scheitelgelenkes zurückzuführen ist. Durch verändern der Lastangriffs- oder Meßstelle der Verschiebung η wird man bei diesen Bogenarten Kurven zu erwarten haben, die einander weniger ähnlich sind, weil sich dann beim Eingelenkbogen, gegenüber dem Dreigelenkbogen die Kämpfereinspannung mehr bemerkbar macht. Ähnliche Beobachtungen kann man auch an den Bogenträgern ohne Scheitelgelenk machen. Zuerst zeigt sich der Zweigelenkbogen im Scheitel fast so biegesteif wie der beiderseits eingespannte gelenklose Bogen.

Zweiter Teil.

A. Die Einführung des überhöhten Dreigelenkbogens als Formgebungssystem der Bogenträger.

1. Einleitende Betrachtungen.

Belastet man einen Dreigelenkbogen durch eine gleichmäßig über die Stützweite l verteilte ruhende Last g, so nimmt die Bogenachse, welche für den unbelastet gedachten Zustand nach der Stützlinienparabel geformt sein soll, unter der Einwirkung der durch die Belastung verursachten Verformung eine neue, von der ursprünglichen Parabelform (1) um die Einsenkungen η abweichende Lage (2) ein (vgl. Abb. 44 u. 45).

Die lotrechten Verschiebungen η bewirken eine Verlagerung der Bogenachse gegenüber der Stützlinie, welche in ihrem Verlauf durch die Gelenke in den Kämpfern und im Bogenscheitel eindeutig festgelegt wird. Dadurch entstehen zusätzliche Momente, die

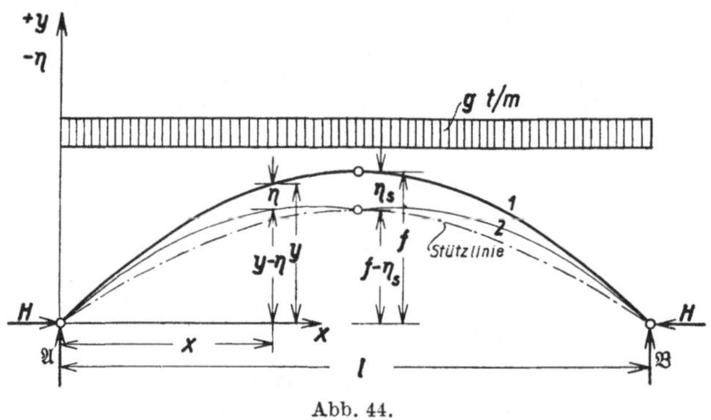

Abb. 44.

dem Einfluß der Systemverformung zuzuschreiben sind (vgl. Rechenbeispiel 1, S. 14). Diese Verformungen und Momente sind im allgemeinen nicht sehr groß und scheinen somit aufs erste auch keine besondere Bedeutung zu haben.

Wird aber der Belastungszustand (a) der ruhenden Belastung durch Aufbringen einer streckenweisen Verkehrslast p zum Belastungszustand (b) ergänzt, so kann der Fall eintreten, daß sich plötzlich auffallend große Verformungen bemerkbar machen, die auch entsprechend erhebliche Zusatzmomente zur Folge haben (vgl. Rechenbeispiel 1 u. 2 auf S. 14 u. 16). Es wäre nun falsch, wenn man annimmt, daß diese Zusatzmomente einzig durch die Verkehrslast p verursacht sind. Zweifellos spielt die anfängliche Verformung des Systems durch die ruhende Last g auch noch eine Rolle, die aber zunächst nicht klar zu beurteilen ist.

Der tatsächliche Einfluß dieser Verformungen aus dem Belastungszustand (a) auf die Zusatzmomente des Belastungszustandes (b) kann aber rechnerisch erfaßt werden, wenn man die Berechnung des Belastungszustandes (b) unter der Annahme wiederholt, daß es gelungen sei, für den Belastungszustand (a) Stützlinie und Bogenachse zusammenfallen zu lassen.

Hat man zu diesem Zweck die durch den Einfluß der ruhenden Last g bedingten Einsenkungen η berechnet, so liegt es zunächst nahe, diese Senkungen als Überhöhungen aufzutragen, um so das erstrebte Zusammenfallen von Stützlinie und Bogenachse zu erreichen. Maßnahmen dieser Art werden z. B. bei den Balkentragwerken allgemein angewandt, um Durchbiegungen unter die Waagerechte zu verhindern. Beim Dreigelenkbogen führen sie aber nicht ganz zu dem erwünschten Ergebnis, weil ein derartig überhöhter Bogen nicht mehr um den

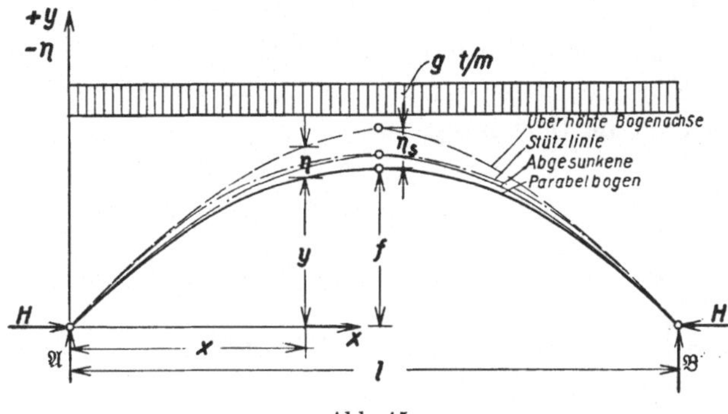

Abb. 45.

vollen Betrag der aufgebrachten Überhöhungen zurücksinkt. Diese Tatsache erklärt sich einerseits aus der durch Vergrößerung des Bogenpfeilers verursachten Verkleinerung des Horizontalschubes und der Bogenverkürzung, andererseits aus der Wirkung der anfänglich vorhandenen positiven Bogenmomente. Infolge dieses unvollkommenen Absinkens des Bogens fallen Stützlinie und Bogenachse noch nicht genau genug zusammen. Die durch die ruhende Last hervorgerufenen Zusatzmomente sind in diesem Falle wohl verkleinert, doch nicht zum völligen Verschwinden gebracht worden (vgl. Abb. 45).

2. Die Aufstellung einer Gleichung der Überhöhungsordinaten $\eta_{\ddot{u}}$.

Im folgenden soll nun untersucht werden, inwieweit es möglich ist, eine Gleichung der Bogenüberhöhungen abzuleiten, welche ein praktisch genaues Absinken des Bogens auf die Parabelform gewährleistet.

Als Ausgangspunkt der Betrachtung dient dabei die Forderung:

$$M = \mathfrak{M} - H(y - \eta) = 0 , \tag{1}$$

welche besagt, daß dem durch Einwirkung der ruhenden Last verformten überhöhten Bogen im Endzustand für jeden Punkt der Bogenachse die Momente Null sein sollen.

Für die weiteren Untersuchungen bedeute von jetzt ab:

$$y = \frac{4f}{l}x - \frac{4f}{l^2}x^2 \tag{2}$$

die Gleichung der Ordinaten der unter einer gleichmäßig verteilten Belastung q eingesunkenen Bogenachse, gültig von $x = 0$ bis $x = l$.

Infolge der Symmetrie der Belastung und der Bogenform kann sich bei der weiteren Betrachtung die Ableitung der Gleichungen der Überhöhungen η sowie den überhöhten Bogenordinaten $\eta_{\ddot{u}}$ auf eine Bogenhälfte beschränken. Es bedeute dann:

$$y_{\ddot{u}} = K_1\frac{x}{l} - K_2\frac{x^2}{l^2} \tag{3}$$

die allgemeine Gleichung der überhöhten Bogenordinaten für die linke Bogenhälfte, gültig von $x = 0$ bis $x = \dfrac{l}{2}$.

Schließlich sei mit:

$$H = \frac{q\,l^2}{8\,f} \tag{4}$$

der nach der Verformung auftretende Horizontalschub bezeichnet (vgl. Abb. 46).

Zwischen den Gl. (2) u. (3) sowie den Überhöhungen oder Einsenkungen $\eta_{\ddot{u}}$ besteht die Beziehung:

$$y = y_{\ddot{u}} - \eta_{\ddot{u}} \; . \tag{5}$$

Damit erhält man die Gl. (1) in der Form:

$$M = \mathfrak{M} - H\,(y_{\ddot{u}} - \eta_{\ddot{u}}) = \mathfrak{M} - H\,y = 0 \; . \tag{6}$$

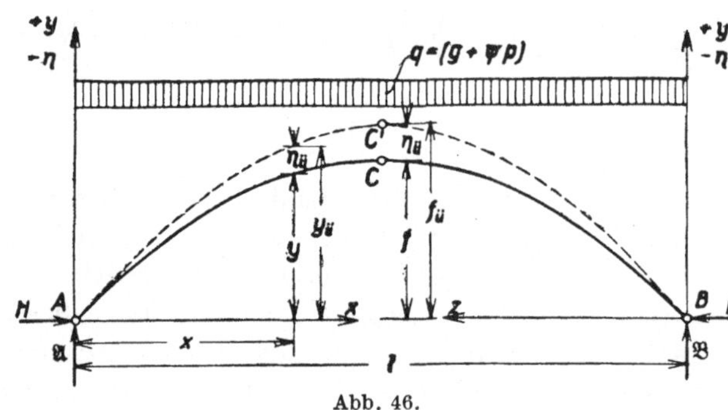

Abb. 46.

Zur Berechnung der Überhöhungen $\eta_{\ddot{u}}$ ist die Benützung der genaueren Differentialgleichung der Verschiebungen η erforderlich, welche den Einfluß der Normalkraft und der Bogenkrümmung berücksichtigt. Sie lautet in der im 1. Teil unter I, 1 auf S. 7 abgeleiteten Form:

$$\frac{d^2\,\eta_{\ddot{u}}}{d\,x^2} = -\frac{M}{E\,J_0} - \frac{2\,H}{r\,E\,F_0} \tag{7}$$

Bei Verwertung der Gl. (6) ergibt sich mit:

$$\frac{H}{E\,J_0} = c^2 \quad \text{und} \quad \frac{M}{H} - y_{\ddot{u}} + \frac{2\,J}{r\,F} = F(x)$$

die allgemeine Form:

$$\frac{d^2\,\eta_{\ddot{u}}}{d\,x^2} + c^2\,\eta_{\ddot{u}} + c^2 F(x) = 0 \; . \tag{8}$$

Das allgemeine Integral ergibt:

$$\eta_{\ddot{u}} = A \cdot \sin c\,x + B \cdot \cos c\,x - F(x) + \frac{1}{c^2} F''(x) \; . \tag{9}$$

Mit:

$$F(x) = \frac{q}{2\,H}\,x\,(l - x) - K_1\,\frac{x}{l} + K_2\,\frac{x^2}{l^2} + \frac{2\,J}{r\,F} \quad \text{und} \quad F''(x) = -\left(\frac{q}{H} - \frac{2\,K_2}{l^2}\right)$$

erhält man als Gleichung der Überhöhungen für die linke Bogenhälfte:

$$\eta_{\ddot{u}} = A \cdot \sin c\,x + B \cdot \cos c\,x - \frac{q}{2\,H}\,x\,(l - x) + K_1\,\frac{x}{l} - K_2\,\frac{x^2}{l^2} \\ - \frac{2\,J}{r\,F} - \frac{1}{c^2}\left(\frac{q}{H} - \frac{2\,K_2}{l^2}\right) \; . \tag{10}$$

Aus der Randbedingung:

$$\eta_{\ddot{u}} = 0 \quad \text{für} \quad x = 0$$

ergibt sich die Konstante:

$$B = \frac{1}{c^2}\left(\frac{q}{H} - \frac{2\,K_2}{l^2}\right) + \frac{2\,J}{r\,F} \tag{11}$$

aus

$$\eta_{s\ddot{u}} = f_{\ddot{u}} - f \quad \text{für} \quad x = \frac{l}{2}$$

erhält man:

$$A = B\cdot\text{tg}\,\frac{cl}{4} + \frac{f_{\ddot{u}} - \frac{1}{4}\,(2\,K_1 - K_2)}{\sin\dfrac{cl}{2}}\,. \tag{12}$$

Das Moment in einem beliebigen Bogenpunkt der linken Bogenhälfte berechnet sich nach Gl. (1) aus:

$$M = H\,[A\cdot\sin cx + B(\cos cx - 1)] \tag{13}$$

Damit nun die Forderung $M = 0$ erfüllt wird, muß

$$[A\cdot\sin cx + B(\cos cx - 1)] = 0$$

werden, da der Horizontalschub bei Einwirkung einer Belastung nicht Null sein kann. Der obige Ausdruck wird aber nur dann für alle Werte von x zu Null, wenn für die Konstanten A und B die Bedingung

$$A = 0 \quad \text{und} \quad B = 0$$

erfüllt wird. Daraus lassen sich jetzt aus den Gl. (11) u. (12) die Koeffizienten K_1 und K_2 der Gl. (3) berechnen, über deren Aufbau und Größe bisher noch nichts ausgesagt wurde.

Man erhält:

$$K_1 = 4f + 2\,\eta_{s\ddot{u}} + \frac{q\,l^2}{2\,EF_0} \tag{14}$$

$$K_2 = 4f + \frac{q\,l^2}{EF_0}. \tag{15}$$

Aus Gl. (10) ergibt sich dann als Gleichung der Überhöhungen $\eta_{\ddot{u}}$:

$$\eta_{\ddot{u}} = \left[2\,\eta_{s\ddot{u}} + \frac{q\,l^2}{2\,EF_0}\left(1 - 2\,\frac{x}{l}\right)\right]\frac{x}{l} \tag{16}$$

in welcher nur noch die Überhöhung $\eta_{s\ddot{u}}$ am Scheitelpunkt zu bestimmen ist.

Dazu ist eine Betrachtung und Aufstellung der Arbeiten erforderlich, die beim Absenken des Bogens von den äußeren und inneren Kräften am ganzen System geleistet werden.

Im Anfangszustand (a) sei der Bogen so gelagert und in gleichmäßigen Abständen unterstützt, daß er praktisch spannungslos ist. Das Ablassen des Bogens hat so zu erfolgen, daß die Senkungswege der einzelnen Unterstützungspunkte proportional den Überhöhungen $\eta_{\ddot{u}}$ vom Scheitelgelenk nach den Kämpfern hin bis auf Null abnehmen. Dadurch wird eine gleichmäßige Abnahme der von Anfang an bei gleichen Unterstützungsabständen unter sich gleich großen lotrechten Stützkräfte erreicht. Ist der Bogen um die Überhöhungen $\eta_{\ddot{u}}$ abgesenkt, und somit in die Endlage (e) gelangt, so sind auch die Unterstützungskräfte Null geworden, d. h. der Bogen trägt sich jetzt selbst und ist infolgedessen unter

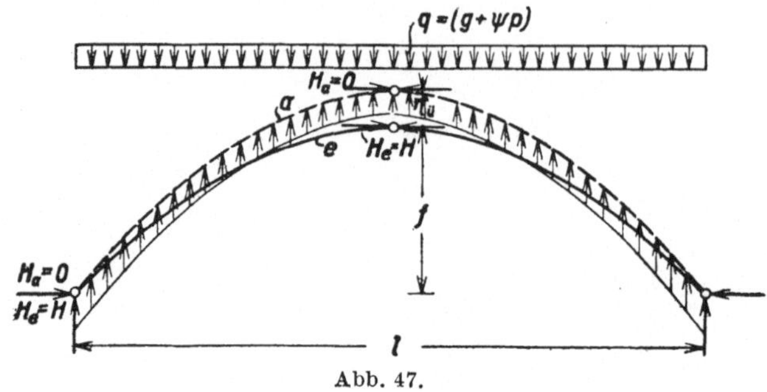

Abb. 47.

Spannung (vgl. Abb. 47).

Durch Gleichsetzen der am ganzen Bogenträger von der Belastung q und den Unterstützungskräften als äußeren Kräften sowie den Normalkräften N als inneren Kräften geleisteten Arbeit ergibt sich:

$$q \int_0^{l/2} \eta_{\ddot{u}}\, dx = \frac{1}{EF_0} \int_0^{l/2} N^2\, dx. \tag{17}$$

Bei Verwertung der Gl. (16), sowie der Beziehung:

$$N = -\frac{H}{\cos \varphi_v} = -\frac{q\, l^2}{8 f \cos \varphi_v} \tag{18}$$

erhält man:

$$\frac{q\, l}{4}\, \eta_{s\ddot{u}} + \frac{q^2\, l^3}{48\, EF_0} = \frac{H^2\, l}{2\, EF_0 \cos^2 \varphi_v}$$

und daraus:

$$\eta_{s\ddot{u}} = \frac{q\, l^2}{96\, EF_0}\left(\frac{3\, l^2}{f^2 \cos^2 \varphi_v} - 8\right). \tag{19}$$

Die Gleichung der Überhöhungsordinaten $\eta_{\ddot{u}}$ erhält damit die Form:

$$\eta_{\ddot{u}} = \frac{q\, l^2}{2\, EF_0}\left[\frac{l^2}{8 f^2 \cos^2 \varphi_v} + 2\left(\frac{1}{3} - \frac{x}{l}\right)\right]\frac{x}{l}. \tag{20}$$

3. Zahlenbeispiel.

Für einen Dreigelenkbogen von den Abmessungen:

$l = 212,00\text{ m}$ $F = 0,319\text{ m}^2$ $q = g = 8,80\text{ t/m}$

$f = 21,25\text{ m}$ $\cos \varphi_v = 0,9805$ $E = 21\,000\,000\text{ t/m}^2.$

ergibt sich als Gleichung der erforderlichen Bogenüberhöhungen:

$$\eta_{\ddot{u}} = 0,001\,932\,48\ x - 0,000\,001\,339\,7\ x^2.$$

Daraus berechnet sich als größte Überhöhung $\eta_{s\ddot{u}}$ im Bogenscheitel:

$$\eta_{s\ddot{u}} = 18,97\text{ cm.}$$

Die Berechnung der Einsenkung η_s des Dreigelenkbogens unter der ruhenden Belastung g ohne Anordnung einer Überhöhung ergab bei dem auf S. 15 durchgeführten Zahlenbeispiel 1:

$$\eta_s = 22,11\text{ cm.}$$

4. Schlußbetrachtung.

Die Vorteile, die ein Überhöhen des Dreigelenkbogens mit sich bringt, lassen sich auch bei anderen Bogensystemen leicht erreichen. Man hat nur zur genauen Festlegung der Stützlinie das gegebene System zeitweilig durch Einschalten von Gelenken als Dreigelenkbogen auszubilden und die einer Formgebungsbelastung q entsprechende Überhöhung vorzusehen. Ist der Bogen unter der Einwirkung der Formgebungsbelastung q auf die gewünschte Form eingesunken, d. h. fällt Bogenachse und Stützlinie zusammen, so werden die entsprechenden Gelenkstellen biegesteif geschlossen und die Gelenkkörper entfernt. Dadurch kann dann das ursprünglich beabsichtigte System wieder hergestellt werden.

Bei großen Verkehrslasten q wird die Überhöhung $\eta_ü$ zweckmäßig nicht nur für die Belastung g bestimmt, sondern in der im Gewölbebau allgemein üblichen Weise für eine Formgebungsbelastung $q = g + \dfrac{p}{2}$. Dadurch kann man noch auf die Momente infolge Verkehrslast ausgleichend und vermindernd einwirken und somit die Größtspannungen im Bogen erheblich verkleinern.

B. Aufstellung der Theorie der Bogenträger mit elastisch verformbarer Bogenachse bei Einführung eines überhöhten Dreigelenkbogens als Formgebungssystem.

I. Der Dreigelenkbogen.

1. Die Formgebung.

Man denkt sich in oben beschriebener Weise den Dreigelenkbogen mit einer Überhöhung versehen, die bei einer gleichmäßig verteilten Belastung durch $g + \psi p$ verschwindet. Der Bogen ist dann auf die der weiteren Berechnung zugrunde gelegte Bogenform einer Parabel von der Gleichung

$$y = \frac{4f}{l^2}\, x\,(l - x) \tag{1}$$

eingesunken. Die Stützlinie fällt mit der Bogenachse zusammen und es ist für jeden Bogenpunkt:

$$M_0 = \mathfrak{M}_0 - H_0\, y = 0 \tag{2}$$

Darin bedeutet: $\mathfrak{M}_0$ das beim Belastungsfall (0) auftretende Biegemoment eines freiaufliegenden Trägers gleicher Spannweite. Der dazugehörige Horizontalschub H_0 wird aus

$$H_0 = \frac{(g + \psi p)\, l^2}{8f} \tag{3}$$

berechnet.

Um den allgemeinen Fall einer unsymmetrischen und unstetigen, gleichmäßig verteilt aufgebrachten Belastung nach Lastfall (w_1) zu erhalten, ist zu dem Belastungszustand (*0*) der Formgebung am überhöhten Dreigelenkbogen der ergänzende Belastungszustand (*1*) hinzuzufügen, so daß

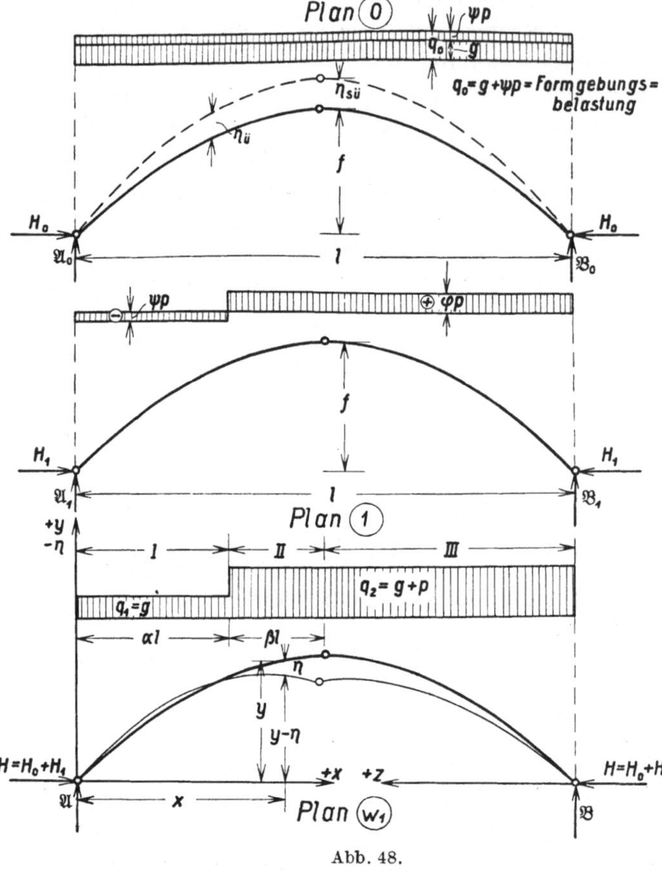

Abb. 48.

$(0) + (1) = (w_1)$

(vgl. Abb. 48).

Dazu muß im Belastungsfall (*1*)

$$\psi + \varphi = 1$$

ergeben.

Bezeichnet man die Koordinaten eines Punktes der Bogenachse im Belastungsfall (*0*) auf den linken Kämpferpunkt bezogen mit x, y, auf den rechten Kämpferpunkt bezogen mit z, y, ferner die Senkung dieses Punktes infolge einer weiteren Belastung mit η, so berechnet sich bei Vernachlässigung der waagerechten Verschiebungen das Moment in bezug auf den betrachteten, lotrecht verschobenen Bogenpunkt aus:

$$\left. \begin{aligned} M_x = \mathfrak{M}_0 + \mathfrak{M}_1 - H_0 \\ + H_1)\,(y - \eta) \end{aligned} \right\} \quad (4)$$

mit

$$M_0 = \mathfrak{M}_0 - H_0\,y = 0$$

wird:

$$M_x = \mathfrak{M}_1 - H_1\,y + (H_0 + H_1)\,\eta \qquad (5)$$
$$= \mathfrak{M}_1 - H_1\,y + H\,\eta\,.$$

Darin bedeuten $\mathfrak{M}_0$ und $\mathfrak{M}_1$ die dem Belastungsfall (*0*) bzw. (*1*) zu entnehmenden Biegemomente an der Stelle x eines freiaufliegenden Balkens gleicher Spannweite, H der beim Belastungszustand (*w₁*) am Dreigelenkbogen auftretende Horizontalschub.

2. Die Gleichung der lotrechten Verschiebungsordinaten η.

Zur Berechnung der lotrechten Verschiebungen wird die im ersten Teil unter I. 1. abgeleitete Differentialgleichung benützt werden, welche für parabolische Bogenträger mit konstanten Querschnittsgrößen F und J Gültigkeit besitzt. Es ist:

$$\frac{d^2\eta}{dx^2} = -\frac{M_x}{EJ_0} - \frac{2\,H_1}{EF_0\,r} \qquad (6)$$

Unter Benützung der Gl. (5) ergibt sich mit:

$$\frac{H_0+H_1}{E\,J_0}=\mathrm{c}^2 \quad \text{und} \quad \frac{\mathfrak{M}_1}{H_0+H_1}-\frac{H_1}{H_0+H_1}\left(y-\frac{2\,J}{r\,F}\right)=F(x)$$

die allgemeine Form:

$$\frac{\mathrm{d}^2\eta}{d\,x^2}+c^2\,\eta+c^2F(x)=0 \tag{7}$$

Das allgemeine Integral lautet:

$$\eta=A\sin c\,x+B\cos c\,x-F(x)+\frac{1}{c^2}F''(x) \tag{8}$$

Für den allgemeinen Fall der unsymmetrischen und unstetigen, gleichmäßig verteilt aufgebrachten Belastung nach Belastungsfall (w_1) mit:

$$q_1=g \qquad \text{auf die Belastungslänge} \ldots\ldots \quad x_0=\alpha l$$
$$q_2=g+p \ \text{auf die Belastungslänge} \ldots\ldots \quad z_0=(1-\alpha)l$$

worin $g=$ gleichmäßig verteilte ruhende Last in t/m

$p=$ gleichmäßig verteilte Verkehrslast in t/m

erhält man für den Stetigkeitsbereich I:

$$\eta_I=A_I\sin c\,x+B_I\cos c\,x-F_I(x)+\frac{1}{c^2}F_I''(x)$$

für den Stetigkeitsbereich II:

$$\eta_{II}=A_{II}\sin c\,x+B_{II}\cos c\,x-F_{II}(x)+\frac{1}{c^2}F_{II}''(x)$$

für den Stetigkeitsbereich III:

$$\eta_{III}=A_{III}\sin cz+B_{III}\cos cz-F_{III}(z)+\frac{1}{c^2}F_{III}''(z)\;.$$

Setzt man für die Ausdrücke $F(x)$ und $F''(x)$:

$$F_I(x)=\frac{1}{H_0+H_1}\left\{[\varphi-\alpha(2-\alpha)]\frac{p\,l}{l}x+\frac{\psi p}{2}x^2-H_1\left(\frac{4f}{l}x-\frac{4f}{l^2}x^2-\frac{2J}{rF}\right)\right\}$$

$$F''(x)=\frac{\psi p+H_1\frac{8f}{l^2}}{H_0+H_1}=\frac{\psi p+\frac{H_1}{r}}{H_0+H_1}$$

$$F_{II}(x)=\frac{1}{H_0+H_1}\left\{(\varphi+\alpha^2)\frac{p\,l}{2}x-\frac{p\,l^2}{2}\alpha^2-\frac{p}{2}x^2-H_1\left(\frac{4f}{l}x-\frac{4f}{l^2}-\frac{2J}{rF}\right)\right\}$$

$$F_{II}''(x)=-\frac{\varphi p-\frac{H_1}{r}}{H_0+H_1}$$

$$F_{III}(z)=\frac{1}{H_0+H_1}\left\{(\varphi-\alpha^2)\frac{p\,l}{2}z-\frac{p}{2}z^2-H_1\left(\frac{4f}{l}z-\frac{4f}{l^2}z^2-\frac{2J}{rF}\right)\right\}$$

$$F_{III}''(z)=-\frac{\varphi p-\frac{H_1}{r}}{H_0+H_1}$$

so ergibt sich im Bereich I:

$$\eta_I = A_I \sin c\,x + B_I \cos c\,x - \frac{1}{H_0 + H_1}\left\{[\varphi - \alpha(2-\alpha)]\frac{p\,l}{2}x + \frac{p}{2}x^2 \right.$$
$$\left. - H_1\left(\frac{4f}{l}x - \frac{4f}{l^2}x^2 - \frac{2J}{rF}\right)\right\} + \frac{\psi p + \dfrac{H_1}{r}}{c^2(H_0 + H_1)} \tag{9}$$

$$\eta_{II} = A_{II} \sin c\,x + B_{II} \cos c\,x - \frac{1}{H_0 + H_1}\left\{(\varphi + \alpha^2)\frac{p\,l}{2}x - \frac{p\,l^2}{2}\alpha^2 - \frac{p}{2}x^2\right.$$
$$\left. - H_1\left(\frac{4f}{l}x - \frac{4f}{l^2}x^2 - \frac{2J}{rF}\right)\right\} - \frac{\varphi p - \dfrac{H_1}{r}}{c^2(H_0 + H_1)} \tag{10}$$

$$\eta_{III} = A_{III} \sin c\,z + B_{III} \cos c\,z - \frac{1}{H_0 + H_1}\left\{(\varphi - \alpha^2)\frac{p\,l}{2}z - \frac{p}{2}z^2\right.$$
$$\left. - H_1\left(\frac{4f}{l}z - \frac{4f}{l^2}z^2 - \frac{2J}{rF}\right)\right\} - \frac{\varphi p - \dfrac{H_1}{r}}{c^2(H_0 + H_1)}\,. \tag{11}$$

Die Konstanten $A_I\,A_{II}\,A_{III}$, $B_I\,B_{II}\,B_{III}$ bestimmen sich aus den Randbedingungen:

a) $x = 0$ $\quad$ $\eta_I = 0$; $\qquad\qquad$ d) $z = \dfrac{l}{2}$ $\quad$ $M_{IIIs} = 0$

b) $z = 0$ $\quad$ $\eta_{III} = 0$; $\qquad\qquad$ e) $x = \alpha l$ $\quad$ $\eta_I = \eta_{II}$

c) $x = \dfrac{l}{2}$ $\quad$ $M_{IIs} = 0$; $\qquad\qquad$ f) $x = \alpha\,l$ $\quad$ $\eta_I' = \eta_{II}'$.

Es ergibt sich aus a:

$$B_I = -\frac{1}{H_0 + H_1}\left[\frac{1}{c^2}\left(\psi\,p + \frac{H_1}{r}\right) - \frac{2J}{rF}H_1\right] \tag{12}$$

aus b:

$$B_{III} = \frac{1}{H_0 + H_1}\left[\frac{1}{c^2}\left(\varphi\,p - \frac{H_1}{r}\right) + \frac{2J}{rF}H_1\right] \tag{13}$$

aus c:

$$A_{II} = \frac{B_{III}}{\sin\dfrac{c\,l}{2}} - B_{II}\operatorname{ctg}\frac{c\,l}{2} \tag{14}$$

aus d:

$$A_{III} = B_{III}\operatorname{tg}\frac{c\,l}{4} \tag{15}$$

aus e und f:

$$A_I = A_{II} + (B_I - B_{III})\sin\alpha c l \tag{16}$$
$$B_{II} = B_I + (B_{III} - B_I)\cos\alpha c\,l\,. \tag{17}$$

3. Die Bestimmung des Horizontalschubes H aus der Arbeitsgleichung.

Es werden die nach dem Formgebungsvorgang geleisteten Arbeiten der äußeren und inneren Kräfte einander gleichgesetzt.

a) Die Arbeit der äußeren Kräfte.

Durch die zusätzliche Belastung nach Plan (1) und die durch sie verursachten Einsenkungen η wird die nach Belastungsplan (0) vorhandene Auflast $g + \psi p$ in eine andere Lage gebracht. Dabei wird Verschiebungsarbeit geleistet.

Es ist:

$$A_{a\ v} = (g + \psi\,p)\left[\int_0^{al}\eta_I\,dx + \int_{al}^{l/2}\eta_{II}\,dx + \int_0^{l/2}\eta_{III}\,dz\right]$$

Die entsprechend dem Belastungsfall (1) aufgebrachte zusätzliche Belastung $-\psi p$ bzw. $+\varphi p$ verursacht die Formänderungsarbeit.

$$A_{a,f} = -\frac{\psi p}{2}\int_0^{al}\eta_I\,dx + \frac{\varphi p}{2}\left[\int_{al}^{l/2}\eta_{II}\,dx + \int_0^{l/2}\eta_{III}\,dz\right].$$

Die gesamte Arbeit der äußeren Kräfte ergibt:

$$A_1 = +\left(g + \frac{p}{2}\,\psi\right)\int_0^{al}\eta_I\,dx + \left[g + \frac{p}{2}\,(\psi + 1)\right]\left[\int_{al}^{l/2}\eta_{II}\,dx + \int_0^{l/2}\eta_{III}\,dz\right].$$

b) Die Arbeit der inneren Kräfte.

α) Die Arbeit der Momente. Aus der allgemeinen Gleichung für das Moment im Punkte x, $y - \eta$:

$$M_x = (H_0 + H_1)\left[A\sin c\,x + B\cos c\,x + \frac{1}{c^2}F''(x)\right] - \frac{2J}{rF}H_1 \tag{18}$$

ergibt sich für die einzelnen Bereiche:

$$\left.\begin{aligned}
M_I &= (H_0 + H_1)[A_I\sin c\,x + B_I(\cos c\,x - 1)]\\
M_{II} &= (H_0 + H_1)[A_{II}\sin c\,x + B_{II}\cos c\,x - B_{III}]\\
M_{III} &= (H_0 + H_1)[A_{III}\sin c\,z + B_{III}(\cos c\,z - 1)]
\end{aligned}\right\} \tag{19}$$

Da im Plan (0) keine Momente und Querschnittsverdrehungen auftreten, so wird von den durch die zusätzliche Belastung nach Plan (1) erzeugten Momenten nur Formänderungsarbeit geleistet.

Es ist:

$$A_{i,M} = \frac{1}{2\,EJ_0}\left[\int_0^{al}M_I^2\,dx + \int_{al}^{l/2}M_{II}^2\,dx + \int_0^{l/2}M_{III}^2\,dz\right]$$

β) Die Arbeit der Normalkräfte. Setzt man:

$$N_0 = -\frac{H_0}{\cos\varphi_v} = \text{const} \qquad N_1 = -\frac{H_1}{\cos\varphi_v} = \text{const}$$

so berechnet sich die von den Normalkräften am Dreigelenkbogen geleistete Verschiebungsarbeit aus:

$$A_{i,v} = \frac{1}{EF_0}\int_0^l N_0 N_1\,dx = \frac{H_0 H_1 l}{EF_0\cos^2\varphi_v}$$

die Formänderungsarbeit der Normalkräfte aus:

$$A_{i,f} = \frac{1}{2\,EF_0}\int_0^l N_1 N_1\,dx = \frac{H_1^2\,l}{2\,EF_0\cos^2\varphi_v}.$$

Die gesamte Arbeit der Normalkräfte ist dann:

$$A_{i,N} = \frac{1}{EF_0}\left[\int_0^l N_0 N_1\,dx + \frac{1}{2}\int_0^l N_1^2\,dx\right] = \frac{l H_1}{2\,EF_0\cos^2\varphi_v}(H_1 + 2H_0).$$

Die vollständige Arbeitsgleichung in endgültiger Form lautet:

$$\left(g + \psi\frac{p}{2}\right)\left(\frac{A_I}{c}(1-\cos\alpha c l) + \frac{B_I}{c}(\sin\alpha c l - \alpha c l) - \frac{\alpha^2 p\cdot l^3}{(2H_0+H_1)}\left\{\frac{1}{2}[\varphi-\alpha(2-\alpha)]\right.\right.$$

$$+ \frac{\psi\alpha}{3}\Big\} + \frac{H_1\alpha^2 f l}{3(H_0+H_1)}(6-4\alpha)\left(+\left[g + \frac{p}{2}(\psi+1)\right]\left(\left\{\frac{A_{II}}{c}\left(1-\cos\frac{cl}{2}\right) + \frac{B_{II}}{c}\sin\frac{cl}{2}\right.\right.\right.$$

$$-B_{III}\frac{l}{2} - \frac{p l^3}{16(H_0+H_1)}\left[\frac{2}{3}\varphi - ?\,\alpha^2\right] + \frac{H_1 f l}{3(H_0+H_1)}\Big\} - \Big\{\frac{A_{II}}{c}(1-\cos\alpha c l)$$

$$+\frac{B_{II}}{c}\sin\alpha c l - B_{III}\alpha l - \frac{\alpha^2 p l^3}{2(H_0+H_1)}\left[\frac{\varphi+\alpha^2}{2} - \alpha - \frac{\alpha\varphi}{3}\right] + \frac{H_1\alpha^2 f l}{3(H_0+H_1)}(6-4\alpha)\Big\}$$

$$+\Big\{\frac{A_{III}}{c}\left(1-\cos\frac{cl}{2}\right) + \frac{B_{III}}{c}\left(\sin\frac{cl}{2} - \frac{cl}{2}\right) - \frac{p l^3}{16(H_0+H_1)}\left[\frac{2}{3}\varphi - \alpha^2\right] + \frac{H_1 f l}{3(H_0+H_1)}\Big\}\Big)$$

$$=\frac{(H_0+H_1)^2}{3(H_0+H_1)}\left(\left\{A_I^2\left[\alpha c l - \frac{\sin 2\alpha c l}{2}\right] + A_I B_I[4\cos\alpha c l - \cos 2\alpha c l - 3]\right.\right.$$

$$+ B_I^2\left[3\alpha c l + \frac{\sin 2\alpha c l}{2} - 4\sin\alpha c l\right]\Big\} + \Big\{A_{II}^2\frac{c l - \sin c l}{2} + A_{II} B_{II}(1-\cos c l)$$

$$+ 4 A_{II} B_{III}\left(\cos\frac{cl}{2} - 1\right) + B_{II}^2\frac{c l + \sin c l}{2} - 4 B_{II} B_{III}\sin\frac{cl}{2} + B_{III}^2 c l\Big\}$$

$$-\Big\{A_{II}^2\left[\alpha c l - \frac{\sin 2\alpha c l}{2}\right] + A_{II} B_{II}(1-\cos 2\alpha c l + 4 A_{II} B_{II}(\cos\alpha c l - 1)$$

$$+ B_{II}^2\left(\alpha c l + \frac{\sin 2\alpha c l}{2}\right) - 4 B_{II} B_{III}\cdot\sin\alpha c l + 2 B_{III}^2\alpha c l\Big\} + \Big\{A_{III}^2\frac{c l - \sin c l}{2}$$

$$+ A_{III} B_{III}\left(4\cos\frac{cl}{2} - \cos c l - 3\right) + B_{III}^2\Big)\frac{3 c l + \sin c l}{2} - 4\sin\frac{cl}{2}\Big)\Big)\Big)$$

$$+\frac{H_1 l}{2\,EF_0\cos^2\varphi_v}(H_1 + 2H_0). \tag{20}$$

Um den allgemeinen Fall der symmetrisch zum Bogenscheitel angeordneten und unstetigen, gleichmäßig verteilt aufgebrachten Belastung nach Lastfall (w_2) zu erhalten, ist zu dem Belastungszustand (0) der Formgebung der ergänzende Belastungszustand (2) hinzuzufügen, so daß

$$(0) + (2) = (w_2)\quad\text{(vgl. Abb. 49).}$$

Mit

$$F_I(x) = \frac{1}{H_0 + H_2}\left[\left(\frac{\varphi}{2} - \alpha\right)p l x + \frac{\psi}{2}p x^2 - H_2\left(\frac{4f}{l}x - \frac{4f}{l^2}x^2 - \frac{2J}{rF}\right)\right]$$

$$F_{II}(x) = \frac{1}{H_0 + H_2}\left[\frac{\varphi}{2}p l x - \frac{\varphi}{2}p x^2 - \frac{\alpha^2}{2}p l^2 - H_2\left(\frac{4f}{l}x - \frac{4f}{l^2}x^2 - \frac{2J}{rF}\right)\right]$$

ergeben sich als Gleichungen der Einsenkungen η:

$$\left.\begin{aligned}
\eta_I &= A_I \sin c\,x + B_I \cos c\,x - \frac{1}{H_0 + H_2}\left[\left(\frac{\varphi}{2} - \alpha\right)p\,l\,x + \frac{p}{2}x^2\right.\\
&\left. - H_2\left(\frac{4f}{l}x - \frac{4f}{l^2}x^2 - \frac{2J}{rF}\right)\right] + \frac{\psi p + \dfrac{H_2}{r}}{c^2(H_0 + H_2)}
\end{aligned}\right\} \quad (21)$$

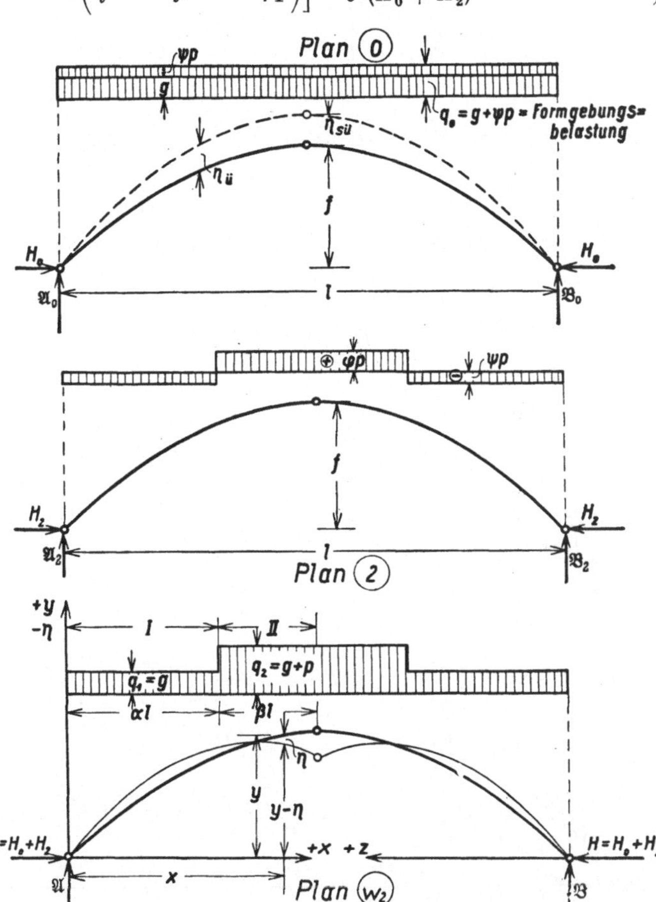

Abb. 49.

$$\left.\begin{aligned}
\eta_{II} &= A_{II} \sin c\,x + B_{II} \cos c\,x - \frac{1}{H_0 + H_2}\left[\frac{\varphi}{2}p\,l\,x - \frac{\varphi}{2}p\,x^2\right.\\
&\left. - \frac{\alpha^2}{2}p\,l^2 - H_2\left(\frac{4f}{l}x - \frac{4f}{l^2}x^2 - \frac{2J}{rF}\right)\right] - \frac{\varphi p - \dfrac{H_2}{r}}{c^2(H_0 + H_2)}
\end{aligned}\right\} \quad (22)$$

und für die Momente:

$$M_I = (H_0 + H_2)[A_I \sin c\,x + B_I(\cos c\,x - 1)] \quad (23)$$

$$M_{II} = (H_0 + H_2)[A_{II} \sin c\,x + B_{II} \cos c\,x - C_{II}] \quad (24)$$

worin

$$C_{II} = \frac{\varphi p - \dfrac{H_2}{r}}{c^2(H_0 + H_2)} + \frac{H_2}{(H_0 + H_2)}\frac{2J}{rF}.$$

Die Konstanten A_I A_{II}, B_I B_{II} bestimmen sich aus den Randbedingungen:

a) $x = 0$ $\eta_I = 0$ c) $x = \alpha l$ $\eta_I = \eta_{II}$

b) $x = \dfrac{l}{2}$ $M_{II_s} = 0$ d) $x = \alpha l$ $\eta_I' = \eta_{II}'$

Es ergibt sich aus a:

$$B_I = -\frac{1}{H_0 + H_2}\left[\frac{1}{c^2}\left(\psi\,p + \frac{H_1}{r}\right) - \frac{2J}{rF}H_1\right] \tag{25}$$

aus b:

$$A_{II} = \frac{C_{II}}{\sin\dfrac{cl}{2}} - B_{II}\operatorname{ctg}\frac{cl}{2}. \tag{26}$$

Aus c und d:

$$B_{II} = B_I + \frac{p}{c^2(H_0 + H_2)}\cos\alpha\,c\,l \tag{27}$$

$$A_I = A_{II} - \frac{p}{c^2(H_0 + H_2)}\sin\alpha\,c\,l\,. \tag{28}$$

Aus der Arbeitsgleichung:

$$(2g + \psi\,p)\int_0^{\alpha l}\eta_I\,dx + [2g + p(\psi + 1)]\int_{\alpha l}^{l/2}\eta_{II}\,dx$$

$$= \frac{1}{EJ_0}\left[\int_0^{\alpha l}M_I^2\,dx + \int_{\alpha l}^{l/2}M_{II}^2\,dx\right] + \frac{1}{EF_0}\left[\int_0^{l}N_0 N_2\,dx + \frac{1}{2}\int_{\alpha l}^{l/2}N_1^2\,dx\right]$$

ergibt sich die endgültige Form:

$$(2g + \psi\,p)\left(\frac{A_I}{c}(1 - \cos\alpha\,c\,l) + \frac{B_I}{c}(\sin\alpha\,c\,l - \alpha\,c\,l) - \frac{p\,\alpha^2 l^3}{2(H_0 + H_2)}\left[\left(\frac{\varphi}{2} - \alpha\right) + \frac{\alpha\,\psi}{3}\right]\right.$$

$$\left. + \frac{H_2\,\alpha^2 fl}{3(H_0 + H_2)}(6 - 4\,\alpha)\right) + [2g + p(\psi + 1)]\left(\left\{\frac{A_{II}}{c}\left(1 - \cos\frac{cl}{2}\right) + \frac{B_{II}}{c}\sin\frac{cl}{2}\right.\right.$$

$$\left. - C_{II}\frac{l}{2} - \frac{p\,l^3}{16(H_0 + H_1)}\left[\frac{2}{3}\varphi - 4\,\alpha^2\right] + \frac{H_2\,fl}{3(H_0 + H_2)}\right\} - \left\{\frac{A_{II}}{c}(1 - \cos\alpha\,c\,l)\right.$$

$$\left.\left. + \frac{B_{II}}{c}\sin\alpha\,c\,l - C_{II}\alpha\,l - \frac{p\,\alpha^2 l^3}{2(H_0 + H_2)}\left[\frac{\varphi}{2} - \alpha\left(\frac{\varphi}{3} - 1\right)\right] + \frac{H_2\,\alpha^2 fl}{3(H_0 + H_2)}(6 - 4\,\alpha)\right\}\right)$$

$$= \frac{(H_0 + H_2)^2}{2\,c\,EJ_0}\left(\left\{A_I^2\left[\alpha\,c\,l - \frac{\sin 2\,\alpha\,c\,l}{2}\right] + A_I B_I[4\cos\alpha\,c\,l - \cos 2\,\alpha\,c\,l - 3]\right.\right.$$

$$\left. + B_I^2\left[3\,\alpha\,c\,l + \frac{\sin 2\,\alpha\,c\,l}{2} - 4\sin\alpha\,c\,l\right]\right\} + \left\{A_{II}^2\frac{c\,l - \sin c\,l}{2} + A_{II}B_{II}(1 - \cos\alpha\,c\,l)\right.$$

$$\left. + 4\,A_{II}C_{II}\cos\left(\frac{cl}{2} - 1\right) + B_{II}^2\frac{c\,l + \sin c\,l}{2} - 4\,B_{II}C_{II}\sin\frac{cl}{2} + C_{II}^2 c\,l\right\}$$

$$- \left\{A_{II}^2\left[\alpha\,c\,l - \frac{\sin 2\,\alpha\,c\,l}{2}\right] - A_{II}B_{II}(1 - \cos 2\,\alpha\,c\,l) + 4\,A_{II}C_{II}(\cos\alpha\,c\,l - 1)\right.$$

$$\left.\left. + B_{II}^2\left(\alpha\,c\,l + \frac{\sin 2\,\alpha\,c\,l}{2}\right) - 4\,B_{II}B_{III}\sin\alpha\,c\,l + 2\,C_{II}^2\,\alpha\,c\,l\right\}\right)$$

$$+ \frac{H_2\,l}{2\,EF_0\cos^2\varphi_v}(H_2 + 2\,H_0)\,. \tag{29}$$

4. Anwendung und Zahlenbeispiele.

Das Rechenbeispiel wird für die bisher allen Zahlenbeispielen zugrunde gelegten Abmessungen durchgeführt.

$$l = 212{,}00 \text{ m} \qquad F = 0{,}319 \text{ m}^2 \qquad g = 8{,}80 \text{ t/m}$$

$$f = 21{,}25 \text{ m} \qquad J = 0{,}460 \text{ m}_4 \qquad p = 4{,}20 \text{ t/m}$$

$$W = 0{,}358 \text{ m}^3 \qquad E = 21\,000\,000 \text{ t/m}^2 .$$

Die Berechnung der Überhöhungen $\eta_{\ddot{u}}$.

Die Überhöhungen $\eta_{\ddot{u}}$ sollen für den bei der Bogenformgebung üblichen Normalfall der Belastung durch eine gleichmäßig über den Bogen verteilten Streckenlast $p = g + \dfrac{p}{2}$ ermittelt werden.

Aus der Gleichung:

$$\eta_{\ddot{u}} = \frac{q\,l^2}{2\,E\,F_0}\left[\frac{l^2}{8\,f^2\cos^2\varphi_v} + \frac{2}{3} - 2\,\frac{x}{l}\right]\frac{x}{l}$$

ergibt sich bei Einführung der Zahlenwerte:

$$\eta_{\ddot{u}} = 0{,}002\,129\,79\,x - 0{,}000\,001\,659\,4\,x^2 .$$

Die maximale Überhöhung im Scheitel beträgt:

$$\eta_{s\ddot{u}} = 20{,}71 \text{ cm.}$$

Der nach dem Absinken des Bogens auftretende Horizontalschub H_0 berechnet sich aus:

$$H = \frac{\left(g + \dfrac{p}{2}\right)l^2}{8\,f} = 2881{,}70 \text{ t .}$$

Die beim Formgebungsvorgang geleistete Formänderungsarbeit ergibt sich aus:

$$\frac{H_0^2\,l}{2\,E\,F_0\cos^2\varphi_v} = 139{,}400 \text{ tm .}$$

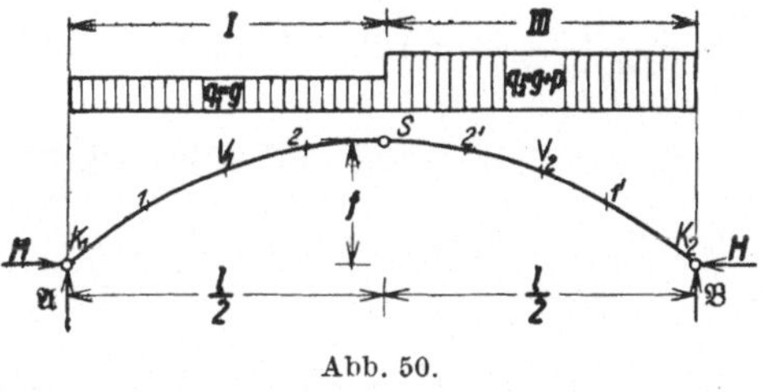

Abb. 50.

Setzt man im allgemeinen Belastungsfall (w_1) den Wert $\alpha = \frac{1}{2}$ und entsprechend der Formgebungsbelastung $q = g + \frac{1}{2}p$ die Zahlen $\psi = \varphi = \frac{1}{2}$ ein, so steht der Dreigelenkbogen unter ruhender Last $g = q_1$ und unter halbseitiger Verkehrsbelastung $p = q_2 - q_1$ (vgl. Abb. 50).

Der Stetigkeitsbereich II verschwindet und für die Bogenstücke I und III ergeben sich die Konstanten:

$$B_I = -\frac{1}{H_0 + H_1}\left[\frac{1}{c^2}\left(\frac{p}{2} + \frac{H_1}{r}\right) - \frac{2\,J}{r\,F}H_1\right]$$

$$B_{III} = \frac{1}{H_0 + H_1}\left[\frac{1}{c^2}\left(\frac{p}{2} - \frac{H_1}{r}\right) + \frac{2\,J}{r\,F}H_1\right]$$

$$A_I = B_I\,\mathrm{tg}\,\frac{c\,l}{4}; \qquad\qquad A_{III} = B_{III}\,\mathrm{tg}\,\frac{c\,l}{4}.$$

Die Arbeitsgleichung erhält die Form:

$$\left(g+\frac{p}{4}\right)\left\{\frac{B_I}{c}\left[\left(1-\cos\frac{cl}{2}\right)\mathrm{tg}\frac{cl}{4}+\left(\sin\frac{cl}{2}-\frac{cl}{2}\right)\right]+\frac{pl^3}{192(H_0+H_1)}+\frac{H_1fl}{3(H_0+H_1)}\right\}$$

$$+\left(g+\frac{3}{4}p\right)\left\{\frac{B_{III}}{c}\left[\left(1-\cos\frac{cl}{2}\right)\mathrm{tg}\frac{cl}{4}+\left(\sin\frac{cl}{2}-\frac{cl}{2}\right)\right]-\frac{pl^3}{192(H_0+H_1)}+\frac{H_1fl}{3(H_0+H_1)}\right\}$$

$$=\frac{(H_0+H_1)^2(B_I^2+B_{III}^2)}{4cEJ_0}\left[\frac{cl-\sin cl}{2}\mathrm{tg}^2\frac{cl}{4}+\left(4\cos\frac{cl}{2}-\cos cl-3\right)\mathrm{tg}\frac{cl}{4}\right.$$

$$\left.+\frac{3cl+\sin cl}{2}-4\sin\frac{cl}{2}\right]+\frac{[H_1^2+2(H_0+H_1)]l}{2EF_0\cos^2\varphi_v}\ .$$

Bei der probeweisen Annahme eines Horizontalschubes $H=H_0+H_1$ $=2\,887{,}80$ t erhält man:

$$cl=l\sqrt{\frac{H}{EJ_0}}=3{,}701\,767$$

$$\sin cl=-0{,}531\,333\ ; \qquad \sin\frac{cl}{2}=+0{,}961\,032\ ; \qquad \mathrm{tg}\frac{cl}{4}=1{,}328\,200\ ;$$

$$\cos cl=-0{,}847\,163\ ; \qquad \cos\frac{cl}{2}=-0{,}276\,439\ ; \qquad \cos\frac{cl}{4}=0{,}601\,482$$

$$B_I=-2{,}411\,27\ ; \qquad B_{III}=+2{,}358\,91\ .$$

Als Arbeit der äußeren Kräfte erhält man:

$$\left(g+\frac{p}{4}\right)\left\{\frac{B_I}{c}\left[\left(1-\cos\frac{cl}{2}\right)\mathrm{tg}\frac{cl}{4}+\left(\sin\frac{cl}{2}-\frac{cl}{2}\right)\right]+\frac{pl^3}{192(H_0+H_1)}+\frac{H_1fl}{3(H_0+H_1)}\right\}$$

$$+\left(g+\frac{3}{4}p\right)\left\{\frac{B_{III}}{c}\left[\left(1-\cos\frac{cl}{2}\right)\mathrm{tg}\frac{cl}{4}+\left(\sin\frac{cl}{2}-\frac{cl}{2}\right)\right]-\frac{pl^3}{192(H_0+H_1)}\right.$$

$$\left.+\frac{H_1fl}{3(H_0+H_1)}\right\}=122{,}308\ \mathrm{tm}\ .$$

Die von Momenten und Normalkräften geleistete Arbeit ergibt sich mit:

$$\frac{(H_0+H_1)^2(B_I^2+B_{III}^2)}{4cEJ_0}\left[\frac{cl-\sin cl}{2}\mathrm{tg}^2\frac{cl}{4}+\left(4\cos\frac{cl}{2}-\cos cl-3\right)+\mathrm{tg}\frac{cl}{4}+\frac{3cl+\sin cl}{2}\right.$$

$$\left.-4\sin\frac{cl}{2}\right]+\frac{[H_1^2+2(H_0+H_1)]l}{2EF_0\cos^2\varphi_v}=121{,}727+0{,}590=122{,}317\ \mathrm{tm}\ .$$

Durch die Gleichheit der Arbeit der äußeren und inneren Kräfte wird die Richtigkeit der Annahme des Horizontalschubes H bestätigt.

Moment und Normalkraft im linken Bogenviertel berechnen sich aus:

$$M_{v1}=HB_I\left(\frac{1}{\cos\dfrac{cl}{4}}-1\right)=-4\,613{,}59\ \mathrm{tm}$$

$$N_{v1}=-\frac{H}{\cos\varphi_v}=-\frac{2\,887{,}80}{0{,}9805}=-2\,942\ \mathrm{t}$$

im rechten Bogenviertel aus:

$$M_{v2} = H\,B_{III}\left(\frac{1}{\cos\dfrac{c\,l}{4}} - 1\right) = +\,4\,513{,}39\,\text{tm}$$

$$N_{v2} = N_{v1} = -\,2\,942\,\text{t}\;.$$

Die Bestimmung der größten Randspannungen ergibt:

$$\sigma_{v1} = -\frac{4\,613{,}59}{0{,}358} - \frac{2\,924}{0{,}319} = -\,1\,289 - 923 = -\,2\,212\,\text{kg/cm}^2$$

$$\sigma_{v2} = \frac{4\,513{,}39}{0{,}358} - \frac{2\,942}{0{,}319} = -\,1\,261 - 923 = -\,2\,184\,\text{kg/cm}^2\;.$$

Ohne Berücksichtigung des Einflusses der Verformung war[1]:

$$\sigma_{v1} = \sigma_{v2} = -\,1746\,\text{kg/cm}^2.$$

Daraus ergibt sich bei Berücksichtigung der Verformung im linken Bogenviertel eine Spannungserhöhung von $\varDelta\sigma = +\,466\,\text{kg/cm}^2$ oder 26,7 %.

Im rechten Bogenviertel ergibt sich entsprechend ein Spannungszuwachs von $\varDelta\sigma = +\,438\,\text{kg/cm}^2$ oder 25,1 %.

Diese Werte werden bei der endgültigen Zusammenstellung und Verarbeitung aller Zahlenergebnisse auf S. 127 noch einmal angeführt und einer Beurteilung unterzogen.

II. Der Zweigelenkbogen.

1. Die Formgebung.

Nach Anordnung eines Scheitelgelenkes wird der Zweigelenkbogen in der im 2. Teil unter Abschnitt A beschriebenen Weise zunächst als Dreigelenkbogen so überhöht, daß er bei einer gleichmäßig über die ganze Stützweite verteilten Belastung durch $g + \psi p$ auf die der weiteren Berechnung zu grunde gelegte Bogenform einer Parabel von der Gleichung

$$y = \frac{4f}{l^2}\,x\,(l - \text{x}) \tag{1}$$

einsinkt. Dann fällt für diesen Belastungsfall die Stützlinie mit der Bogenachse zusammen und es ist für jeden Bogenpunkt

$$M_0 = \mathfrak{M}_0 - H_0 y = 0. \tag{2}$$

Darin bedeute $\mathfrak{M}_0$ das beim Belastungsfall (0) auftretende Biegemoment eines freiaufliegenden Trägers gleicher Spannweite.

Der dazugehörige Horizontalschub H wird aus

$$H_0 = \frac{(g + \psi p)\,l^2}{8f} \tag{3}$$

berechnet.

Während der Belastung durch $g + \psi p$ wird das Scheitelgelenk geschlossen und der Bogenträger dadurch für alle weiteren Belastungszustände zum Zweigelenkbogen gemacht (vgl. Abb. 51).

---

[1] Vgl. S. 17.

Um den allgemeinen Fall einer unsymmetrischen Belastung nach Lastfall (w_1) durch zwei verschieden große, gleichmäßig verteilte Streckenlasten q_1 und q_2 zu erhalten, ist zu dem Belastungszustand (0) der Formgebung am überhöhten Dreigelenkbogen der ergänzende Belastungszustand (1) hinzuzufügen, so daß

$$(0) + (1) = (w_1).$$

Im Belastungsfall (1) muß außerdem

$$\psi + \varphi = 1$$

erfüllt sein.

Bezeichnet man die Koordinaten eines Punktes der Bogenachse im Belastungsfall (0) auf den linken Kämpferpunkt bezogen mit x, y, auf den rechten Kämpferpunkt bezogen mit z, y, ferner die Senkung dieses Punktes infolge einer weiteren Belastung mit η, so berechnet sich bei Vernachlässigung der waagerechten Verschiebungen das Moment in bezug auf den betrachteten, lotrecht verschobenen Bogenpunkt aus:

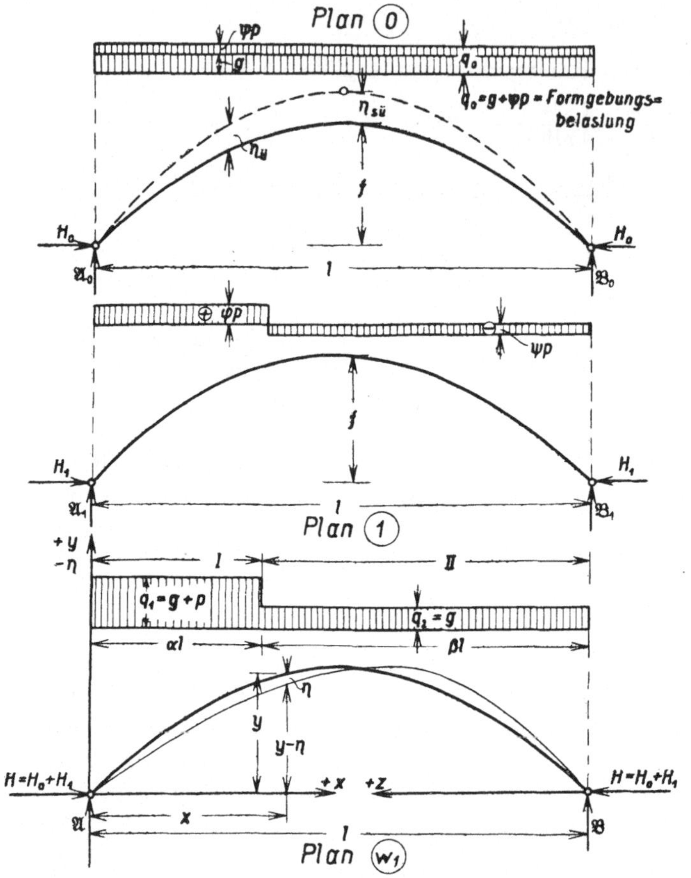

Abb. 51.

$$Mx = \mathfrak{M}_0 + \mathfrak{M}_1 - (H_0 + H_1)(y - \eta) \tag{4}$$

mit $\quad Mx = \mathfrak{M}_0 - H_0 y = 0$ wird:

$$Mx = \mathfrak{M}_1 - H_1 y + (H_0 + H_1)\eta \tag{5}$$

$$= \mathfrak{M}_1 - H_1 y + H\eta.$$

Darin bedeuten $\mathfrak{M}_0$ und $\mathfrak{M}_1$ die dem Belastungsfall (0) bzw. (1) zu entnehmenden Biegemomente an der Stelle x eines freiaufliegenden Balkens gleicher Spannweite, H der beim Belastungszustand (w_1) auftretende Horizontalschub.

2. Die Gleichung der lotrechten Verschiebungsordinaten η.

Zur Berechnung der lotrechten Verschiebungen η wird die im 1. Teil unter I, 1 abgeleitete Differentialgleichung benützt, welche für parabolische Bogenträger mit konstanten Querschnittsgrößen F und J Gültigkeit besitzt.

Es ist:

$$\frac{d^2\eta}{dx^2} = -\frac{M_x}{EJ_0} - \frac{2H_1}{EF_0 r} \tag{6}$$

Unter Benützung der Gl. (5) ergibt sich mit:

$$\frac{(H_0 + H_1)}{EJ_0} = c^2 \quad \text{und} \quad \frac{\mathfrak{M}_1}{H_0 + H_1} - \frac{H_1}{H_0 + H_1}\left(y - \frac{2J}{rF}\right) = F(x)$$

die allgemeine Form:

$$\frac{d^2\eta}{dx^2} + c^2\eta + c^2 F(x) = 0. \tag{7}$$

Das allgemeine Integral lautet:

$$\eta = A\sin c\,x + B\cos c\,x - F(x) + \frac{1}{c^2}F''(x). \tag{8}$$

Für den allgemeinen Fall einer unsymmetrischen Belastung durch zwei verschieden große, gleichmäßig verteilte Streckenlasten $q_1 = g + p$ und $q_2 = g$ auf die Länge $x_0 = \alpha l$ bzw. $z_0 = (1-\alpha)l$ erhält man für den Stetigkeitsbereich I allgemein:

$$\eta_I = A_I \sin c x + B_I \cos c\,x - F_I(x) + \frac{1}{c^2}F_I''(x).$$

Für den Stetigkeitsbereich II:

$$\eta_{II} = A_{II}\sin c z + B_{II}\cos c z - F_{II}(z) + \frac{1}{c^2}F_{II}''(z).$$

Setzt man für die Ausdrücke $F(x)$ und $F''(x)$:

$$F_I(x) = \frac{1}{H}\left\{[\alpha(2-\alpha)-\psi]\frac{pl}{2}x - \frac{\varphi p}{2}x^2 - H_1\left(\frac{4f}{l}x - \frac{4f}{l^2}x^2 - \frac{2J}{rF}\right)\right\}$$

$$F_I''(x) = -\frac{\varphi p - \dfrac{H_1}{r}}{H}$$

$$F_{II}(z) = \frac{1}{H}\left\{[\alpha^2-\psi]\frac{pl}{2}z + \frac{\psi p}{2}z^2 - H_1\left(\frac{4f}{l}z - \frac{4f}{l^2}z^2 - \frac{2J}{rF}\right)\right\}$$

$$F_{II}''(z) = \frac{\psi p + \dfrac{H_1}{r}}{H}$$

so ergibt sich im Bereich I:

$$\left.\begin{aligned}
\eta_I &= A_I\sin c\,x + B_I\cos c\,x - \frac{1}{H}\left\{\left[\alpha(2-\alpha)-\psi\right]\frac{pl}{2}x - \frac{\varphi p}{2}x^2\right.\\
&\quad \left.- H_1\left(\frac{4f}{l}x - \frac{4f}{l^2}x^2 - \frac{2J}{rF}\right)\right\} - \frac{\varphi p - \dfrac{H_1}{r}}{c^2 H}
\end{aligned}\right\} \tag{9}$$

$$\left.\begin{aligned}
\eta_{II} &= A_{II}\sin c z + B_{II}\cos c z - \frac{1}{H}\left[(\alpha^2-\psi)\frac{pl}{2}z + \frac{\psi p}{2}z^2\right.\\
&\quad \left.- H_1\left(\frac{4f}{1}z - \frac{4f}{l^2}z^2 - \frac{2J}{rF}\right)\right] + \frac{\psi p + \dfrac{H_1}{r}}{c^2 H}.
\end{aligned}\right\} \tag{10}$$

Die Konstanten $A_I\ A_{II}$, $B_I\ B_{II}$ bestimmen sich aus den Randbedingungen:

a) $x = 0 \qquad \eta_I = 0$ c) $x = \alpha l \qquad \eta_I = \eta_{II}$
$$z = \beta l$$

b) $z = 0 \qquad \eta_{II} = 0$ d) $x = \alpha l \qquad \eta_I' = -\eta_{II}'$
$$z = \beta l$$

Es ergibt sich aus a:

$$B_I = \frac{1}{H}\left[\frac{1}{c^2}\left(\varphi\,p - \frac{H_1}{r}\right) + \frac{2\,J}{r\,F}H_1\right] \tag{11}$$

aus b:

$$B_{II} = -\frac{1}{H}\left[\frac{1}{c^2}\left(\psi\,p + \frac{H_1}{r}\right) - \frac{2\,J}{r\,F}H_1\right] \tag{12}$$

aus c und d:

$$A_I = \frac{B_{II} - B_I\cos c\,l + (B_I - B_{II})\cos\beta\,c\,l}{\sin c\,l} \tag{13}$$

$$A_{II} = \frac{B_I - B_{II}\cos c\,l + (B_{II} - B_I)\cos\alpha\,c\,l}{\sin c\,l}. \tag{14}$$

3. Die Bestimmung des Horizontalschubes H aus der Arbeitsgleichung.

Es werden die nach dem Formgebungsvorgang geleisteten Arbeiten der äußeren und inneren Kräfte einander gleichgesetzt und dadurch eine weitere Beziehung zur Berechnung des Horizontalschubes H aufgestellt.

a) Die Arbeit der äußeren Kräfte.

Die Verschiebungsarbeit der äußeren Kräfte berechnet sich aus:

$$A_{a,v} = (g + \psi\mathrm{p})\left(\int_0^{\alpha l}\eta_I\,d\,x + \int_0^{\beta l}\eta_{II}\,d\,z\right).$$

Die Formänderungsarbeit aus:

$$A_{a,f} = +\frac{\varphi p}{2}\int_0^{\alpha l}\eta_I\,d\,x - \frac{p}{2}\int_0^{\beta}\eta_{II}\,d\,z.$$

Die gesamte Arbeit der äußeren Kräfte ergibt:

$$A_a = \left[g + \frac{p}{2}(1 + \psi)\right]\int_0^{\alpha l}\eta_I\,d\,x + \left(g + \frac{\psi p}{2}\right)\int_0^{\beta l}\eta_{II}\,d\,z.$$

b) Die Arbeit der inneren Kräfte.

α) Die Arbeit der Momente. Aus der allgemeinen Gleichung für das Moment im Punkte $x,\ y - \eta$

$$M_x = (H_0 + H_1)\left[A_I\sin c\,x + B\cos c\,x + \frac{1}{c^2}F''(x)\right] - \frac{2\,J}{r\,F}H_1$$

ergibt sich für die einzelnen Bereiche:

$$\left.\begin{aligned}
M_I &= (H_0 + H_1)[A_I\sin c\,x + B_I(\cos c\,x - 1)]\\
M_{II} &= (H_0 + H_1)[A_{II}\sin c\,z + B_{II}(\cos c\,z - 1)].
\end{aligned}\right\} \tag{15}$$

Da von den Momenten nur Formänderungsarbeit geleistet wird, kann angeschrieben werden:

$$A_{i,M} = \left[\frac{1}{2\,E\,J_0}\int\limits_0^{al} M_I^2\,dx + \int\limits_0^{\beta l} M_{II}^2\,dz\right].$$

β) **Die Arbeit der Normalkräfte.** Die von den Normalkräften geleistete Verschiebungsarbeit berechnet sich aus:

$$A_{i,v} = \frac{1}{E\,F_0}\int\limits_0^l N_0\,N_1\,dx = \frac{H_0\,H_1\,l}{E\,F_0\cos^2\varphi_v}$$

die Formänderungsarbeit aus:

$$A_{i,f} = \frac{1}{2\,E\,F_0}\int\limits_0^l N_1\,N_1\,dx = \frac{H_1^2\,l}{2\,E\,F_0\cos^2\varphi_v}$$

Die gesamte Arbeit der Normalkräfte ergibt damit:

$$A_{i,N} = \frac{1}{E\,F_0}\left[\int\limits_0^l N_0\,N_1\,dx + \frac{1}{2}\int\limits_0^l N_1^2\,dx = \frac{H_1\,l}{2\,E\,F_0\cos^2\varphi_v}\right](H_1 + 2\,H_0)\,.$$

Die vollständige Arbeitsgleichung lautet:

$$\left[g + \frac{p}{2}\,(1+\psi)\right]\left(\frac{A_I}{c}\,(1-\cos\alpha\,cl) + \frac{B_I}{c}\,(\sin\alpha\,cl - \alpha\,cl) - \frac{\alpha^2\,p\,l^3}{2\,(H_0+H_1)}\right.$$

$$\left\{\frac{1}{2}\,[\alpha\,(2-\varkappa)-\psi] - \frac{\varphi\,\alpha}{3}\right\} + \frac{H_1\,\alpha^2\,f\,l}{3\,(H_0+H_1)}\,(6-4\,\alpha)\bigg) + \left(g + \frac{\psi\,p}{2}\right)\left(\frac{A_{II}}{c}\,(1-\cos\beta\,cl)\right.$$

$$+ \frac{B_{II}}{c}\,(\sin\beta\,cl - \beta\,cl) - \frac{\beta^2\,p\,l^3}{2\,(H_0+H_1)}\left[\frac{1}{2}\,(\alpha^2-\psi) + \frac{\psi\,\beta}{3}\right] + \frac{H_1\,\beta^2\,f\,l}{3\,(H_0+H_1)}\,(6-4\,\beta)\bigg)$$

$$= \frac{(H_0+H_1)^2}{4\,c\,E\,J_0}\left(\left\{A_I^2\left[\alpha\,cl - \frac{\sin 2\,\alpha\,cl}{2}\right] + A_I\,B_I\,[4\cos\alpha\,cl - \cos 2\,\alpha\,cl - 3]\right.\right.$$

$$\left. + B_I^2\left[3\,\alpha\,cl + \frac{\sin 2\varkappa\,cl}{2} - 4\sin\alpha\,cl\right]\right\} + \left\{A_{II}^2\left[\beta\,cl - \frac{\sin 2\,\beta\,cl}{2}\right]\right.$$

$$\left. + A_{II}\,B_{II}\,[4\cos\beta\,cl - \cos^2\beta\,cl - 3] + B_{II}^2\left[3\,\beta\,cl + \frac{\sin 2\,\beta\,cl}{2} - 4\sin\beta\,cl\right]\right\}$$

$$+ \frac{H_1\,l}{2\,E\,F_0\cos^2\varphi_v}\,(H_1 + 2\,H_0)\,. \tag{16}$$

Um den allgemeinen Fall der symmetrisch zum Bogenscheitel angeordneten Belastung durch zwei verschieden große, gleichmäßig verteilte Lasten $q_1 = g$ und $q_2 = g + p$ entsprechend dem Lastfall (w_2) zu erhalten, ist dem Belastungszustand (0) der Formgebung der ergänzende Belastungszustand (2) hinzuzufügen so daß

$$(0) + (2) = (w_2) \text{ (vgl. Abb. 52).}$$

Mit

$$F_I(x) = \frac{1}{H_0 + H_2}\left[\left(\frac{\varphi}{2} - \alpha\right)p\,l\,x + \frac{\psi p}{2}x^2 - H_2\left(\frac{4f}{l}x - \frac{4f}{l^2}x^2 - \frac{2J}{rF}\right)\right]$$

$$F_{II}(x) = \frac{1}{H_0 + H_2}\left[\left(\frac{\varphi}{2}p\,l\,x - \frac{\varphi}{2}p\,x^2 - \frac{\alpha^2}{2}p\,l^2 - H_2\left(\frac{4f}{l}x - \frac{4f}{l^2}x^2 - \frac{2J}{rF}\right)\right)\right]$$

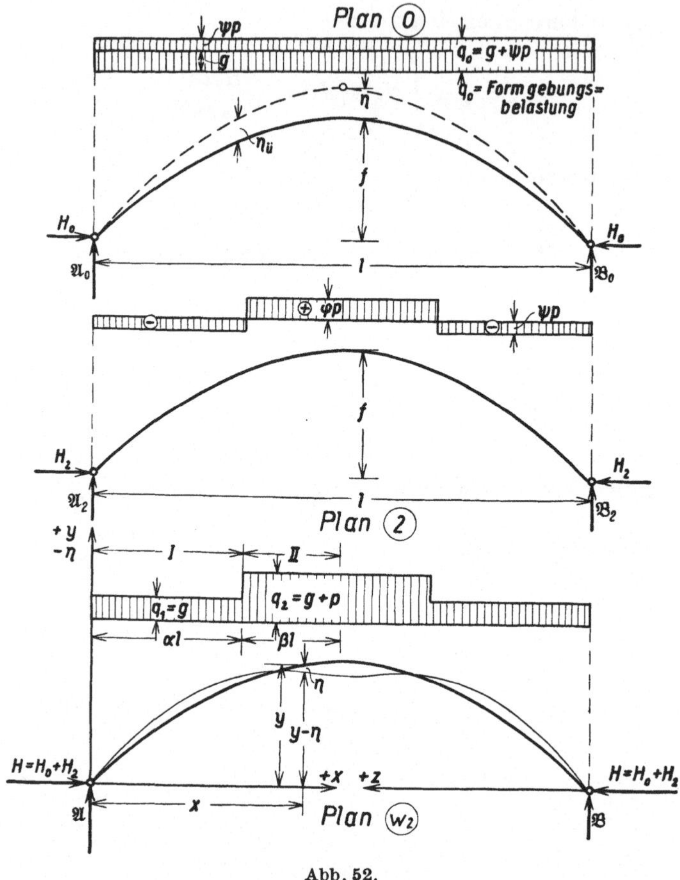

Abb. 52.

ergeben sich als Gleichungen der Einsenkungen η:

$$\eta_I = A_I \sin c\,x + B_I \cos c\,x - \frac{1}{H_0 + H_2}\left[\left(\frac{\varphi}{2} - \alpha\right)p\,l\,x + \frac{\psi p}{2}x^2\right.$$
$$\left. - H_2\left(\frac{4f}{l}x - \frac{4f}{l^2}x^2 - \frac{2J}{rF}\right)\right] + \frac{\psi p + \dfrac{H_2}{r}}{c^2(H_0 + H_2)}\,. \qquad (17)$$

$$\eta_{II} = A_{II}\sin c\,x + B_{II}\cos c\,x - \frac{1}{H_0 + H_2}\left[\frac{\varphi}{2}p\,l\,x - \frac{\varphi}{2}p\,x^2 - \frac{\alpha^2}{2}p\,l^2\right.$$
$$\left. - H_2\left(\frac{4f}{l}x - \frac{4f}{l^2}x^2 - \frac{2J}{rF}\right)\right] - \frac{\varphi p - \dfrac{H_2}{r}}{c^2(H_0 + H_2)} \qquad (18)$$

und für die Momente:

$$M_I = (H_0 + H_2)\,[A_I \sin c x + B_I(\cos cx - 1)] \tag{19}$$

$$M_{II} = (H_0 + H_2)\,[A_{II} \sin c x + B_{II}(\cos c x - C_{II})] \tag{20}$$

worin

$$C_{II} = \frac{\varphi p - \dfrac{H_2}{r}}{c^2(H_0+H_2)} + \frac{H_2}{(H_0+H_2)}\,\frac{2J}{rF}.$$

Die Konstanten $A_I\,A_{II}$, $B_I\,B_{II}$ bestimmen sich aus den Randbedingungen:

a) $x=0$ $\qquad \eta_I = 0$ $\qquad\qquad$ c) $x = \alpha l$ $\qquad \eta_I = \eta_{II}$

b) $x = \dfrac{l}{2}$ $\qquad \eta'_{II} = 0$ $\qquad\qquad$ d) $x = \alpha l$ $\qquad \eta'_I = \eta'_{II}$.

Es ergibt sich aus a:

$$B_I = -\frac{1}{(H_0+H_2)}\left[\frac{1}{c^2}\left(\psi p + \frac{H_2}{r}\right) - \frac{2J}{rF}H_2\right] \tag{21}$$

aus b:

$$A_{II} = B_{II}\,\operatorname{tg}\frac{cl}{2} \tag{22}$$

aus c und d:

$$B_{II} = B_I + \frac{p}{c^2(H_0+H_2)}\cos\alpha cl. \tag{23}$$

$$A_I = A_{II} - \frac{p}{c^2(H_0+H_2)}\sin\alpha cl$$

Aus der Arbeitsgleichung:

$$(2g+\psi p)\int_0^{\alpha l}\eta_I\,dx + [2g+p(\psi+1)]\int_{\alpha l}^{l/2}\eta_{II}\,dx = \frac{1}{EJ_0}\left[\int_0^{\alpha l}M_I^2\,dx + \int_{\alpha l}^{l/2}M_{II}^2\,dx\right]$$

$$+\frac{1}{EF_0}\left[\int_0^l N_0 N_2\,dx + \frac{1}{2}\int_0^l N_2^2\,dx\right]$$

ergibt sich die endgültige Form:

$$(2g+\psi p)\left(\frac{A_I}{c}(1-\cos\alpha cl)+\frac{B_I}{c}(\sin\alpha cl-\alpha cl)-\frac{p\alpha^2 l^3}{2(H_0+H_2)}\left[\left(\frac{\varphi}{2}-\alpha\right)+\frac{\alpha\psi}{3}\right]\right.$$

$$\left.+\frac{H_2\alpha^2 fl}{2(H_0+H_2)}(6-4\alpha)\right)+[2g+p(\psi+1)]\left(\left\{\frac{A_{II}}{c}\left(1-\cos\frac{cl}{2}\right)+\frac{B_{II}}{c}\sin\frac{cl}{2}\right.\right.$$

$$-C_{II}\frac{l}{2}-\frac{pl^3}{16(H_0+H_2)}\left[\frac{2}{3}\varphi-4\alpha^2\right]+\frac{H_2 fl}{3(H_0+H_2)}\bigg\}-\bigg\{\frac{A_{II}}{c}(1-\cos\alpha cl)$$

$$+\frac{B_{II}}{c}\sin\alpha cl-C_{II}\alpha l-\frac{p\alpha^3 l^3}{2(H_0+H_2)}\left[\frac{\varphi}{2}-\alpha\left(\frac{\varphi}{3}-1\right)\right]+\frac{H_2\alpha^2 fl}{3(H_0+H_2)}(6-4\alpha)\bigg\}\bigg)$$

$$=\frac{(H_0+H_2)^2}{2cEJ_0}\left(\left\{A_I^2\left[\alpha cl-\frac{\sin 2\alpha cl}{2}\right]+A_I B_I[4\cos\alpha lc-\cos 2\alpha cl-3]\right.\right.$$

$$+B_I^2\left[3\alpha cl+\frac{\sin 2\alpha cl}{2}-4\sin\alpha cl\right]\bigg\}+\bigg\{A_{II}^2\,\frac{cl-\sin cl}{2}+A_{II}B_{II}(1-\cos\alpha cl)$$

$$+4A_{II}C_{II}\left(\cos\frac{cl}{2}-1\right)+B_{II}^2\,\frac{cl+\sin cl}{2}-4B_{II}C_{II}\sin\frac{cl}{2}+C_{II}^2\,cl\bigg\}$$

$$+\bigg\{A_{II}^2\left[\alpha cl-\frac{\sin 2\alpha cl}{2}\right]+A_{II}B_{II}(1-\cos 2\alpha cl)+4A_{II}C_{II}(\cos\alpha cl-1)$$

$$+B_{II}^2\left[\alpha cl+\frac{\sin 2\alpha cl}{2}\right]-4B_{II}C_{II}\sin\alpha cl+2C_{II}^2\,\alpha cl\bigg\}\right)$$

$$+\frac{H_2 l}{2EF_0\cos^2\varphi_v}(H_2+2H_0).$$

4. Anwendung und Zahlenbeispiel.

Die Berechnung der Überhöhungen $\eta_{\ddot{u}}$ des für die Formgebung zunächst als Dreigelenkbogen ausgebildeten Zweigelenkbogens erfolgte schon anläßlich der Durchführung des Zahlenbeispiels für den Dreigelenkbogen (vgl. S. 91).

Für die Zahlenwerte:

$$l = 212,00 \text{ m} \qquad F = 0,319 \text{ m}^2 \qquad g = 8,80 \text{ t/m}$$
$$f = 21,25 \text{ m} \qquad J = 0,460 \text{ m}^4 \qquad p = 4,20 \text{ t/m}$$
$$W = 0,358 \text{ m}^3 \qquad E = 21\,000\,000 \text{ t/m}^2$$

und die für die Berechnung der Überhöhungen $\eta_{\ddot{u}}$ maßgebende Formgebungslast $q = g + \dfrac{p}{2}$ war:

$$\eta_{\ddot{u}} = 0,002\,129\,79\, x - 0,000\,001\,6594\, x^2$$

und die maximale Überhöhung im Bogenscheitel:

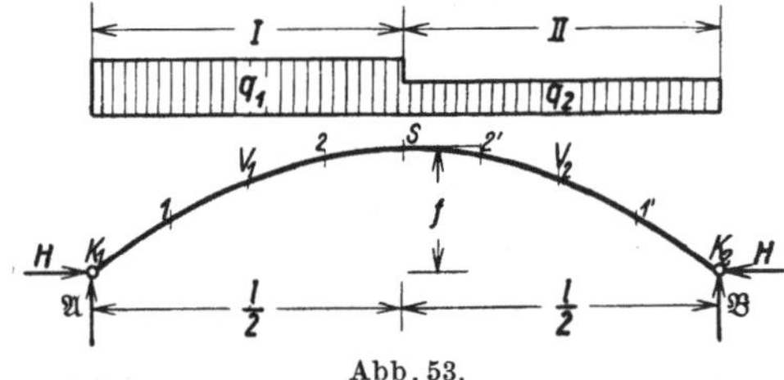

Abb. 53.

$$\eta_{s\ddot{u}} = 20,71 \text{ cm.}$$

Der nach dem Absinken des Bogens auftretende Horizontalschub H_0 ergab sich mit:

$$H_0 = \frac{\left(g + \dfrac{p}{2}\right) l^2}{8 f} = 2881,70 \text{ t.}$$

Setzt man im allgemeinen Belastungsfall (w_1) den Wert $\alpha = \frac{1}{2}$ und entsprechend der Formgebungsbelàstung $q = g + \dfrac{p}{2}$ die Zahlen $\psi = \varphi = \frac{1}{2}$ ein, so steht der Zweigelenkbogen unter ruhender Last $g = q_2$ und halbseitiger Verkehrsbelastung $p = -q_2 + q_1$ (vgl. Abb. 53).

Für die Stetigkeitsbereiche I und II ergeben sich die Konstanten:

$$B_I = \frac{1}{H_0 + H_1}\left[\frac{1}{c^2}\left(\frac{p}{2} - \frac{H_1}{r}\right) + \frac{2J}{rF}H_1\right]$$

$$B_{II} = -\frac{1}{H_0 + H_1}\left[\frac{1}{c^2}\left(\frac{p}{2} + \frac{H_1}{r}\right) - \frac{2J}{rF}H_1\right]$$

$$A_I = \frac{B_{II} - B_I \cdot \cos cl + (B_I - B_{II})\cos\dfrac{cl}{2}}{\sin cl}$$

$$A_{II} = \frac{B_I - B_{II} \cdot \cos cl + (B_{II} - B_I)\cos\dfrac{cl}{2}}{\sin cl}\,.$$

Die Arbeitsgleichung erhält die Form:

$$\left(g + \frac{3}{4}p\right)\left[\frac{A_I}{c}\left(1 - \cos\frac{cl}{2}\right) + \frac{B_I}{c}\left(\sin\frac{cl}{2} - \frac{cl}{2}\right) - \frac{pl^3}{192(H_0 + H_1)} + \frac{H_1}{(H_0 + H_1)}\frac{fl}{3}\right]$$

$$+ \left(g + \frac{p}{4}\right)\left[\frac{A_{II}}{c}\left(1 - \cos\frac{cl}{2}\right) + \frac{B_{II}}{c}\left(\sin\frac{cl}{2} - \frac{cl}{2}\right) + \frac{pl^3}{192(H_0 + H_1)} + \frac{H_1}{(H_0 + H_1)}\frac{fl}{3}\right]$$

$$= \frac{(H_0 + H_1)^2}{4cEJ_0}\left[A_I^2\frac{cl - \sin cl}{2} + A_I B_I\left(4\cos\frac{cl}{2} - \cos cl - 3\right) + B_I^2\frac{3cl + \sin cl - 8\sin\dfrac{cl}{2}}{2}\right.$$

$$+ A_{II}^2 \frac{cl-\sin cl}{2} + A_{II} B_{II}\left(4\cos\frac{cl}{2} - \cos cl - 3\right) + B_{II}^2 \frac{3cl+\sin cl - 8\sin\frac{cl}{2}}{2}\Bigg]$$

$$+ \frac{H_1 l(H_1 + 2H_0)}{2EF_0\cos^2\varphi_v}.$$

Bei der probeweisen Annahme eines Horizontalschubes $H = H_0 + H_1$ $= 2882{,}76$ t erhält man:

$$cl = l\sqrt{\frac{H}{EJ_0}} = 3{,}698\,543$$

$$\sin c\,l = -0{,}528\,597 \qquad \sin\frac{cl}{2} = +0{,}961\,476$$

$$\cos c\,l = -0{,}848\,873 \qquad \cos\frac{cl}{2} = -0{,}274\,888\,2$$

$$B_I = +2{,}388\,88 \qquad B_{II} = -2{,}398\,01.$$

Als Arbeit der äußeren Kräfte erhält man:

$$\left(g + \frac{3}{4}p\right)\left[\frac{A_I}{c}\left(1 - \cos\frac{cl}{2}\right) + \frac{B_I}{c}\left(\sin\frac{cl}{2} - \frac{cl}{2}\right) - \frac{p\,l^3}{192(H_0 + H_1)} + \frac{H_1 fl}{3(H_0 + H_1)}\right]$$

$$+ \left(g + \frac{p}{4}\right)\left[\frac{A_{II}}{c}\left(1 - \cos\frac{cl}{2}\right) + \frac{B_{II}}{c}\left(\sin\frac{cl}{2} - \frac{cl}{2}\right) + \frac{p\,l^3}{192(H_0 + H_1)} + \frac{H_1 fl}{3(H_0 + H_1)}\right]$$

$$= 121{,}963 \text{ tm}.$$

Die von Momenten und Normalkräften geleistete Arbeit beträgt:

$$\frac{(H_0 + H_1)^2}{4cEJ_0}\left[A_I^2 \frac{cl-\sin cl}{2} + A_I B_I\left(4\cos\frac{cl}{2} - \cos cl - 3\right) + B_I^2 \frac{3cl+\sin cl - 8\sin\frac{cl}{2}}{2}\right.$$

$$+ A_{II}^2 \frac{cl-\sin cl}{2} + A_{II} B_{II}\left(4\cos\frac{cl}{2} - \cos cl - 3\right) + B_{II}^2 \frac{3cl+\sin cl - 8\sin\frac{cl}{2}}{2}\Bigg]$$

$$+ \frac{H_1 l(H_1 + 2H_0)}{2EF_0\cos^2\varphi_v} = 121{,}513 + 0{,}102 = 121{,}615 \text{ tm}.$$

Durch die ausreichende Übereinstimmung der Arbeit der äußeren und inneren Kräfte wird die Richtigkeit der Annahme des Horizontalschubes $H = 2882{,}76$ t bestätigt.

Moment und Normalkraft im linken Bogenviertel berechnen sich aus:

$$M_{v1} = H\left[A_I \sin\frac{cl}{4} + B_I\left(\cos\frac{cl}{4} - 1\right)\right] = +4601{,}23 \text{ tm}$$

$$N_{v1} = -\frac{H}{\cos\varphi_v} = -2940 \text{ t}.$$

Im rechten Bogenviertel ergibt sich:

$$M_{v2} = H\left[A_{II}\sin\frac{cl}{4} + B_{II}\left(\cos\frac{cl}{4} - 1\right)\right] = -4517{,}23 \text{ tm}$$

$$N_{v2} = -\frac{H}{\cos\varphi_v} = -2940 \text{ t}.$$

Die Bestimmung der größten Randspannungen ergibt:

$$\sigma_{v1} = -\frac{4601{,}23}{0{,}358} - \frac{2940}{0{,}319} = -1285 - 921 = -2206 \text{ kg/cm}^2$$

$$\sigma_{v2} = -\frac{4517{,}23}{0{,}358} - \frac{2940}{0{,}319} = -1260 - 921 = -2181 \text{kg/cm}^2 \, .$$

Ohne Berücksichtigung des Einflusses der Systemverformung war:

$$\sigma_{v1} = -1817 \text{ kg/cm}^2$$
$$\sigma_{v2} = -1664 \text{ kg/cm}^2.$$

Daraus errechnet sich bei Berücksichtigung der Systemverformung im linken Bogenviertel eine Spannungserhöhung von $\varDelta\sigma = +389$ kg/cm² oder 21,4%.

Im rechten Bogenviertel ergibt sich ein Spannungszuwachs von $\varDelta\sigma = +517$ kg/cm² oder 31,1%.

Diese Werte werden bei der endgültigen Zusammenstellung und Verarbeitung aller Zahlenergebnisse auf S. 130 noch einmal angeführt und einer Beurteilung unterzogen.

III. Der Eingelenkbogen.

1. Die Formgebung.

Nach Anordnung von zwei Kämpfergelenken wird der Eingelenkbogen in der im zweiten Teil unter Abschnitt A beschriebenen Weise zunächst als Dreigelenkbogen so überhöht, daß er bei einer gleichmäßig über die ganze Stützweite verteilten Belastung durch $g + \psi\, p$ auf die der weiteren Berechnung zugrunde gelegte Bogenform einer Parabel von der Gleichung

$$y = \frac{4f}{l^2} \, x\,(l - x) \tag{1}$$

einsinkt. Dann fällt für diesen Belastungsfall die Stützlinie mit der Bogenachse zusammen und es ist für jeden Bogenpunkt

$$M_0 = \mathfrak{M}_0 - H_0\, y = 0 \, . \tag{2}$$

Darin bedeute $\mathfrak{M}_0$ das beim Belastungsfall (0) auftretende Biegemoment eines freiaufliegenden Trägers gleicher Spannweite. Der dazugehörige Horizontalschub H_0 bestimmt sich aus:

$$H_0 = \frac{(g + \psi\, p)\, l^2}{8 f} \, . \tag{3}$$

Während der Belastung durch $g + \psi\, p$ und nach dem Absenken des Dreigelenkbogens werden die Kämpfergelenke geschlossen, und aus dem Dreigelenkbogen das ursprünglich beabsichtigte Eingelenkbogensystem gemacht.

Um den allgemeinen Fall einer unsymmetrischen Belastung nach Lastfall (w_1) durch zwei verschieden große, gleichmäßig verteilte Streckenlasten q_1 und q_2 zu erhalten, ist zu dem Belastungsfall (0) der Formgebung am überhöhten Dreigelenkbogen der ergänzende Belastungszustand (1) hinzuzufügen, so daß

$$(0) + (1) = (w_1)$$

oder $$(0) + (1_0) + (1_u) = (w_1) \, ,$$

wenn man den Belastungsplan (1) selbst wieder zerlegt in:
$$(1) = (1_0) + (1_\mathrm{u})\,.$$

Im Belastungsfall (1) muß außerdem
$$\psi + \varphi = 1$$
erfüllt sein (vgl. Abb. 54).

Bezeichnet man die Koordinaten eines Punktes der Bogenachse im Belastungsfall (0) auf den linken Kämpferpunkt bezogen mit x, y, auf den rechten Kämpferpunkt bezogen mit z, y, ferner die Senkung dieses Punktes infolge einer weiteren Belastung mit η, so berechnet sich bei Vernachlässigung der waagerechten Verschiebungen das Moment in bezug auf den betrachteten lotrecht verschobenen Bogenpunkt aus:

$$M_x = \mathfrak{M}_0 + \mathfrak{M}_1$$
$$- (H_0 + H_1)\,(y - \eta)$$
$$+ Vx + M_{au}$$

mit
$$M_0 = \mathfrak{M}_0 - H_0\,y = 0$$
wird:

$$\left.\begin{array}{l} M_x = \mathfrak{M}_1 - H_1\,y \\[4pt] \quad + (H_0 + H_1)\,\eta \\[4pt] \quad + Vx + M_{au} \end{array}\right\} \quad (4)$$

bzw.

$$\left.\begin{array}{l} M_z = \mathfrak{M}_1 - H_1\,y \\[4pt] \quad + (H_0 + H_1)\,\eta \\[4pt] \quad - Vz + M_{bu}\,. \end{array}\right\} \quad (5)$$

Darin bedeuten entsprechend einer Zerlegung des wirklichen Belastungsplanes (w_1) in die Belastungszustände
$$(0) + (1_0) + (1_\mathrm{u}):$$

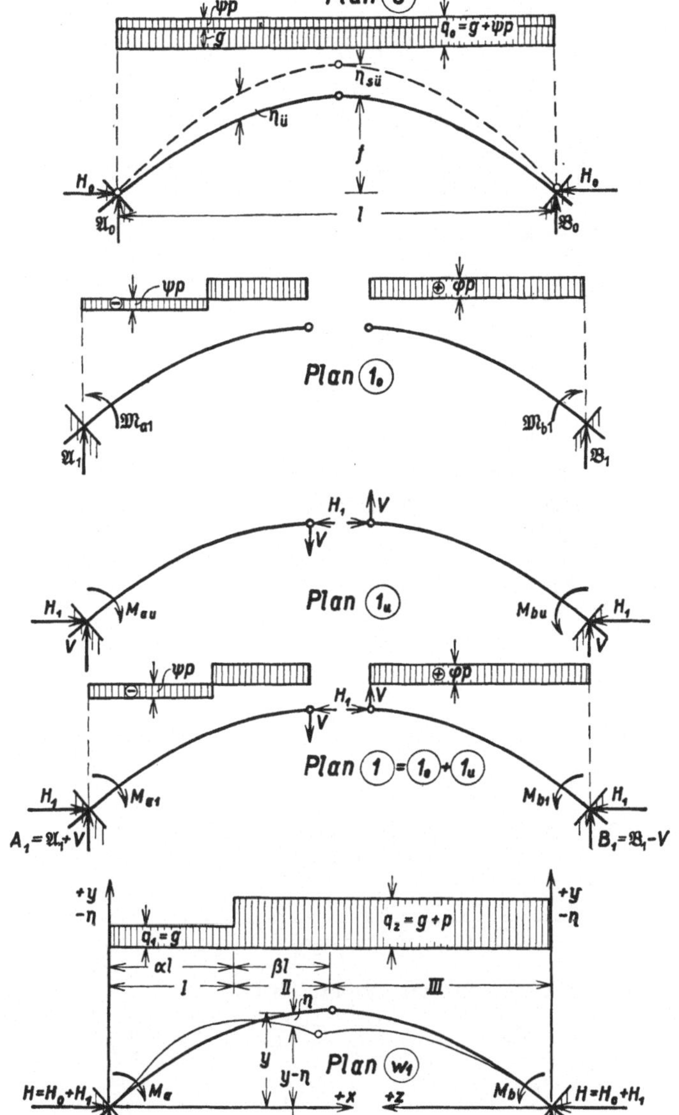

Abb. 54.

$\mathfrak{M}_0 =$ Biegemoment am Kragträger von der Spannweite $\dfrac{l}{2}$ (Plan $[1_0]$).

$H_0 =$ Horizontalschub am Formgebungssystem (Plan $[0]$).

$H_1 =$ Horizontalschub infolge der Zusatzbelastung nach Plan (1_0).

$V =$ Vertikalkraft im Scheitelgelenk (Plan $[1_\mathrm{u}]$).

$M_{au}, M_{bu} =$ Einspannmomente an den beiden Kämpfergelenken (Plan $[1_\mathrm{u}]$).

2. Die Gleichung der lotrechten Verschiebungsordinaten η.

Zur Berechnung der lotrechten Verschiebungen η wird die im ersten Teil unter I. 1. abgeleitete Differentialgleichung benützt, welche für parabolische Bogenträger mit konstanten Querschnittsgrößen F und J Gültigkeit besitzt.

Es ist:

$$\frac{d^2\eta}{dx^2} = -\frac{M_x}{EJ_0} - \frac{2H_1}{EF_0 r} \ . \tag{6}$$

Unter Benützung der Gl. (4) ergibt sich mit:

$$\frac{H_0 + H_1}{EJ_0} = c^2 \quad \text{und} \quad \frac{1}{H_0 + H_1}\left[\mathfrak{M}_1 - H_1\left(y - \frac{2J}{rF}\right) + Vx + M_{au}\right] = F(x)$$

die allgemeine Form:

$$\frac{d^2\eta}{dx^2} + c^2\eta + c^2 F(x) = 0 \ . \tag{7}$$

Das allgemeine Integral lautet:

$$\eta = A \sin cx + \cos cx - F(x) + \frac{1}{c^2} F''(x) \tag{8}$$

Für den allgemeimen Fall einer unsymmetrischen Belastung durch zwei verschieden große, gleichmäßig verteilte Streckenlasten $q_1 = g$ und $q_2 = g + p$ auf die Belastungslängen $x_0 = \alpha l$ bzw. $z_0 = (1 - \alpha) l$ ergibt sich für den Stetigkeitsbereich I:

$$F_I(x) = \frac{1}{H_0 + H_1}\left[\left(\frac{\varphi}{2} - \alpha\right) l p x + \left(x^2 - \frac{\varphi}{4}\right)\frac{l^2 p}{2} + \frac{\psi p}{2} x^2 - H_1\left(\frac{4f}{l} x - \frac{4f}{l^2} x^2 - \frac{2J}{rF}\right)\right.$$
$$\left. + Vx + M_{au}\right]$$

$$F_I''(x) = \frac{\psi p + \frac{8f}{l^2} H_1}{H_0 + H_1}$$

Für den Stetigkeitsbereich II:

$$F_{II}(x) = \frac{1}{H_0 + H_1}\left[\frac{\varphi p l}{2} x - \frac{\varphi p l^2}{8} - \frac{\varphi p}{2} x^2 - H_1\left(\frac{4f}{l} x - \frac{4f}{l^2} x^2 - \frac{2J}{rF}\right) + Vx + M_{au}\right]$$

$$F_{II}''(x) = -\frac{\varphi p - \frac{8f}{l^2} H_1}{H_0 + H_1} \ .$$

Für den Stetigkeitsbereich III:

$$F_{III}(z) = \frac{1}{H_0 + H_1}\left[\frac{\varphi p l}{2} z - \frac{\varphi p l^2}{8} - \frac{\varphi p}{2} z^2 - H_1\left(\frac{4f}{l} z - \frac{4f}{l^2} z^2 - \frac{2J}{rF}\right) - Vz + M_{bu}\right]$$

$$F_{III}''(z) = -\frac{\varphi p - \frac{8f}{l^2} H_1}{H_0 + H_1} \ .$$

Damit ergeben sich als Gleichungen der Einsenkungen η:

$$\eta_I = A_I \sin cx + B_I \cos cx - \frac{1}{H_0 + H_1}\left[\left(\frac{\varphi}{2} - \alpha\right) l p x + \left(\alpha^2 - \frac{\varphi}{4}\right)\frac{l^2 p}{2} + \frac{\psi p}{2} x^2 \right.$$
$$\left. - H_1\left(\frac{4f}{l} x - \frac{4f}{l^2} x^2 - \frac{2J}{rF}\right) + Vx + M_{au}\right] + \frac{\psi p + \frac{8f}{l^2} H_1}{c^2(H_0 + H_1)} \tag{9}$$

$$\eta_{II} = A_{II}\sin c\,x + B_{II}\cos c\,x - \frac{1}{H_0+H_1}\left[\frac{\varphi\,p\,l}{2}x - \frac{\varphi\,p\,l^2}{8} - \frac{\varphi\,p}{2}x^2\right.$$
$$\left. - H_1\left(\frac{4f}{l}x - \frac{4f}{l^2}x^2 - \frac{2J}{rF}\right) + V\,x + M_{au}\right] - \frac{\varphi\,p - \dfrac{8f}{l^2}H_1}{c^2(H_0+H_1)} \tag{10}$$

$$\eta_{III} = A_{III}\sin c\,z + B_{III}\cos c\,z - \frac{1}{H_0+H_1}\left[\frac{\varphi\,p\,l}{2}z - \frac{\varphi\,p\,l^2}{8}z^2 - \frac{\varphi\,p}{2}z^2\right.$$
$$\left. - H_1\left(\frac{4f}{l}z - \frac{4f}{l^2}z^2 - \frac{2J}{rF}\right) - V\,z + M_{bu}\right] - \frac{\varphi\,p - \dfrac{8f}{l^2}H_1}{c^2(H_0+H_1)}. \tag{11}$$

Aus der allgemeinen Gleichung für das Moment im Punkte x, $y - \eta$ in der Form:

$$M_x = (H_0+H_1)\left[A\sin c\,x + B\cos c\,x + \frac{1}{c^2}F''(x)\right] - \frac{2J}{rF}H_1 \tag{12}$$

ergeben sich:

$$M_I = (H_0+H_1)\left[A_I\sin c\,x + B_I\cos c\,x + \frac{\psi\,p + \dfrac{8f}{l^2}H_1}{c^2(H_0+H_1)}\right] - \frac{2J}{rF}H_1$$

$$M_{II} = (H_0+H_1)\left[A_{II}\sin c\,x + B_{II}\cos c\,x - \frac{\varphi\,p - \dfrac{8f}{l^2}H_1}{c^2(H_0+H_1)}\right] - \frac{2J}{rF}H_1 \tag{13}$$

$$M_{III} = (H_0+H_1)\left[A_{III}\sin c\,z + B_{III}\cos c\,z - \frac{\varphi\,p - \dfrac{8f}{l^2}H_1}{c^2(H_0+H_1)}\right] - \frac{2J}{rF}H_1.$$

Zur Bestimmung der Konstanten $A_I\,A_{II}\,A_{III}$, $B_I\,B_{II}\,B_{III}$, sowie der Größen V, M_{au}, M_{bu} und deren Darstellung als Funktionen des Horizontalschubes H dienen die Randbedingungen:

a) $x = 0 \qquad \eta_I = 0;$ e) $x = \dfrac{l}{2} \qquad M_{IIs} = 0$

b) $z = 0 \qquad \eta_{III} = 0;$ f) $z = \dfrac{l}{2} \qquad M_{IIIs} = 0$

c) $x = 0 \qquad \eta_I' = 0;$ g) $x = \alpha\,l \qquad \eta_I = \eta_{II}$

d) $z = 0 \qquad \eta_{III}' = 0;$ h) $x = \alpha\,l \qquad \eta_I' = \eta_{II}'$

$$\text{i)} \quad V = \frac{M_{bu} - M_{au}}{l}$$

Es ergibt sich aus a:

$$B_I = \frac{1}{H_0+H_1}\left[M_{au} + \left(\alpha^2 - \frac{\varphi}{4}\right)\frac{l^2 p}{2} + \frac{2J}{rF}H_1 + \frac{1}{c^2}\left(\psi\,p + \frac{8f}{l^2}H_1\right)\right] \tag{14}$$

aus b:

$$B_{III} = \frac{1}{H_0+H_1}\left[M_{bu} - \frac{\varphi\,p\,l^2}{8} + \frac{2J}{rF}H_1 + \frac{1}{c^2}\left(\varphi\,p - \frac{8f}{l^2}H_1\right)\right] \tag{15}$$

aus c:

$$A_I = \frac{1}{(H_0+H_1)\,c\,l}\left[\left(\frac{\varphi}{2} - \alpha\right)l^2 p - 4fH_1 + M_{bu} - M_{au}\right] \tag{16}$$

aus d:

$$A_{III} = \frac{1}{(H_0 + H_1)\,c\,l}\left[\frac{\varphi}{2}\,l^2 p - 4 f H_1 - M_{bu} + M_{au}\right] \tag{17}$$

aus g und h:

$$A_{II} = A_I + \frac{p}{c^2\,(H_0 + H_1)}\sin\alpha\,c\,l \tag{18}$$

$$B_{II} = B + \frac{p}{c^2\,(H + H_1)}\cos\alpha\,c\,l\,. \tag{19}$$

Unter Verwertung dieser Beziehungen erhält man aus e und f für M_{au} und M_{bu}:

$$M_{au} = \frac{-C_1\left(\frac{c\,l}{2}\sin c\,l - \sin^2\frac{c\,l}{2}\right) - C_2\left(c\,l\cos^2\frac{c\,l}{2} - \frac{\sin c\,l}{2}\right)}{c\,l\cos^2\frac{c\,l}{2} - \sin c\,l} \\ \frac{+ C_3\sin^2\frac{c\,l}{2} + C_4\frac{\sin c\,l}{2} - C_5\left(c\,l\cos\frac{c\,l}{2} - 2\sin\frac{c\,l}{2}\right)}{c\,l\cos^2\frac{c\,l}{2} - \sin c\,l} \tag{20}$$

$$M_{bu} = \frac{C_1\sin^2\frac{c\,l}{2} + C_2\frac{\sin c\,l}{2} - C_3\left(\frac{c\,l}{2}\sin c\,l - \sin^2\frac{c\,l}{2}\right) - C_4\left(c\,l\cos^2\frac{c\,l}{2} - \frac{\sin c\,l}{2}\right)}{c\,l\cos^2\frac{c\,l}{2} - \sin c\,l} \\ \frac{+ C_5\left(c\,l\cos\frac{c\,l}{2} - 2\sin\frac{c\,l}{2}\right)}{c\,l\cos^2\frac{c\,l}{2} - \sin c\,l}\,. \tag{21}$$

Darin ist zu setzen:

$$C_1 = \frac{l\,p}{c}\left(\frac{\varphi}{2} - \alpha\right) - \frac{4 f H_1}{c\,l} + \frac{p\sin\alpha\,c\,l}{c^2} \tag{22}$$

$$C_2 = -\frac{1}{c^2}\left(\psi\,p + \frac{8 f}{l^2}H_1\right) + \frac{2 J}{r F}H_1 + \left(\alpha^2 - \frac{\varphi}{4}\right)\frac{l^2 p}{2} + \frac{p\cos\alpha\,c\,l}{c^2} \tag{23}$$

$$C_3 = \frac{\varphi\,p\,l}{2\,c} - \frac{4 f}{c\,l}H_1 \tag{24}$$

$$C_4 = -\frac{\varphi\,p\,l^2}{8} + \frac{2 J}{r F}H_1 + \frac{1}{c^2}\left(\varphi p - \frac{8 f}{l^2}H_1\right) \tag{25}$$

$$C_5 = \frac{\varphi\,p}{c^2} - \frac{8 f}{c^2 l^2}H_1 + \frac{2 J}{r F}H_1\,. \tag{26}$$

3. Die Bestimmung des Horizontalschubes H aus der Arbeitsgleichung.

Es werden die nach dem Formgebungsvorgang geleisteten Arbeiten der äußeren und inneren Kräfte einander gleichgesetzt und dadurch eine weitere Beziehung zur Berechnung des Horizontalschubes H aufgestellt.

a) Die Arbeit der äußeren Kräfte.

Die Arbeit der äußeren Kräfte, die sich aus Verschiebungs- und Formänderungsarbeit zusammensetzt, ergibt:

$$A = \left(g + \frac{p}{2}\psi\right)\int_0^{\alpha l} \eta_I\,dx + \left[g + (1+\psi)\frac{p}{2}\right]\left(\int_{\alpha l}^{l/2}\eta_{II}\,dx + \int_0^{l/2}\eta_{III}\,dz\right).$$

b) Die Arbeit der inneren Kräfte.

Da von den Momenten nur Formänderungsarbeit geleistet wird, kann angeschrieben werden:

$$A_{iM} = \frac{1}{2\,EJ_0}\left[\int_0^{\alpha l} M_I^2\,dx + \int_{\alpha l}^{l/2} M_{II}^2\,dx + \int_0^{l/2} M_{III}^2\,dz\right].$$

Führt man vereinfachend:

$$N_0 = -\frac{H_0}{\cos\varphi_v} = \text{const} \qquad N_1 = -\frac{H_1}{\cos\varphi_v} = \text{const}$$

ein, so berechnet sich die von den Normalkräften geleistete Verschiebungs- und Formänderungsarbeit aus:

$$A_{iN} = \frac{1}{EF_0}\left[\int_0^l N_0 N_1\,dx + \frac{1}{2}\int_0^l N_1^2\,dx\right] = \frac{H_1 l}{2\,EF_0\cos^2\varphi_v}(H_1 + 2H_0).$$

Damit ergibt sich die vollständige Arbeitsgleichung in endgültiger Form:

$$\left(g + \psi\frac{p}{2}\right)\left(\frac{A_I}{c}(1-\cos\alpha cl) + \frac{B_I}{c}\sin\alpha cl - \frac{\alpha l^3 p}{2(H_0+H_1)}\left[\frac{\varphi}{2}\left(\alpha - \frac{1}{2}\right) + \frac{\alpha^2\psi}{3}\right]\right.$$

$$+ \frac{H_1\alpha l}{H_0+H_1}\left(2\alpha f - \frac{4}{3}\alpha^2 f - \frac{2J}{rF}\right) - \frac{\alpha l}{2(H_0+H_1)}(V\alpha l + 2M_{au})$$

$$\left.+ \frac{\alpha l}{c^2(H_0+H_1)}\left(\psi p + \frac{8f}{l^2}H_1\right)\right) + \left[g + (1+\psi)\frac{p}{2}\right]\left(\frac{A_{II}}{c}\left(1-\cos\frac{cl}{2}\right)\right.$$

$$+ \frac{B_{II}}{c}\sin\frac{cl}{2} - \frac{l}{4(H_0+H_1)}\left(2M_{au} + \frac{Vl}{2} - \frac{\varphi p l^2}{12}\right) + \frac{H_1 l}{2(H_0+H_1)}\left(\frac{2}{3}f - \frac{2J}{rF}\right)$$

$$- \frac{l}{2c^2(H_0+H_1)}\left(\varphi p - \frac{8f}{l^2}H_1\right)\right) - \left[g + (1+\psi)\frac{p}{2}\right]\left(\frac{A_{II}}{c}(1-\cos\alpha cl)\right.$$

$$+ \frac{B_{II}}{c}\sin\alpha cl - \frac{\alpha l}{2(H_0+H_1)}\left[\frac{\varphi p l^2}{12}(6-4\alpha^2-3) + V\alpha l + 2M_{au}\right]$$

$$\left.+ \frac{H_1\alpha l}{(H_0+H_1)}\left(2\alpha f - \frac{4}{3}\alpha^2 f - \frac{2J}{rF}\right) - \frac{\alpha l}{c^2(H_0+H_1)}\left(\varphi p - \frac{8f}{l^2}H_1\right)\right)$$

$$+ \left[g + (1+\psi)\frac{p}{2}\right]\left(\frac{A_{III}}{c}\left(1-\cos\frac{cl}{2}\right) + \frac{B_{III}}{c}\sin\frac{cl}{2} - \frac{1}{4(H_0+H_1)}\right.$$

$$\left(2M_{bu} - \frac{Vl}{2} - \frac{\varphi p l^2}{12}\right) + \frac{H_1 l}{2(H_0+H_1)}\left(\frac{2}{3}f - \frac{2J}{rF}\right) - \frac{l}{2c^2(H_0+H_1)}$$

$$
\begin{aligned}
\left(\varphi p - \frac{8f}{l^2} H_1\right)\Big) &= \frac{(H_0+H_1)^2}{4cEJ_0}\Bigg(\Bigg\{ A_I^2\left(\alpha cl - \frac{\sin 2\alpha cl}{2}\right) + A_I B_I \\
&\quad (1-\cos 2\alpha cl) + \frac{4A_I(1-\cos\alpha cl)}{H_0+H_1}\left[\frac{\psi p}{c^2} + H_1\left(\frac{8f}{c^2 l^2} - \frac{2J}{rF}\right)\right] \\
&\quad + B_I^2\left(\alpha cl + \frac{\sin 2\alpha cl}{2}\right) + \frac{4B_I \sin\alpha cl}{H_0+H_1}\left[\frac{\psi p}{c^2} + H_1\left(\frac{8f}{c^2 l^2} - \frac{2J}{rF}\right)\right] \\
&\quad + \frac{2\alpha cl}{(H_0+H_1)^2}\left[\frac{\psi p}{c^2} + H_1\left(\frac{8f}{c^2 l^2} - \frac{2J}{rF}\right)\right]^2 \Bigg\} + \Bigg\{ \frac{A_{II}^2(cl-\sin cl)}{2} \\
&\quad + A_{II} B_{II}(1-\cos cl) - \frac{4A_{II}\left(1-\cos\dfrac{cl}{2}\right)}{H_0+H_1}\left[\frac{\varphi p}{c^2} - H_1\left(\frac{8f}{c^2 l^2} - \frac{2J}{rF}\right)\right] \\
&\quad + B_{II}^2\frac{cl+\sin cl}{2} - \frac{4B_{II}\sin\dfrac{cl}{2}}{H_0+H_1}\left[\frac{\varphi p}{c^2} - H_1\left(\frac{8f}{c^2 l^2} - \frac{2J}{rF}\right)\right] \\
&\quad + \frac{cl}{(H_0+H_1)^2}\left[\frac{\varphi p}{c^2} - H_1\left(\frac{8f}{c^2 l^2} - \frac{2J}{rF}\right)\right]^2 \Bigg\} - \Bigg\{ A_{II}^2\left(\alpha cl - \frac{\sin 2c\alpha l}{2}\right) \\
&\quad + A_{II} B_{II}(1-\cos 2\alpha cl) + B_{II}^2\left(\alpha cl + \frac{\sin 2\alpha cl}{2}\right) - \frac{4A_{II}(1-\cos\alpha cl)}{(H_0+H_1)} \\
&\quad \left[\frac{\varphi p}{c^2} - H_1\left(\frac{8f}{c^2 l^2} - \frac{2J}{rF}\right)\right] - \frac{4B_{II}\sin\alpha cl}{H_0+H_1}\left[\frac{\varphi p}{c^2} - H_1\left(\frac{8f}{c^2 l^2} - \frac{2J}{rF}\right)\right] \\
&\quad + \frac{2\alpha cl}{(H_0+H_1)^2}\left[\frac{\varphi p}{c^2} - H_1\left(\frac{8f}{c^2 l^2} - \frac{2J}{rF}\right)\right]^2 \Bigg\} + \Bigg\{ A_{III}^2\frac{cl-\sin cl}{2} \\
&\quad + A_{III} B_{III}(1-\cos cl) - \frac{4A_{III}\left(1-\cos\dfrac{cl}{2}\right)}{(H_0+H_1)}\left[\frac{\varphi p}{c^2} - H_1\left(\frac{8f}{c^2 l^2} - \frac{2J}{rF}\right)\right] \\
&\quad + B_{III}^2\frac{cl+\sin cl}{2} - \frac{4B_{III}\sin\dfrac{cl}{2}}{H_0+H_1}\left[\frac{\varphi p}{c^2} - H_1\left(\frac{8f}{c^2 l^2} - \frac{2J}{rF}\right)\right] \\
&\quad + \frac{cl}{(H_0+H_1)^2}\left[\frac{\varphi p}{c^2} - H_1\left(\frac{8f}{c^2 l^2} - \frac{2J}{rF}\right)\right]^2 \Bigg\} + \frac{H_1 l(H_1+2H_0)}{2EF_0\cos^2\varphi_v}.
\end{aligned}
\tag{27}
$$

Aus dieser Gleichung ist nach der Annahme von System- und Querschnittsabmessungen für gegebene Belastungen und Belastungslängen H durch Probieren zu ermitteln.

Um den allgemeinen Fall der symmetrisch zum Bogenscheitel angeordneten Belastung durch zwei verschieden große, gleichmäßig verteilte Lasten $q_1 = g$ und $q_2 = g + p$ entsprechend dem Lastfall (w_2) zu erhalten, ist dem Belastungszustand (o) der Formgebung der ergänzende Belastungszustand (2) hinzuzufügen, so daß

$$(o) + (2) = (w_2)$$

bzw.

$$(o) + (2_o) + (2_u) = (w_2),$$

wenn man den Belastungszustand (2) selbst wieder zerlegt in:

$$(2) = (2_o) + (2_u) \quad \text{(vgl. Abb. 55).}$$

Aus Gründen der Symmetrie ist:

$$M_{au} = M_{bu} = M_u \quad \text{und} \quad V = \frac{M_{bu} - M_{au}}{l} = 0 \text{ zu setzen.}$$

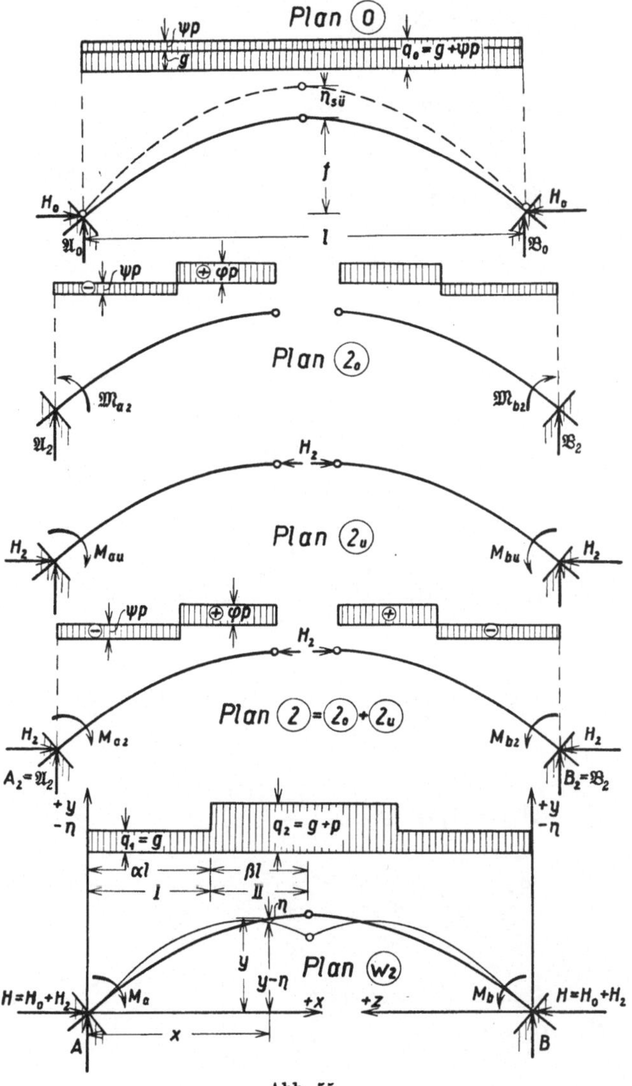

Abb. 55.

Es ergeben sich dann die Gleichungen der Einsenkungen η:

$$\left.\begin{aligned}
\eta_I = {}& A_I \sin c\,x + B_I \cos c\,x - \frac{1}{H_0 + H_2}\left[\left(\frac{\varphi}{2} - \alpha\right) l\,p\,x + \left(\alpha^2 - \frac{\varphi}{4}\right)\frac{l^2 p}{2}\right.\\[2mm]
&+ \frac{\psi p}{2} x^2 - H_2\left(\frac{4f}{l} x - \frac{4f}{l^2} x^2 - \frac{2J}{rF}\right) + M_u\right] + \frac{\psi p + \frac{8f}{l^2} H_2}{c^2 (H_0 + H_2)}
\end{aligned}\right\} \quad (28)$$

$$\eta_{II} = A_{II} \sin c\,x + B_{II} \cos c\,x - \frac{1}{H_0 + H_2} \left[\frac{\varphi p\, l^2}{2}\, x - \frac{\varphi p\, l^2}{8} - \frac{\varphi p}{2}\, x^2 \right.$$

$$\left. - H_2 \left(\frac{4f}{l}\, x - \frac{4f}{l^2}\, x^2 - \frac{2J}{rF} \right) + M_u \right] - \frac{\varphi p - \dfrac{8f}{l^2} H_2}{c^2 (H_0 + H_2)}. \tag{29}$$

Die Momente berechnen sich aus:

$$M_I = (H_0 + H_2) \left[A_I \sin c\,x + B_I \cos c\,x + \frac{\psi p + \dfrac{8f}{l^2} H_2}{c^2 (H_0 + H_2)} \right] - \frac{2J}{rF} H_2$$

$$M_{II} = (H_0 + H_2) \left[A_{II} \sin c\,x + B_{II} \cos c\,x - \frac{\varphi p - \dfrac{8f}{l^2} H_2}{c^2 (H_0 + H_2)} \right] - \frac{2J}{rF} H_2 \tag{30}$$

Zur Bestimmung der Konstanten $A_I\, A_{II}$, $B_I\, B_{II}$ sowie der Größe M_u und deren Darstellung als Funktionen des Horizontalschubes H dienen die Randbedingungen:

a) $x = 0$ $\quad \eta_I = 0$; $\qquad$ c) $x = \alpha l$ $\quad \eta_I = \eta_{II}$;

b) $x = 0$ $\quad \eta_I' = 0$; $\qquad$ d) $x = \alpha l$ $\quad \eta_I' = \eta_{II}'$;

$\qquad$ e) $x = \dfrac{l}{2}$, $\qquad M_{IIs} = 0$.

Aus a folgt:

$$M_u = (H_0 + H_2) \left[B_I + \frac{\psi p + \dfrac{8f}{l^2} H_2}{c^2 (H_0 + H_2)} \right] - \left(\alpha^2 - \frac{\varphi}{4} \right) \frac{l^2 p}{2} - \frac{2J}{rF} H_2 \tag{31}$$

aus b:

$$A_I = \frac{p\,l}{c (H_0 + H_2)} \left(\frac{\varphi}{2} - \alpha \right) - \frac{H_1}{(H_0 + H_2)} \frac{4f}{c\,l} \tag{32}$$

aus c und d:

$$A_{II} = A_I + \frac{p \sin \alpha\, c\,l}{c^2 (H_0 + H_2)} \tag{33}$$

$$B_{II} = B_I + \frac{p \cos \alpha\, c\,l}{c^2 (H_0 + H_2)} \tag{34}$$

aus e:

$$B_I = \frac{1}{(H_0 + H_2) \cos \dfrac{c\,l}{2}} \left[\frac{\varphi p}{c^2} - H_1 \left(\frac{8f}{c^2 l^2} - \frac{2J}{rF} \right) \right] - \frac{p \cos \alpha\, c\,l}{c^2 (H_0 + H_2)} - A_{II} \operatorname{tg} \frac{c\,l}{2}. \tag{35}$$

Aus der Arbeitsgleichung:

$$(2g + \psi p) \int_0^{\alpha l} \eta_I\, d\,x + [2g + (1 + \psi)\, p] \int_{\alpha l}^{l/2} \eta_{II}\, d\,x = \frac{1}{EJ_0} \left[\int_0^{\alpha l} M_I^2\, d\,x + \int_{\alpha l}^{l/2} M_{II}^2\, d\,x \right]$$

$$+ \frac{1}{EF_0} \left[\int_0^{l} N_0 N_2\, d\,x + \frac{1}{2} \int_0^{l} N_2^2\, d\,x \right]$$

ergibt sich die endgültige Form:

$$
\begin{aligned}
&(2g+\psi p)\left(\frac{A_I}{c}(1-\cos\alpha cl)+\frac{B_I}{c}\sin\alpha cl-\frac{\alpha l^3 p}{2(H_0+H_2)}\left[\frac{\varphi}{2}\left(\alpha-\frac{1}{2}\right)+\frac{\alpha^2\psi}{3}\right]\right.\\
&\left.+\frac{H_2\alpha l}{H_0+H_2}\left(2\alpha f-\frac{4}{3}\alpha^2 f-\frac{2J}{rF}\right)-\frac{\alpha l M_u}{(H_0+H_2)}+\frac{\alpha l}{c^2(H_0+H_2)}\left(\psi p+\frac{8f}{l^2}H_2\right)\right)\\
&+[2g+(1+\psi)p]\left(\frac{A_{II}}{c}\left(1-\cos\frac{cl}{2}\right)+\frac{B_{II}}{c}\sin\frac{cl}{2}-\frac{l}{4(H_0+H_2)}\left(2M_u-\frac{\varphi p l^2}{12}\right)\right.\\
&\left.+\frac{H_2 l}{2(H_0+H_2)}\left(\frac{2}{3}f-\frac{2J}{rF}\right)-\frac{l}{2c^2(H_0+H_2)}\left(\varphi p-\frac{8f}{l^2}H_2\right)\right)\\
&-[2g+(1+\psi)p]\left(\frac{A_{II}}{c}(1-\cos\alpha cl)+\frac{B_{II}}{c}\sin\alpha cl-\frac{\alpha l}{2(H_0+H_2)}\right.\\
&\left[\frac{\varphi p l^2}{12}(6\alpha-4\alpha^2-3)+2M_u\right]+\frac{H_2\alpha l}{(H_0+H_2)}\left(2\alpha f-\frac{4}{3}\alpha^2 f-\frac{2J}{rF}\right)\\
&\left.-\frac{\alpha l}{c^2(H_0+H_2)}\left(\varphi p-\frac{8f}{l^2}H_2\right)\right)=\frac{(H_0+H_2)^2}{2cEJ_0}\left(\left\{A_I^2\left(\alpha cl-\frac{\sin 2\alpha cl}{2}\right)\right.\right.\\
&+A_I B_I(1-\cos 2\alpha cl)+\frac{4A_I(1-\cos\alpha cl)}{H_0+H_2}\left[\frac{\psi p}{c^2}+H_2\left(\frac{8f}{c^2 l^2}-\frac{2J}{rF}\right)\right]\\
&+B_I^2\left(\alpha cl+\frac{\sin 2\alpha cl}{2}\right)+\frac{4B_I\sin\alpha cl}{H_0+H_2}\left[\frac{\psi p}{c^2}+H_2\left(\frac{8f}{c^2 l^2}-\frac{2J}{rF}\right)\right]\\
&\left.+\frac{2\alpha cl}{(H_0+H_2)^2}\left[\frac{\psi p}{c^2}+H_2\left(\frac{8f}{c^2 l^2}-\frac{2J}{rF}\right)\right]^2\right\}+\left\{A_{II}^2\frac{cl-\sin cl}{2}+A_{II}B_{II}(1-\cos cl)\right.\\
&-\frac{4A_{II}\left(1-\cos\frac{cl}{2}\right)}{H_0+H_2}\left[\frac{\varphi p}{c^2}-H_2\left(\frac{8f}{c^2 l^2}-\frac{2J}{rF}\right)\right]+B_{II}^2\frac{cl+\sin cl}{2}-\frac{4B_{II}\sin\frac{cl}{2}}{H_0+H_2}\\
&\left.\left[\frac{\varphi p}{c^2}-H_2\left(\frac{8f}{c^2 l^2}-\frac{2J}{rF}\right)\right]+\frac{cl}{(H_0+H_2)^2}\left[\frac{\varphi p}{c^2}-H_2\left(\frac{8f}{c^2 l^2}-\frac{2J}{rF}\right)\right]^2\right\}\\
&-\left\{A_{II}^2\left(\alpha cl-\frac{\sin 2\alpha cl}{2}\right)+A_{II}B_{II}(1-\cos 2\alpha cl)+B_{II}^2\left(\alpha cl+\frac{\sin 2\alpha cl}{2}\right)\right.\\
&-\frac{4A_{II}(1-\cos\alpha cl)}{H_0+H_2}\left[\frac{\varphi p}{c^2}-H_2\left(\frac{8f}{c^2 l^2}-\frac{2J}{rF}\right)\right]-\frac{4B_{II}\sin\alpha cl}{H_0+H_2}\left[\frac{\varphi p}{c^2}-H_2\left(\frac{8f}{c^2 l^2}-\frac{2J}{rF}\right)\right]\\
&\left.\left.+\frac{2\alpha cl}{(H_0+H_2)^2}\left[\frac{\varphi p}{c^2}-H_2\left(\frac{8f}{c^2 l^2}-\frac{2J}{rF}\right)\right]^2\right\}+\frac{H_2(H_2+2H_0)l}{2EF_0\cos^2\varphi_v}\right)
\end{aligned}
\tag{36}
$$

4. Anwendung und Zahlenbeispiel.

Die Berechnung der Überhöhungen $\eta_ü$ des für die Formgebung zunächst als Dreigelenkbogen ausgebildeten Eingelenkbogens erfolgte schon anläßlich der Durchführung des Zahlenbeispieles für den Dreigelenkbogen (vgl. S. 91).

Für die Zahlenwerte:

$$l = 212{,}00\ \text{m} \qquad F = 0{,}319\ \text{m}^2 \qquad g = 8{,}80\ \text{t/m}$$

$$f = 21{,}25\ \text{m} \qquad J = 0{,}460\ \text{m}^4 \qquad p = 4{,}20\ \text{t/m}$$

$$W = 0{,}358\ \text{m}^3 \qquad E = 21\,000\,000\ \text{t/m}^2$$

und die für die Berechnung der Überhöhungen $\eta_{\ddot u}$ maßgebende Formgebungsbelastung $q = g + \dfrac{p}{2}$ war:

$$\eta_{\ddot u} = 0{,}002\,129\,79\,x - 0{,}000\,001\,659\,4\,x^2$$

und die maximale Überhöhung $\eta_{s\ddot u}$ im Bogenscheitel:

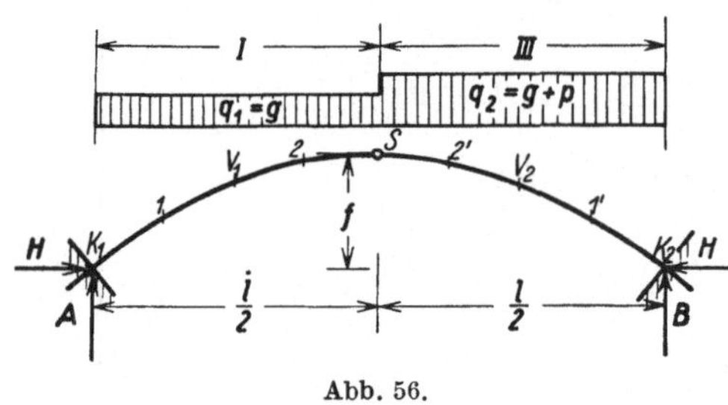

Abb. 56.

$$\eta_{s\ddot u} = 20{,}71 \text{ cm.}$$

Der nach dem Absinken des Bogens auftretende Horizontalschub H_0 berechnete sich aus:

$$H_0 = \frac{\left(g + \dfrac{p}{2}\right) l^2}{8 f} = 2881{,}70 \text{ t.}$$

Setzt man im allgemeinen Belastungsfall (w_1) den Wert $\alpha = \tfrac{1}{2}$ und entsprechend der Formgebungsbelastung $q = g + \dfrac{p}{2}$ die Zahlen $\psi = \varphi = \tfrac{1}{2}$ ein, so steht der Eingelenkbogen unter ruhender Last $g = q_1$ und halbseitiger Verkehrsbelastung $p = q_2 - q_1$ (vgl. Abb. 56).

Der Stetigkeitsbereich II verschwindet und für die Bereiche I und III ergeben sich die Konstanten:

$$B_I = \frac{1}{H}[M_{au} + C_2] \qquad\qquad A_I = \frac{1}{H}\left[\frac{M_{bu} - M_{au}}{cl} + C_1\right]$$

$$B_{III} = \frac{1}{H}[M_{bu} + C_4] \qquad\qquad A_{III} = \frac{1}{H}\left[\frac{M_{au} - M_{bu}}{cl} + C_3\right]$$

$$C_1 = -\frac{1}{cl}\left(\frac{p l^2}{4} + 4 f H_1\right) \qquad\qquad C_4 = -\frac{p l^2}{16} + \frac{2 J H_1}{rF} + \frac{1}{c^2}\left(\frac{p}{2} - \frac{H_1}{r}\right)$$

$$C_2 = \frac{p l^2}{16} + \frac{2 J H_1}{rF} - \frac{1}{c^2}\left(\frac{p}{2} + \frac{H_1}{r}\right) \qquad C_5 = -\left[\frac{1}{c^2}\left(\frac{p}{2} - \frac{H_1}{r}\right) + \frac{2 J H_1}{rF}\right]$$

$$C_3 = \frac{1}{cl}\left(\frac{p l^2}{4} - 4 f H_1\right) \qquad\qquad C_6 = +\left[\frac{1}{c^2}\left(\frac{p}{2} + \frac{H_1}{r}\right) - \frac{2 J H_1}{rF}\right].$$

Die Kämpfermomente M_{bu} und M_{au} berechnen sich aus:

$$M_{bu} = \frac{C_1 \cdot \sin^2\dfrac{cl}{2} + C_2\,\dfrac{\sin cl}{2} - C_3\left(cl\dfrac{\sin cl}{2} - \sin^2\dfrac{cl}{2}\right) - C_4\left(cl\cos^2\dfrac{cl}{2} - \dfrac{\sin cl}{2}\right)}{cl\cos^2\dfrac{cl}{2} - \sin cl}$$

$$\frac{-C_5\left(cl\cos\dfrac{cl}{2} - \sin\dfrac{cl}{2}\right) + C_6\sin\dfrac{cl}{2}}{cl\cos^2\dfrac{cl}{2} - \sin cl}$$

$$M_{au} = \frac{-C_1\left(cl\cdot\sin\dfrac{cl}{2}\cos\dfrac{cl}{2} - \sin^2\dfrac{cl}{2}\right) - C_2\left(cl\cos^2\dfrac{cl}{2} - \sin\dfrac{cl}{2}\cos\dfrac{cl}{2}\right)}{cl\cos^2\dfrac{cl}{2} - \sin cl}$$

$$\frac{-C_6\left(cl\cdot\cos\dfrac{cl}{2} - \sin\dfrac{cl}{2}\right) + C_3\sin^2\dfrac{cl}{2} + C_4\sin\dfrac{cl}{2}\cos\dfrac{cl}{2} + C_5\sin\dfrac{cl}{2}}{cl\cos^2\dfrac{cl}{2} - \sin cl}$$

Die Arbeitsgleichung erhält die Form:

$$\left(g+\frac{p}{4}\right)\left[\frac{A_I}{c}\left(1-\cos\frac{cl}{2}\right)+\frac{B_I}{c}\sin\frac{cl}{2}-\frac{pl^3}{96H}+\frac{lH_1}{2H}\left(\frac{2}{3}f-\frac{2J}{rF}\right)-\frac{l}{8H}\left(M_{bu}+3M_{au}\right)\right.$$

$$+\frac{l}{2c^2H}\left(\frac{p}{2}+\frac{H_1}{r}\right)\Bigg]+\left(g+\frac{3}{4}p\right)\left[\frac{A_{III}}{c}\left(1-\cos\frac{cl}{2}\right)+\frac{B_{III}}{c}\sin\frac{cl}{2}\right.$$

$$-\frac{l}{8H}\left(3M_{bu}+M_{au}-\frac{pl^2}{12}\right)+\frac{H_1l}{2H}\left(\frac{2}{3}f-\frac{2J}{rF}\right)-\frac{l}{2c^2H}\left(\frac{p}{2}-\frac{H_1}{r}\right)\Bigg]$$

$$=\frac{H^2}{4cEJ_0}\left(\Bigg\{A_I^2\left(\frac{cl}{2}-\frac{\sin cl}{2}\right)+A_IB_I(1-\cos cl)+\frac{4A_I\left(1-\cos\frac{cl}{2}\right)}{H}\left[\frac{p}{2c^2}+\frac{H_1}{rc^2}-\frac{2J}{rF}H_1\right]\right.$$

$$+B_I^2\left(\frac{cl}{2}+\frac{\sin cl}{2}\right)+\frac{4B_I\sin\frac{cl}{2}}{H}\left[\frac{p}{2c^2}+\frac{H_1}{rc^2}-\frac{2J}{rF}H_1\right]+\frac{cl}{H^2}\left[\frac{p}{2c^2}+\frac{H_1}{rc^2}-\frac{2J}{rF}H_1\right]^2\Bigg\}$$

$$+\Bigg\{A_{III}^2\frac{cl-\sin cl}{2}+A_{III}B_{III}(1-\cos cl)-\frac{4A_{III}\left(1-\cos\frac{cl}{2}\right)}{H}\left[\frac{p}{2c^2}-\frac{H_1}{rc^2}+\frac{2J}{rF}H_1\right]$$

$$+B_{III}^2\frac{cl+\sin cl}{2}-\frac{4B_{III}\sin\frac{cl}{2}}{H}\left[\frac{p}{2c^2}-\frac{H_1}{rc^2}+\frac{2J}{rF}H_1\right]+\frac{cl}{H^2}\left[\frac{p}{2c^2}-\frac{H_1}{rc^2}+\frac{2J}{rF}H_1\right]^2\Bigg\}\right)$$

$$+\frac{H_1l(H_1+2H_0)}{2EF_0\cos^2\varphi_v}\,.$$

Bei der probeweisen Annahme des Horizontalschubes $H=H_0+H_1$ $=2882,03$ t erhält man:

$$cl=l\sqrt{\frac{H}{EJ_0}}=3,698\,071$$

$$\sin cl=-0,528\,199 \qquad \sin\frac{cl}{2}=0,961\,541$$

$$\cos cl=-0,849\,121 \qquad \cos\frac{cl}{2}=-0,274\,662$$

$$C_1=-12\,768,60 \qquad C_3=+12\,753,46 \qquad C_5=-6897,36$$
$$C_2=+4892,23 \qquad C_4=-4900,44 \qquad C_5=+6905,57$$
$$B_I=-1,236\,48 \qquad A_I=-2,844\,99$$
$$B_{III}=+1,228\,71 \qquad A_{III}=+8441,61 \text{ tm}$$
$$M_{au}=-8455,82 \text{ tm} \qquad M_{bu}=+8441,61 \text{ tm.}$$

Als Arbeit der äußeren Kräfte erhält man:

$$\left(g+\frac{p}{4}\right)\left[\frac{A_I}{c}\left(1-\cos\frac{cl}{2}\right)+\frac{B_I}{c}\sin\frac{cl}{2}-\frac{pl^3}{96H}+\frac{lH_1}{2H}\left(\frac{2}{3}f-\frac{2J}{rF}\right)-\frac{l}{8H}\left(M_{bu}-3M_{au}\right)\right.$$

$$+\frac{l}{2c^2H}\left(\frac{p}{2}+\frac{H_1}{r}\right)\Bigg]+\left(g+\frac{3}{4}p\right)\left[\frac{A_{III}}{c}\left(1-\cos\frac{cl}{2}\right)+\frac{B_{III}}{c}\sin\frac{cl}{2}\right.$$

$$-\frac{l}{8H}\left(3M_{bu}+M_{au}-\frac{pl^2}{12}\right)+\frac{H_1l}{2H}\left(\frac{2}{3}f-\frac{2J}{rF}\right)-\frac{l}{2c^2H}\left(\frac{p}{2}-\frac{H_1}{r}\right)\Bigg]=27,082 \text{ tm.}$$

Als Arbeit der inneren Kräfte erhält man:

$$\frac{H^2}{4\,c\,E\,J_0}\left(\left\{A_I^2\frac{c\,l-\sin c\,l}{2}+A_I\,B_I\,(1-\cos c\,l)+\frac{4\,A_I\left(1-\cos\dfrac{c\,l}{2}\right)}{H}\left[\frac{p}{2\,c^2}+\frac{H_1}{r\,c^2}-\frac{2\,J}{r\,F}H_1\right]\right.$$

$$+B_I^2\frac{c\,l+\sin c\,l}{2}+\frac{4\,B_I\sin\dfrac{c\,l}{2}}{H}\left[\frac{p}{2\,c^2}+\frac{H_1}{r\,c^2}-\frac{2\,J}{r\,F}H_1\right]+\frac{c\,l}{H^2}\left[\frac{p}{2\,c^2}+\frac{H_1}{r\,c^2}-\frac{2\,J}{r\,F}H_1\right]^2\right\}$$

$$+\left\{A_{III}^2\frac{c\,l-\sin c\,l}{2}+A_{III}\,B_{III}\,(1-\cos c\,l)-\frac{4\,A_{III}\left(1-\cos\dfrac{c\,l}{2}\right)}{H}\left[\frac{p}{2\,c^2}-\frac{H_1}{r\,c^2}+\frac{2\,J}{r\,F}H_1\right]\right.$$

$$+B_{III}^2\frac{c\,l+\sin c\,l}{2}-\frac{4\,B_{III}\sin\dfrac{c\,l}{2}}{H}\left[\frac{p}{2\,c^2}-\frac{H_1}{r\,c^2}+\frac{2\,J}{r\,F}H_1\right]+\frac{c\,l}{H^2}\left[\frac{p}{2\,c^2}-\frac{H_1}{r\,c^2}+\frac{2\,J}{r\,F}H_1\right]^2\right\}\right)$$

$$+\frac{H_1\,l\,(H_1+2\,H_0)}{2\,E\,F_0\cos^2\varphi_v}=27{,}854+0{,}032=27{,}886\ \text{tm}\ .$$

Durch die genügende Übereinstimmung der Arbeit der äußeren und inneren Kräfte wird die Richtigkeit der Annahme des Horizontalschubes $H=2882{,}03$ t bestätigt. Momente und Normalkräfte im linken Kämpfer berechnen sich aus:

$$M_a=M_{K1}=H\,B_I+C_6=+3341{,}98\ \text{tm}\qquad N_{K1}=-\frac{H}{\cos\varphi_k}=-3105\ \text{t}.$$

Im rechten Kämpfer wird:

$$M_b=M_{K2}=H\,B_{III}+C_5=-3356{,}19\ \text{tm}\qquad N_{K2}=-3105\ \text{t}.$$

Im linken Bogenviertel ergibt sich:

$$M_{V1}=H\,A_I\sin\frac{c\,l}{4}+H\,B_I\cos\frac{c\,l}{4}+C_6=-1786{,}28\ \text{tm}$$

$$N_{V1}=-\frac{H}{\cos\varphi_v}=-2935\ \text{t}.$$

Im rechten Bogenviertel erhält man:

$$M_{V2}=H\,A_{III}\sin\frac{c\,l}{4}+H\,B_{III}\cos\frac{c\,l}{4}+C_5=+1768{,}86\ \text{tm}$$

$$N_{V2}=-2935\ \text{t}.$$

Damit ergibt die Bestimmung der größten Randspannungen σ:

$$\sigma_{k1}=-\frac{3342}{0{,}358}-\frac{3105}{0{,}319}=-1906\ \text{kg/cm}^2$$

$$\sigma_{k2}=-\frac{3356}{0{,}358}-\frac{3105}{0{,}319}=-1910\ \text{kg/cm}^2$$

$$\sigma_{v1}=-\frac{1786}{0{,}358}-\frac{2935}{0{,}319}=-1418\ \text{kg/cm}^2$$

$$\sigma_{v2}=-\frac{1768}{0{,}358}-\frac{2935}{0{,}319}=-1389\ \text{kg/cm}^2\ .$$

Ohne Berücksichtigung des Einflusses der Systemverformung war:

$$\sigma_{k1}=-1535\ \text{kg/cm}^2$$

$$\sigma_{k2}=-2022\quad\text{,,}$$

$$\sigma_{v1}=-1382\quad\text{,,}$$

$$\sigma_{v2}=-1260\quad\text{,,}$$

Diese Werte werden bei der abschließenden Zusammenstellung und Verarbeitung aller Zahlenergebnisse auf S. 132 noch einmal angeführt und kritisch besprochen.

IV. Der beiderseits eingespannte, gelenklose Bogen.

1. Die Formgebung.

Nach Anordnung von Gelenken in den beiden Kämpfern und im Scheitel wird der eingespannte Bogen in der im zweiten Teil unter Abschnitt A beschriebenen Weise zunächst als Dreigelenkbogen so überhöht, daß er bei einer gleichmäßig über die ganze Stützweite verteilten Belastung durch $g + \psi\, p$ auf die der weiteren Berechnung zugrunde gelegte Bogenform einer Parabel von der Gleichung

$$y = \frac{4f}{l^2}\, x\,(l - x) \qquad (1)$$

einsinkt. Dann fällt für diesen Belastungsfall die Stützlinie mit der Bogenachse zusammen und es ist für jeden Bogenpunkt:

$$M_0 = \mathfrak{M}_0 - H_0\, y = 0 \,. \quad (2)$$

Darin bedeute $\mathfrak{M}_0$ das beim Belastungsfall (0) auftretende Biegemoment eines freiaufliegenden Trägers gleicher Spannweite.

Der dazugehörige Horizontalschub H_0 bestimmt sich aus:

$$H_0 = \frac{(g + \psi\, p)\, l^2}{8\, f} \,. \quad (3)$$

Während der Belastung durch $g + \psi\, p$ und nach dem Absenken des Drei

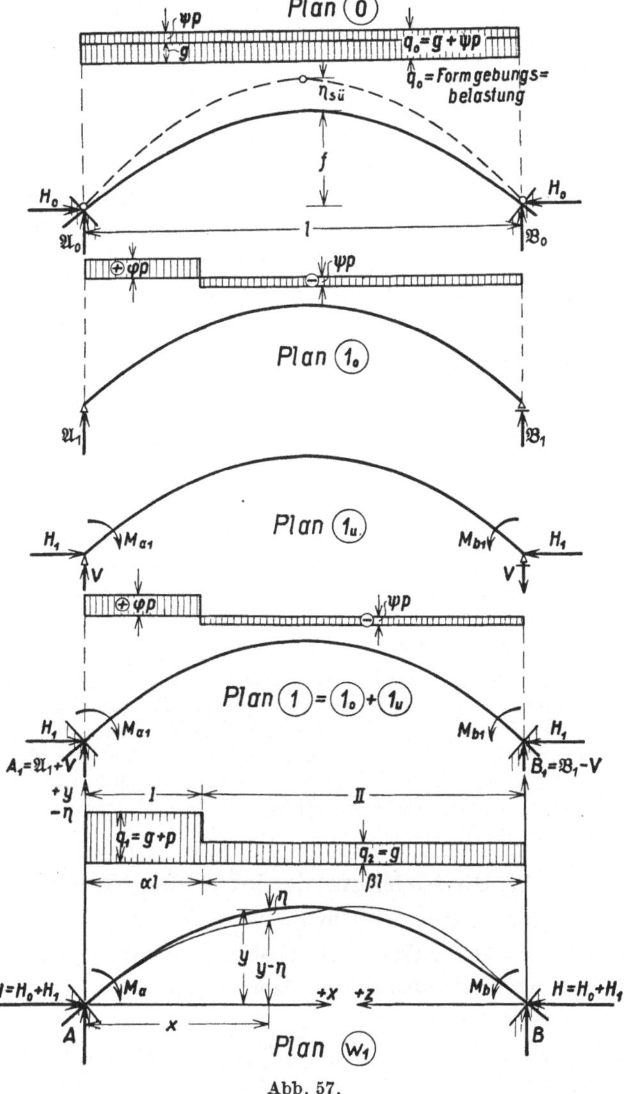

Abb. 57.

gelenkbogens werden alle Gelenke geschlossen und aus dem Dreigelenksystem der ursprünglich beabsichtigte beiderseits eingespannte, gelenklose Bogen gemacht.

8*

Um den allgemeinen Fall einer unsymmetrischen Belastung nach Lastfall (w) durch zwei verschieden große, gleichmäßig verteilte Streckenlasten q_1 und q_2 zu erhalten, ist zu dem Belastungsfall (0) der Formgebung am überhöhten Dreigelenkbogen der ergänzende Belastungsfall (1) hinzuzufügen, so daß

$$(0) + (1) = (w_1)$$

bzw.

$$(0) + (1_0) + (1_u) = (w_1)$$

wenn man den Belastungsplan (1) selbst wieder zerlegt in

$$(1) = (1_0) + (1_u) \, .$$

Im Belastungsfall (1) soll außerdem

$$\varphi + \psi = 1$$

erfüllt werden (vgl. Abb. 57).

Bezeichnet man die Koordinaten eines Punktes der Bogenachse im Belastungsfall (0) auf den linken Kämpferpunkt bezogen mit x, y, auf den rechten Kämpferpunkt bezogen mit z, y, ferner die Senkung dieses Punktes infolge einer weiteren Belastung mit η, so berechnet sich bei Vernachlässigung der waagerechten Verschiebungen das Moment in bezug auf den betrachteten, lotrecht verschobenen Bogenpunkt aus:

$$M_x = M_0 + \mathfrak{M}_1 - (H_0 + H_1)(y - \eta) + Vx + M_{au}$$

mit

$$\mathfrak{M}_0 - H_0 y = 0$$

wird:

$$M_x = \mathfrak{M}_1 - H_1 y + (H_0 + H_1)\eta + Vx + M_{au} \tag{4}$$

bzw.

$$M_z = \mathfrak{M}_1 - H_1 y + (H_0 + H_1)\eta - Vz + M_{bu} \, . \tag{5}$$

Darin bedeuten:

$\mathfrak{M}_0$ = Biegemoment am freiaufliegenden Balken von der Stützweite l (Plan$[0]$).
$\mathfrak{M}_1$ = Biegemoment am freiaufliegenden Balken von der Stützweite l (Plan $[1_0]$).
H_0 = Horizontalschub am Formgebungssystem (Plan $[0]$).
H_1 = Horizontalschub infolge der Zusatzbelastung nach Plan (1_0) (Plan $[1_u]$).
V = Zusätzliche lotrechte Lagerkraft (Plan $[1_u]$).
M_{au}, M_{bu} = Kämpfermomente (Plan $[1_u]$).

2. Die Gleichung der lotrechten Verschiebungsordinaten η.

Zur Berechnung der lotrechten Verschiebungen η wird die im ersten Teil unter I. 1. abgeleitete Differentialgleichung benützt, welche für parabolische Bogenträger mit konstanten Querschnittsgrößen F und J Gültigkeit besitzt. Es ist:

$$\frac{d^2\eta}{dx^2} = -\frac{Mx}{EJ_0} - \frac{2H_1}{rEF_0} \tag{6}$$

Unter Benützung der Gl. (4) ergibt sich mit:

$$\frac{H_0 + H_1}{EJ_0} = c^2 \quad \text{und} \quad \frac{1}{H_0 + H_1}\left[\mathfrak{M}_1 - H_1\left(y - \frac{2J}{rF}\right) + Vx + M_{au}\right] = F(x)$$

die allgemeine Form:

$$\frac{d^2\eta}{dx^2} + c^2\eta + c^2 F(x) = 0\ .\tag{7}$$

Das allgemeine Integral lautet:

$$\eta = A\sin c\,x + B\cos c\,x - F(x) + \frac{1}{c^2}F''(x)\ .\tag{8}$$

Für den allgemeinen Fall einer unsymmetrischen Belastung durch zwei verschieden große, gleichmäßig verteilte Streckenlasten $q_1 = g + p$ und $q_2 = g$ auf die Belastungslängen $x_0 = \alpha\,l$ bzw. $z_0 = (1 - \alpha)\,l$ ergibt sich für den Stetigkeitsbereich I:

$$F_I(x) = \frac{1}{H_0 + H_1}\left\{[\alpha(2-\alpha)-\psi]\frac{p\,l}{2}x - \frac{\varphi\,p}{2}x^2 - H_1\left(\frac{4f}{l}x - \frac{4f}{l^2}x^2 - \frac{2J}{rF}\right) + Vx + M_{au}\right\}$$

$$F_I''(x) = -\frac{\varphi\,p - \dfrac{H_1\,8f}{l^2}}{H_0 + H_1}\ .$$

Für den Stetigkeitsbereich II:

$$F_{II}(x) = \frac{1}{H_0 + H_1}\left[(\alpha^2-\psi)\frac{p\,l}{2}z + \frac{\psi\,p}{2}z^2 - H_1\left(\frac{4f}{l}z - \frac{4f}{l^2}z^2 - \frac{2J}{rF}\right) - Vz + M_{bu}\right]$$

$$F_{II}''(z) = \frac{p + \dfrac{H_1\,8f}{l^2}}{H_0 + H_1}\ .$$

Führt man $H_0 + H_1 = H$ und $\dfrac{8f}{l^2} = \dfrac{1}{r}$ ein, so ergeben sich als Gleichungen der Einsenkungen:

$$\left.\begin{aligned}
\eta_I = A_I\sin c\,x + B_I\cos c\,x - \frac{1}{H}&\left\{[\alpha(2-\alpha)-\psi]\frac{p\,l}{2}x - \frac{\varphi\,p}{2}x^2\right.\\
- H_1\left(\frac{4f}{l}x - \frac{4f}{l^2}x^2 - \frac{2J}{rF}\right) &+ Vx + M_{au}\Big\} - \frac{\varphi\,p - \dfrac{H_1}{r}}{c^2 H}
\end{aligned}\right\}\tag{9}$$

$$\left.\begin{aligned}
\eta_{II} = A_{II}\sin c\,z + B_{II}\cos c\,z - \frac{1}{H}&\left[(\alpha^2-\psi)\frac{p\,l}{2}z + \frac{\psi\,p}{2}z^2\right.\\
- H_1\left(\frac{4f}{l}z - \frac{4f}{l^2}z^2 - \frac{2J}{rF}\right) &- Vz + M_{bu}\Big] + \frac{\psi\,p + \dfrac{H_1}{r}}{c^2 H}\ .
\end{aligned}\right\}\tag{10}$$

Aus der allgemeinen Gleichung für ein Moment im Punkte x, $y - \eta$ in der Form:

$$M_x = H\left[A\sin c\,x + B\cos c\,x + \frac{1}{c^2}F''(x)\right] - \frac{2J}{rF}H_1\tag{11}$$

erhält man:

$$\left.\begin{aligned}
M_I &= H\left[A_I\sin c\,x + B_I\cos c\,x - \frac{\varphi\,p - \dfrac{H_1}{r}}{c^2 H}\right] - \frac{2J}{rF}H_1\\[2ex]
M_{II} &= H\left[A_{II}\sin c\,z + B_{II}\cos c\,z + \frac{\psi\,p + \dfrac{H_1}{r}}{c^2 H}\right] - \frac{2J}{rF}H_1\ .
\end{aligned}\right\}\tag{12}$$

Zur Bestimmung der Konstanten $A_I\,A_{II},\,B_I\,B_{II}$ sowie der Größen $V,M_{au}\,M_{bu}$ und deren Darstellung als Funktionen des Horizontalschubes H dienen die Randbedingungen:

a) $x=0$ $\eta_I=0$ d) $z=0$ $\eta'_{II}=0$

b) $z=0$ $\eta_{II}=0$ e) $x=\alpha l$ $\eta_I=\eta_{II}$
                     $z=\beta l$

c) $x=0$ $\eta'_I=0$ f) $x=\alpha l$ $\eta'_I=-\eta'_{II}$
                     $z=\beta l$

$$g)\quad V=\frac{M_{bu}-M_{au}}{l}\,.$$

Aus a ergibt sich:

$$B_I=\frac{l}{H}\left[M_{au}+H_1\frac{2J}{rF}+\frac{1}{c^2}\left(\varphi\,p-\frac{H_1}{r}\right)\right] \tag{13}$$

aus b:

$$B_{II}=\frac{1}{H}\left[M_{bu}+H_1\frac{2J}{rF}-\frac{1}{c^2}\left(\psi\,p+\frac{H_1}{r}\right)\right] \tag{14}$$

aus c:

$$A_I=\frac{1}{cH}\left\{\left[\alpha\,(2-\alpha)-\psi\right]\frac{p\,l}{2}-\frac{H_1\,4f}{l}+V\right\} \tag{15}$$

aus d:

$$A_{II}=\frac{1}{cH}\left[(\alpha^2-\psi)\frac{p\,l}{2}-\frac{H_1\,4f}{l}-V\right] \tag{16}$$

aus e, f und g:

$$M_{au}=\frac{k_1C_1+k_2C_2+k_3C_3+k_4C_4+k_5C_5}{2\,(1-\cos c\,l)-c\,l\sin c\,l} \tag{17}$$

$$M_{bu}=-\frac{k_1D_1+k_2D_2+k_3D_3+k_4D_4+k_5D_5}{2\,(1-\cos c\,l)-c\,l\sin c\,l}\,. \tag{18}$$

Darin ist zu setzen:

$$k_1=\frac{p\,l}{2\,c}[\alpha\,(2-\alpha)-\psi]-\frac{4f}{c\,l}H_1\;;\qquad k_2=\frac{p\,l}{2\,c}(\alpha^2-\psi)-\frac{4f}{c\,l}H_1$$

$$k_3=\frac{2J}{rF}H_1+\frac{1}{c^2}\left(\varphi\,p-\frac{H_1}{r}\right)\;;\qquad k_4=\frac{2J}{rF}H_1-\frac{1}{c^2}\left(\psi\,p+\frac{H_1}{r}\right)$$

$$k_5=\frac{p}{c^2}\,.$$

$$C_1=\sin c\,l-c\,l\cos c\,l \qquad\qquad D_1=-C_2$$
$$C_2=\sin c\,l-c\,l \qquad\qquad\qquad D_2=-C_1$$
$$C_3=\cos c\,l+c\,l\sin c\,l-1 \qquad\quad D_3=-C_4$$
$$C_4=\cos c\,l-1 \qquad\qquad\qquad D_4=-C_3$$
$$C_5=\cos\alpha c\,l-\cos\beta c\,l-c\,l\sin\beta c\,l \qquad D_5=\cos\beta c\,l-\cos\alpha c\,l-c\,l\sin\alpha c\,l$$

3. Die Bestimmung des Horizontalschubes *H* aus der Arbeitsgleichung.

Es werden die nach dem Formgebungsvorgang geleisteten Arbeiten der äußeren und inneren Kräfte einander gleichgesetzt und dadurch eine weitere Beziehung zur Berechnung des Horizontalschubes H aufgestellt.

a) Die Arbeit der äußeren Kräfte.

Die Arbeit der äußeren Kräfte, die sich aus Verschiebungs- und Formänderungsarbeit zusammensetzt, ergibt:

$$A_a = \left[g + (1+\psi)\right]\frac{p}{2}\int_0^{\alpha l}\eta_I\,dx + \left(g + \psi\,\frac{p}{2}\right)\int_0^{\beta l}\eta_{II}\,dz\,.$$

b) Die Arbeit der inneren Kräfte.

Da von den Momenten nur Formänderungsarbeit geleistet wird, ergibt sich:

$$A_{iM} = \frac{1}{2EJ_0}\left[\int_0^{\alpha l}M_I^2\,dx + \int_0^{\beta l}M_{II}^2\,dz\right].$$

Führt man vereinfachend:

$$N_0 = -\frac{H_0}{\cos\varphi_v} = \text{const} \qquad\qquad N_1 = -\frac{H_1}{\cos\varphi_v} = \text{const}$$

ein, so berechnet sich die von den Normalkräften geleistete Verschiebungs- und Formänderungsarbeit aus:

$$A_{iN} = \frac{1}{EF_0}\left[\int_0^l N_0 N_1\,dx + \frac{1}{2}\int_0^l N_1^2\,dx\right] = \frac{H_1(H_1 + 2H_0)\,l}{2EF_0\cos^2\varphi_v}$$

Damit ergibt sich die vollständige Arbeitsgleichung in endgültiger Form:

$$
\begin{aligned}
&\left[g + (1+\psi)\frac{p}{2}\right]\left(\frac{A_I}{c}(1-\cos\alpha cl) + \frac{B_I}{c}\sin\alpha cl - \frac{\alpha^2 p\,l^3}{2H}\left\{\frac{1}{2}\left[\alpha(2-\alpha)-\psi\right] - \frac{\varphi\alpha}{3}\right\}\right.\\
&\quad + \frac{H_1\varkappa\,l}{H}\left(2\alpha f - \frac{4}{3}\alpha^2 f - \frac{2J}{rF}\right) - \frac{\alpha l}{2H}(V\alpha l + 2M_{au}) - \frac{\alpha l}{c^2 H}\left(\varphi p - \frac{H_1}{r}\right)\Big)\\
&\quad + \left(g + \psi\,\frac{p}{2}\right)\left(\frac{A_{II}}{c}(1-\cos\beta cl) + \frac{B_{II}}{c}\sin\beta cl - \frac{\beta^2 p\,l^3}{2H}\left[\frac{1}{2}(\alpha^2-\psi) + \frac{\psi\beta}{3}\right]\right.\\
&\quad + \frac{H_1\beta l}{H}\left(2\beta f - \frac{4}{3}\beta^2 f - \frac{2J}{rF}\right) - \frac{\beta l}{2H}(2M_{bu} - V\beta l) + \frac{\beta l}{c^2 H}\left(\psi p + \frac{H_1}{r}\right)\Big)\\
&= \frac{H^2}{4cEJ_0}\left(\left\{A_I^2\left(\alpha cl - \frac{\sin 2\alpha cl}{2}\right) + A_I B_I(1-\cos 2\alpha cl)\right.\right.\\
&\quad + \frac{4A_I(\cos cl - 1)}{H}\left[\frac{\varphi p}{c^2} - H_1\left(\frac{8f}{c^2 l^2} - \frac{2J}{rF}\right)\right] + B_I^2\left(\alpha cl + \frac{\sin 2\alpha cl}{2}\right)\\
&\quad - \frac{4B_I\sin\alpha cl}{H}\left[\frac{\varphi p}{c^2} - H_1\left(\frac{8f}{c^2 l^2} - \frac{2J}{rF}\right)\right] + \frac{2\alpha cl}{H^2}\left[\frac{\varphi p}{c^2} - H_1\left(\frac{8f}{c^2 l^2} - \frac{2J}{rF}\right)^2\right\}\\
&\quad + \left\{A_{II}^2\left(\beta cl - \frac{\sin 2\beta cl}{2}\right) + A_{II}B_{II}(1-\cos 2\beta cl) + \frac{4A_{II}(1-\cos\beta cl)}{H}\right.\\
&\quad \left[\frac{\psi p}{c^2} + H_1\left(\frac{8f}{c^2 l^2} - \frac{2J}{rF}\right)\right] + B_{II}^2\left(\beta cl + \frac{\sin 2\beta cl}{2}\right) + \frac{4B_{II}\sin\beta cl}{H}\\
&\quad \left[\frac{\psi p}{c^2} + H_1\left(\frac{8f}{c^2 l^2} - \frac{2J}{rF}\right)\right] + \frac{2\beta cl}{H^2}\left[\frac{\psi p}{c^2} + H_1\left(\frac{8f}{c^2 l^2} - \frac{2J}{rF}\right)\right]^2\right\}\right) + \frac{H_1(H_1 + 2H_0)\,l}{2EF_0\cos^2\varphi_v}\,.
\end{aligned}
\tag{19}
$$

Aus dieser Gleichung ist nach der Annahme von System- und Querschnittsabmessungen für gegebene Belastungen und Belastungslängen H durch Probieren zu ermitteln.

Um den allgemeinen Fall der symmetrisch zum Bogenscheitel angeordneten Belastung durch zwei verschieden große, gleichmäßig verteilte Lasten $q_1 = g$ und $q_2 = g + p$ entsprechend dem Lastfall (w_2) zu erhalten, ist dem Belastungs-

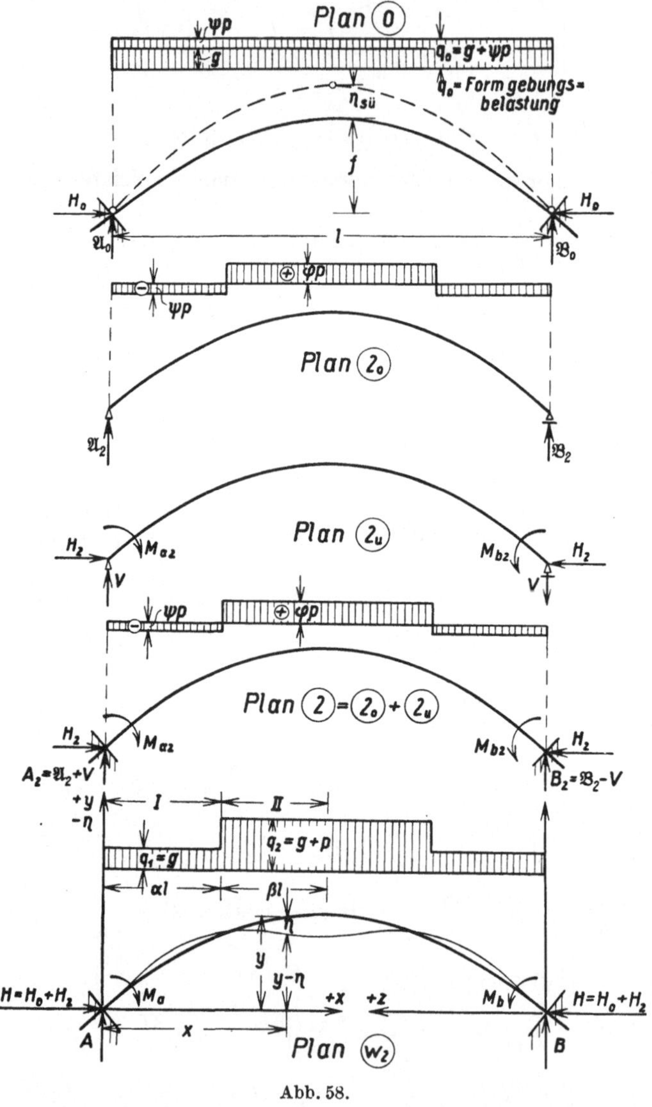

Abb. 58.

zustand (0) der Formgebung der ergänzende Belastungszustand (2) hinzuzufügen, so daß

$$(0) + (2) = (w_2)$$

bzw.

$$(0) + (2_0) + (2_u) = (w_2) ,$$

wenn man den Belastungsplan (2) selbst wieder zerlegt in:

$$(2) = (2_0) + (2_u) \quad \text{(vgl. Abb. 58).}$$

Aus Gründen der Symmetrie wird:

$$M_{au} = M_{bu} = M_u \quad \text{und} \quad V = \frac{M_{bu} - M_{au}}{l} = 0.$$

Es ergeben sich dann die Gleichungen der Einsenkungen η:

$$\left.\begin{aligned}
\eta_I &= A_I \sin cx + B_I \cos cx - \frac{1}{H_0 + H_2}\left[\left(\frac{\varphi}{2} - \alpha\right) p l x + \frac{\psi p}{2} x^2\right. \\
&\quad \left. - H_2\left(\frac{4f}{l} x - \frac{4f}{l^2} x^2 - \frac{2J}{rF}\right) + M_u\right] + \frac{\psi p + \dfrac{H_2}{r}}{c^2(H_0 + H_2)} .
\end{aligned}\right\} \quad (20)$$

$$\left.\begin{aligned}
\eta_{II} &= A_{II} \sin cx + B_{II} \cos cx - \frac{1}{H_0 + H_2}\left[\frac{\varphi}{2} p l x - \frac{\varphi}{2} p x^2 - \frac{\alpha^2}{2} p l^2\right. \\
&\quad \left. - H_2\left(\frac{4f}{l} x - \frac{4f}{l^2} x^2 - \frac{2J}{rF}\right) + M_u\right] - \frac{\varphi p - \dfrac{H_2}{r}}{c^2(H_0 + H_2)}
\end{aligned}\right\} \quad (21)$$

und für die Momente:

$$\left.\begin{aligned}
M_I &= (H_0 + H_2)\left[A_I \sin cx + B_I \cos cx + \frac{\psi p + \dfrac{H_2}{r}}{c^2(H_0 + H_2)}\right] - \frac{2J}{rF} H_2 \\[2ex]
M_{II} &= (H_0 + H_2)\left[A_{II} \sin cx + B_{II} \cos cx - \frac{\varphi p - \dfrac{H_2}{r}}{c^2(H_0 + H_2)}\right] - \frac{2J}{rF} H_2.
\end{aligned}\right\} \quad (22)$$

Für die Normalkräfte sei vereinfachend:

$$N_I = N_{II} = N = N_0 + N_2,$$

worin

$$N_0 = -\frac{H_0}{\cos \varphi_v} \; ; \qquad N_2 = -\frac{H_2}{\cos \varphi_v} .$$

Zur Bestimmung der Konstanten $A_I A_{II}$, $B_I B_{II}$ sowie der Größe M_u und deren Darstellung als Funktionen des Horizontalschubes H dienen die Gleichungen:

a) $x = 0 \qquad \eta_I = 0$ c) $x = \dfrac{l}{2} \qquad \eta'_{II} = 0$

b) $x = 0 \qquad \eta'_I = 0$ d) $x = \alpha l \qquad \eta_I = \eta_{II}$

e) $x = \alpha l \qquad \eta'_I = \eta'_{II}$.

Daraus ergeben sich:

$$M_u = (H_0 + H_2)\left[B_I + \frac{\psi p + \dfrac{H_2}{r}}{c^2(H_0 + H_2)}\right] - \frac{2J}{rF} H_2 \qquad (23)$$

$$A_I = \frac{p\,l}{c(H_0 + H_2)}\left(\frac{\varphi}{2} - \alpha\right) - \frac{H_2\,4f}{(H_0 + H_2)\,cl} \qquad (24)$$

$$A_{II} = A_I + \frac{p}{c^2(H_0 + H_2)} \sin \alpha\, cl \qquad (25)$$

$$B_I = B_{II} - \frac{p}{c^2(H_0 + H_2)} \cos \alpha\, cl \qquad (26)$$

$$B_{II} = A_{II} \operatorname{ctg} \frac{cl}{2} . \qquad (27)$$

Aus der Arbeitsgleichung:

$$(2g+\psi p)\int_0^{\alpha l}\eta_I\,dx+[2g+(1+\psi)p]\int_{\alpha l}^{l/2}\eta_{II}\,dx=\frac{1}{EJ_0}\int_0^{\alpha l}M_I^2\,dx+\int_{\alpha l}^{l/2}M_{II}^2\,dx$$

$$+\frac{1}{EJ_0}\left[\int_0^l N_0 N_2\,dx+\frac{1}{2}\int_0^l N_2^2\,dx\right]$$

ergibt sich die endgültige Form:

$$(2g+\psi p)\left(\frac{A_I}{c}(1-\cos\alpha cl)+\frac{B_I}{c}\sin\alpha cl-\frac{\alpha^2 p l^3}{2(H_0+H_2)}\left[\left(\frac{\varphi}{2}-\alpha\right)+\frac{\alpha\psi}{3}\right]\right.$$

$$+\frac{H_2\alpha l}{H_0+H_2}\left(2\alpha f-\frac{4}{3}\alpha^2 f-\frac{2J}{rF}\right)-\frac{\alpha l M_u}{(H_0+H_2)}+\frac{\alpha l}{c^2(H_0+H_2)}\left(\psi p+\frac{H_2}{r}\right)\right)$$

$$+[2g+(1+\psi)p]\left(\left\{\frac{A_{II}}{c}\left(1-\cos\frac{cl}{2}\right)+\frac{B_{II}}{c}\sin\frac{cl}{2}\right.\right.$$

$$-\frac{p l^3}{16(H_0+H_2)}\left(\frac{2}{3}\varphi-4\alpha^2\right)+\frac{H_2 l}{2(H_0+H_2)}\left(\frac{2}{3}f-\frac{2J}{rF}\right)-\frac{l M_u}{2(H_0+H_2)}$$

$$-\frac{1}{2c^2(H_0+H_2)}\left(\varphi p-\frac{H_2}{r}\right)\right\}-\left\{\frac{A_{II}}{c}(1-\cos\alpha cl)+\frac{B_{II}}{c}\sin\alpha cl\right.$$

$$-\frac{\alpha^2 p l^3}{2(H_0+H_2)}\left[\frac{\varphi}{2}-\alpha\left(\frac{\varphi}{3}-1\right)\right]+\frac{H_2\alpha l}{(H_0+H_2)}\left(2\alpha f-\frac{4}{3}\alpha^2 f-\frac{2J}{rF}\right)$$

$$\left.\left.-\frac{\alpha l M_u}{(H_0+H_2)}-\frac{\alpha l}{c^2(H_0+H_2)}\left(\varphi p-\frac{H_2}{r}\right)\right\}\right)=\frac{H_0+H_2}{2cEJ_0}\left(\left\{A_I^2\left(\alpha cl-\frac{\sin 2\alpha cl}{2}\right)\right.\right.$$

$$+A_I B_I(1-\cos 2\alpha cl)+\frac{4A_I(1-\cos\alpha cl)}{H_0+H_2}\left[\frac{\psi p}{c^2}+H_2\left(\frac{8f}{c^2 l^2}-\frac{2J}{rF}\right)\right] \tag{28}$$

$$+B_I^2\left(\alpha cl+\frac{\sin 2\alpha cl}{2}\right)+\frac{4B_I\sin\alpha cl}{H_0+H_2}\left[\frac{\psi p}{c^2}+H_2\left(\frac{8f}{c^2 l^2}-\frac{2J}{rF}\right)\right]$$

$$+\frac{2\alpha cl}{(H_0+H_2)^2}\left[\frac{\psi p}{c^2}+H_2\left(\frac{8f}{c^2 l^2}-\frac{2J}{rF}\right)\right]^2\right\}+\left\{A_{II}^2\frac{cl-\sin cl}{2}+A_{II}B_{II}(1-\cos cl)\right.$$

$$-\frac{4A_{II}\left(1-\cos\frac{cl}{2}\right)}{H_0+H_2}\left[\frac{\varphi p}{c^2}-H_2\left(\frac{8f}{c^2 l^2}-\frac{2J}{rF}\right)\right]+B_{II}^2\frac{cl+\sin cl}{2}-\frac{4B_{II}\sin\frac{cl}{2}}{(H_0+H_2)}$$

$$\left[\frac{\varphi p}{c^2}-H_2\left(\frac{8f}{c^2 l^2}-\frac{2J}{rF}\right)\right]+\frac{cl}{(H_0+H_2)^2}\left[\frac{\varphi p}{c^2}-H_2\left(\frac{8f}{c^2 l^2}-\frac{2J}{rF}\right)\right]^2\right\}$$

$$-\left\{A_{II}^2\left(\alpha cl-\frac{\sin 2\alpha cl}{2}\right)+A_{II}B_{II}(1-\cos 2\alpha cl)+B_{II}^2\left(\alpha cl+\frac{\sin 2\alpha cl}{2}\right)\right.$$

$$-\frac{4A_{II}(1-\cos\alpha cl)}{H_0+H_2}\left[\frac{\varphi p}{c^2}-H_2\left(\frac{8f}{c^2 l^2}-\frac{2J}{rF}\right)\right]-\frac{4B_{II}\sin\alpha cl}{H_0+H_2}$$

$$\left.\left[\frac{\varphi p}{c^2}-H_2\left(\frac{8f}{c^2 l^2}-\frac{2J}{rF}\right)\right]+\frac{2\alpha cl}{(H_0+H_2)^2}\left[\frac{\varphi p}{c_2}-H_2\left(\frac{8f}{c^2 l^2}-\frac{2J}{rF}\right)\right]^2\right\}+\frac{H_2(H_2+2H_0)l}{2EF_0\cos^2\varphi_v}.$$

4. Anwendung und Zahlenbeispiel.

Die Berechnung der Überhöhungen $\eta_{\ddot{u}}$ des für die Formgebung zunächst als Dreigelenkbogen ausgebildeten beiderseits eingespannten Bogens erfolgte schon anläßlich der Durchführung des Zahlenbeispiels für den Dreigelenkkbogen (vgl. S. 91).

Für die Zahlenwerte:

$$l = 212{,}00 \text{ m} \qquad F = 0{,}319 \text{ m}^2 \qquad g = 8{,}80 \text{ t/m}$$
$$f = 21{,}25 \text{ m} \qquad J = 0{,}460 \text{ m}^4 \qquad p = 4{,}20 \text{ t/m}$$
$$W = 0{,}358 \text{ m}^3 \qquad E = 21\,000\,000 \text{ t/m}^2$$

und die für die Berechnung der Überhöhungen $\eta_{\ddot{u}}$ maßgebende Formgebungsbelastung $q = g + \dfrac{p}{2}$ war:

$$\eta_{\ddot{u}} = 0{,}002\,129\,79\ x - 0{,}000\,001\,659\,4\ x^2$$

und die maximale Überhöhung $\eta_{s\ddot{u}}$ im Bogenscheitel:

$$\eta_{s\ddot{u}} = 20{,}71 \text{ cm.}$$

Der nach dem Absinken des Bogens auftretende Horizontalschub H_0 berechnet sich aus:

$$H_0 = \frac{\left(g + \dfrac{p}{2}\right) l^2}{8 f} = 2881{,}70 \text{ t.}$$

Setzt man im allgemeinen Belastungsfall (w_1) den Wert $\alpha = \frac{1}{2}$ und entsprechend der Formgebungsbelastung $q = g + \dfrac{p}{2}$ die Zahlen $\psi = \varphi = \frac{1}{2}$ ein, so steht der eingespannte Bogen unter ruhender Last $g = q_2$ und halbseitiger Verkehrlast $p = -q_2 + q_1$ (vgl. Abbildung 59).

Für die Stetigkeitsbereiche I und II ergeben sich die Konstanten:

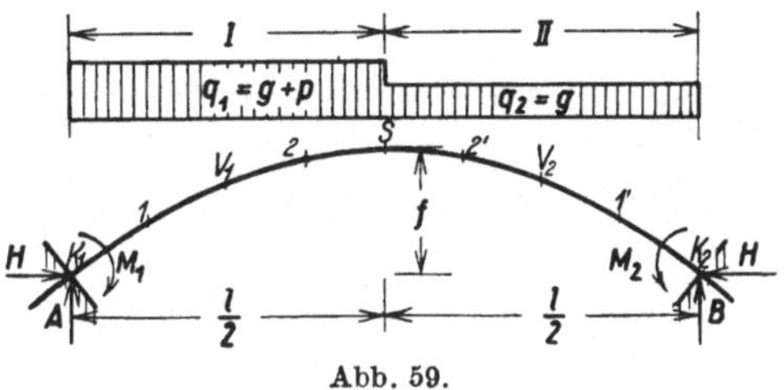

Abb. 59.

$$B_I = \frac{1}{H}\left[k_3 + M_{au}\right] \qquad\qquad A_I = \frac{1}{H}\left[k_1 + \frac{V}{c}\right]$$

$$B_{II} = \frac{1}{H}\left[k_4 + M_{bu}\right] \qquad\qquad A_{II} = \frac{1}{H}\left[k_2 - \frac{V}{c}\right]$$

$$k_1 = \frac{1}{c}\left(\frac{p l}{8} - \frac{4 f}{l} H_1\right) \qquad\qquad k_2 = -\frac{1}{c}\left(\frac{p l}{8} + \frac{4 f}{l} H_1\right)$$

$$k_3 = \frac{2 J}{r F} H_1 + \frac{1}{c^2}\left(\frac{p}{2} - \frac{H_1}{r}\right) \qquad\qquad k_4 = \frac{2 J}{r F} H_1 - \frac{1}{c^2}\left(\frac{p}{2} + \frac{H_1}{r}\right)$$

$$k_5 = \frac{p}{c^2}.$$

Die Kämpfermomente M_{au} und M_{bu} berechnen sich aus:

$$M_{au} = \frac{k_1 C_1 + k_2 C_2 + k_3 C_3 + k_4 C_4 + k_5 C_5}{2\,(1 - \cos c l) - c l \sin c l}$$

$$M_{bu} = -\frac{k_1 D_1 + k_2 D_2 + k_3 D_3 + k_4 D_4 + k_5 D_5}{2\,(1 - \cos c l) - c l \sin c l}$$

worin:

$$C_1 = \sin c l - c l \cos c l \qquad\qquad D_1 = -C_2$$
$$C_2 = \sin c l - c l \qquad\qquad D_2 = -C_1$$
$$C_3 = \cos c l + c l \sin c l - 1 \qquad\qquad D_3 = -C_4$$
$$C_4 = \cos c l - 1 \qquad\qquad D_4 = -C_3$$
$$C_5 = -c l \sin \frac{c l}{2} \qquad\qquad D_5 = C_5$$

Die Arbeitsgleichung erhält die Form:

$$(g + \tfrac{3}{4}p)\left[\frac{A_I}{4}\left(1-\cos\frac{cl}{2}\right)+\frac{B_I}{c}\sin\frac{cl}{2}-\frac{pl^3}{192\,H}+\frac{H_1 l}{2\,H}\left(\frac{2}{3}f-\frac{2J}{rF}\right)-\frac{l}{8\,H}(3\,M_{au}+M_{bu})\right.$$

$$\left.-\frac{l}{2c^2 H}\left(\frac{p}{2}-\frac{H_1}{r}\right)\right]+\left(g+\frac{p}{4}\right)\left[\frac{A_{II}}{c}\left(1-\cos\frac{cl}{2}\right)+\frac{B_{II}}{c}\sin\frac{cl}{2}+\frac{pl^3}{192\,H}\right.$$

$$+\frac{H_1 l}{2\,H}\left(\frac{2}{3}f-\frac{2J}{rF}\right)-\frac{l}{8\,H}(3\,M_{bu}+M_{au})+\frac{l}{2c^2 H}\left(\frac{p}{2}+\frac{H_1}{r}\right)\right]=\frac{H^2}{4\,c\,E\,J_0}\left(\left[A_I^2\frac{cl-\sin cl}{2}\right.\right.$$

$$+A_I B_I(1-\cos cl)+\frac{4\,k_3 A_I}{H}\left(\cos\frac{cl}{2}-1\right)+B_I^2\frac{cl+\sin cl}{2}-\frac{4\,k_3 B_I}{H}\sin\frac{cl}{2}+\frac{k_3^2}{H^2}c\,l\right]$$

$$+\left[A_{II}^2\frac{cl-\sin cl}{2}+A_{II}B_{II}(1-\cos cl)+\frac{4\,k_4 A_{II}}{H}\left(\cos\frac{cl}{2}-1\right)+B_{II}^2\frac{cl+\sin cl}{2}\right.$$

$$\left.\left.-\frac{4\,k_4 B_{II}}{H}\sin\frac{cl}{2}+\frac{k_4^2}{H^2}c\,l\right]\right)+\frac{H_1(H_1+2\,H_0)\,l}{2\,E\,F_0\cos^2\varphi_v}\,.$$

Bei der probeweisen Annahme des Horizontalschubes $H=H_0=H_1=2880{,}56$ t erhält man:

$$cl=l\sqrt{\frac{H}{EJ_0}}=3{,}697\,122$$

$$\sin cl=-0{,}527\,392 \qquad\qquad \sin\frac{cl}{2}=+0{,}961\,671$$

$$\cos cl=-0{,}849\,622 \qquad\qquad \cos\frac{cl}{2}=-0{,}274\,206$$

$$k_1=+6408{,}36 \qquad\qquad k_3=+6919{,}16$$
$$k_2=-6355{,}95 \qquad\qquad k_4=-6890{,}83$$
$$k_5=-13810{,}02.$$

$$M_{au}=M_a=-3371{,}03\ \text{tm} \qquad M_{bu}=M_b=+3327{,}77\ \text{tm}$$
$$C_1=+2{,}613\,77 \qquad\qquad D_1=+4{,}225\,14$$
$$C_2=-4{,}225\,14 \qquad\qquad D_2=-2{,}613\,77$$
$$C_3=-3{,}799\,453 \qquad\qquad D_3=-1{,}849\,622$$
$$C_4=+1{,}849\,622 \qquad\qquad D_4=+3{,}799\,453$$
$$C_5=-3{,}555\,42 \qquad\qquad D_5=-3{,}555\,42$$
$$B_I=+1{,}231\,75 \qquad\qquad A_I=+2{,}853\,70$$
$$B_{II}=-1{,}236\,93 \qquad\qquad A_{II}=-2{,}835\,51$$

Als Arbeit der äußeren Kräfte erhält man:

$$\left(g+\frac{3}{4}p\right)\left[\frac{A_I}{c}\left(1-\cos\frac{cl}{2}\right)+\frac{B_I}{c}\sin\frac{cl}{2}-\frac{pl^3}{192\,H}+\frac{H_1 l}{2\,H}\left(\frac{2}{3}f-\frac{2J}{rF}\right)\right.$$

$$\left.-\frac{l}{8\,H}(3\,M_{au}+M_{bu})-\frac{l}{2\,c^2 H}\left(\frac{p}{2}-\frac{H_1}{r}\right)\right]+\left(g+\frac{p}{4}\right)\left[\frac{A_{II}}{c}\left(1-\cos\frac{cl}{2}\right)\right.$$

$$+\frac{B_{II}}{c}\sin\frac{cl}{2}+\frac{pl^3}{192\,H}+\frac{H_1 l}{2\,H}\left(\frac{2}{3}f-\frac{2J}{rF}\right)-\frac{l}{8\,H}(3\,M_{bu}+M_{au})$$

$$\left.+\frac{l}{2\,c^2 H}\left(\frac{p}{2}+\frac{H_1}{r}\right)\right]=27{,}690\ \text{tm}\,.$$

Als Arbeit der inneren Kräfte erhält man:

$$\frac{H^2}{4\,c\,E\,J_0}\left(\left[A_I^2\frac{c\,l-\sin c\,l}{2}+A_I\,B_I\,(1-\cos c\,l)+\frac{4\,k_3\,A_I}{H}\left(\cos\frac{c\,l}{2}-1\right)\right.\right.$$

$$\left.+B_I^2\frac{c\,l+\sin c\,l}{2}-\frac{4\,k_3\,B_I}{H}\sin\frac{c\,l}{2}+\frac{k_3^2}{H^2}c\,l\right]+\left[A_{II}^2\frac{c\,l-\sin c\,l}{2}\right.$$

$$\left.+A_{II}\,B_{II}\,(1-\cos c\,l)+\frac{4\,k_4\,A_{II}}{H}\left(\cos\frac{c\,l}{2}-1\right)+B_{II}^2\frac{c\,l+\sin c\,l}{2}-\frac{4\,k_4\,B_{II}}{H}\sin\frac{c\,l}{2}\right.$$

$$\left.\left.+\frac{k_4^2}{H^2}c\,l\right]\right)+\frac{H_1(H_1+2\,H_0)\,l}{2\,E\,F_0\cos^2\varphi_v}=27{,}859-0{,}110=27{,}748\,\text{tm}\,.$$

Durch die genügende Übereinstimmung der Arbeit der äußeren und inneren Kräfte wird die Richtigkeit der Annahme des Horizontalschubes $H=2880{,}56$ t bestätigt.

Moment und Normalkraft im linken Kämpfer berechnen sich aus:

$$M_a=M_{k1}=H\,B_I-k_3=-3371{,}03\,\text{tm}\;;\qquad N_{k1}=-\frac{H}{\cos\varphi_k}=-3103\,\text{t}\,.$$

Im rechten Kämpfer aus:

$$M_b=M_{k2}=H\,B_{III}-k_4=+3327{,}77\,\text{tm}\;;\quad N_{k2}=N_{k1}=-3103\,\text{t}\,.$$

Im linken Bogenviertel ergibt sich:

$$M_{v1}=H\left(A_I\sin\frac{c\,l}{4}+B_I\cos\frac{c\,l}{4}\right)-k_3=+1779{,}58\,\text{tm}$$

$$N_{v1}=-\frac{H}{\cos\varphi_v}=-2932\,\text{t}\,.$$

Im rechten Bogenviertel erhält man:

$$M_{v2}=H\left(A_{II}\sin\frac{c\,l}{4}+B_{II}\cos\frac{c\,l}{4}\right)-k_4=-1775{,}07\,\text{tm}$$

$$N_{v2}=N_{v1}=-2932\,\text{t}\,.$$

Für den Bogenscheitel berechnet sich:

$$M_{s2}=H\left(A_I\sin\frac{c\,l}{2}+B_I\cos\frac{c\,l}{2}\right)-k_3=+13{,}11\,\text{tm}$$

$$N_s=-H=2880\,\text{t}\,.$$

Damit ergibt die Bestimmung der größten Randspannungen σ:

$$\sigma_{k1}=-\frac{3\,371}{0{,}358}-\frac{3\,103}{0{,}319}=-1914\,\text{kg/cm}^2$$

$$\sigma_{k2}=-\frac{3\,328}{0{,}358}-\frac{3\,103}{0{,}319}=-1901\,\text{kg/cm}^2$$

$$\sigma_{v1}=-\frac{1\,779}{0{,}358}-\frac{2\,932}{0{,}319}=-1417\,\text{kg/cm}^2$$

$$\sigma_{v2}=-\frac{1\,775}{0{,}358}-\frac{2\,932}{0{,}319}=-1416\,\text{kg/cm}^2$$

$$\sigma_s=-\frac{13{,}11}{0{,}358}-\frac{2\,880}{0{,}319}=-906\,\text{kg/cm}^2\,.$$

Ohne Berücksichtigung der Systemverformung war:

$$\sigma_{k1} = -\,2144 \ \text{kg cm}^2$$
$$\sigma_{k2} = -\,1383 \quad ,,$$
$$\sigma_{v1} = -\,1349 \quad ,,$$
$$\sigma_{v2} = -\,1254 \quad ,,$$
$$\sigma_{s} = -\,1064 \quad ,,$$

Diese Werte werden bei der abschließenden Zusammenstellung und Verarbeitung
aller Zahlenergebnisse auf S. 136 noch einmal angeführt und kritisch besprochen.

C. Zusammenstellung der Ergebnisse und Schlußfolgerungen.

I. Einleitende Betrachtungen.

Eine Zusammenfassung der Ergebnisse aller Rechenbeispiele muß sich zunächst auf zahlenmäßige Feststellungen beschränken, welche, da sie an einem
einzigen Anwendungsbeispiel gemacht sind, nur für dieses unmittelbare Gültigkeit
besitzen. Verallgemeinernde Schlußfolgerungen, die über den Rahmen dieser
Beobachtungen am Einzelfall hinausgehen, stoßen auf erhebliche Schwierigkeiten.
Insbesondere ist eine genauere Beurteilung der Bedeutung der verschiedenen
Faktoren, welche den spannungserhöhenden Einfluß der Systemverformung verursachen, unmöglich. Es war auch von vornherein nicht beabsichtigt, zu diesen
Fragen, welche schon bei den Besprechungen der im 1. Teil niedergelegten
Zahlenergebnisse auftraten, Stellung zu nehmen und darin eine letzte Klärung
und Übersicht zu bringen.

Anstatt nun im 2. Teil diese Fragen weiter zu verfolgen und durch eine Anzahl
systematisch ausgewählter Rechenbeispiele oder auf nomographischem Weg zu
untersuchen, wurde hier die praktisch noch wichtigere Frage aufgeworfen, ob
es möglich ist, den ungünstigen Einfluß der Systemverformung durch theoretische
Überlegungen und praktische Maßnahmen auszuschalten oder zu vermindern.

Es muß in diesem Zusammenhang darauf hingewiesen werden, daß eine Verkleinerung der durch die Verformungen bedingten Zusatzspannungen durch Ver-
größern der Trägerhöhen und somit der Steifigkeit des Bogens leicht zu erreichen ist, in diesem Sinne aber noch keine neue Maßnahme bedeutet. Ebenso
ist bei gleichbleibenden Höhen eine Vergrößerung der Steifigkeit durch einen
entsprechenden Mehraufwand an Baustoff ohne weiteres zu erzielen. Führt die
erste Maßnahme zu Veränderungen in der äußeren Erscheinungsform des Bau-
werkes, die in der Regel von ästhetischen Nachteilen begleitet sind, so ist die
zweite Art der Abhilfe als unwirtschaftlich zu bezeichnen. Der als neuartig vorgeschlagene Weg besitzt keinen dieser beiden Mängel. Darüber hinausgehend
wird durch ihn nicht nur ein Vermindern oder Ausschalten des spannungserhöhenden Einflusses der Systemverformung ermöglicht, sondern auch eine
Beseitigung anderer, zusätzliche Spannungen bewirkender Ursachen erreicht, wie
z. B. des schädlichen Schwindens bei Betongewölben. Unter Verwertung aller
dieser Möglichkeiten gelingt es, den Bogenträger der denkbar kleinsten Beanspruchungen zu entwerfen und auszuführen.

Die in dieser Richtung angestellten Überlegungen und vorgeschlagenen Maßnahmen haben zudem noch Anspruch auf weitgehende Allgemeingültigkeit und Verwendungsmöglichkeit.

Um über sämtliche durchgeführten Rechenbeispiele einen Überblick zu erhalten, sind alle dazu erforderlichen Zahlenergebnisse noch einmal tabellarisch wiedergegeben.

Für alle Bogenarten werden einander vergleichend gegenübergestellt:

1. Die normale Berechnungstheorie ohne Berücksichtigung der Systemverformung.

2. Die genauere Berechnungstheorie, welche den Einfluß der Systemverformung berücksichtigt.

3. Die genauere Berechnungstheorie, welche den Einfluß der Systemverformung berücksichtigt und eine Formgebung für die Belastung $g + \frac{p}{2}$ am überhöhten Dreigelenkbogen zur Voraussetzung hat.

II. Ergebnisse beim Dreigelenkbogen.

Zur genaueren kurvenmäßigen Darstellung der Verhältnisse sind die Momente, Normalkräfte und Spannungen für neun Bogenpunkte berechnet worden. Tab. 10 enthält die Momente M, Tab. 11 die Normalkräfte N, Tab. 12 die Randspannungen σ_0, σ_u und Tab. 13 die prozentualen Abweichungen $\Delta\sigma$ der Randspannungen der einzelnen Berechnungstheorien untereinander.

Der Verlauf der Momente und Randspannungen ist in Abb. 61 u. 62 kurvenmäßig dargestellt.

Bogenabmessungen.

$l = 212{,}00$ m; $J = 0{,}460$ m⁴;
$W = 0{,}358$ m³; $F = 0{,}319$ m²;
$f = 21{,}25$ m; $E = 21\,000\,000\,t/\text{m}^2$.

Belastungen (vgl. Abb. 60):
$g = 8{,}80$ t/m; $p = 4{,}20$ t/m.

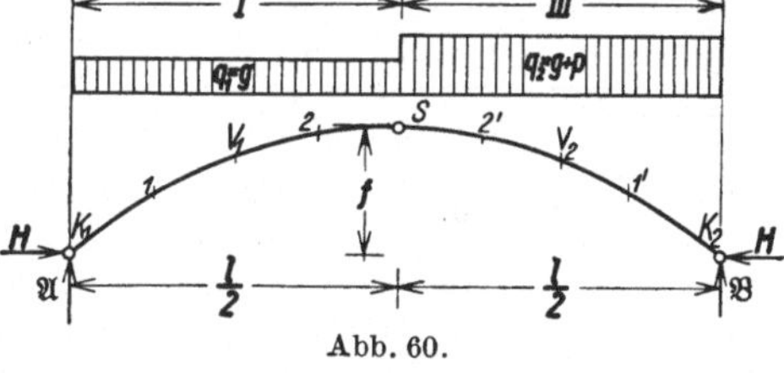

Abb. 60.

Tabelle 10. Zusammenstellung der am Dreigelenkbogen auftretenden Momente M berechnet.

M in tm	I ohne Berücksichtigung des Einflusses der Systemverformung	II mit Berücksichtigung des Einflusses der Systemverformung	III mit Berücksichtigung der Systemverformung und besondere Formgebung am überhöhten Dreigelenkbogen
M_{k1}	—	—	—
M_1	− 2212,09	− 4824,17	− 3395,49
M_{v1}	− 2949,45	− 6562,62	− 4613,59
M_2	− 2212,09	− 4824,18	− 3396,18
M_s	—	—	—
M_3	+ 2212,09	+ 2151,69	+ 3321,75
M_{v2}	+ 2949,45	+ 2927,08	+ 4513,39
M_4	+ 2212,09	+ 2151,71	+ 3322,43
M_{k2}	—	—	—

Tab. 11. Zusammenstellung der am Dreigelenkbogen
auftretenden Normalkräfte N berechnet

N in t	I	II	III
	ohne Berücksichtigung des Einflusses der Systemverformung	mit Berücksichtigung des Einflusses der Systemverformung	mit Berücksichtigung der Systemverformung und besonderen Formgebung am überhöhten Dreigelenkbogen
$N_{k1} = N_{k2}$	— 3105	— 3328	— 3114
$N_1 = N_4$	— 3007	— 3225	— 3013
$N_{v1} = N_{v2}$	— 2940	— 3150	— 2946
$N_2 = N_3$	— 2886	— 3097	— 2895
$N_8 = -H$	— 2881,70	— 3091,48	— 2887,80

Aus der Zusammenstellung und dem Vergleich der Zahlenergebnisse ist zunächst ersichtlich, daß der Dreigelenkbogen infolge seiner geringen „Systemsteifigkeit" dem spannungserhöhenden Einfluß der Systemverformung besonders stark ausgesetzt ist. In noch erhöhtem Maße zeigt sich diese Erscheinung bei Belastungen in der Nähe des Scheitelgelenkes (vgl. Abb. 61 u. 62).

Durch eine Überhöhung des Dreigelenkbogens für eine Belastung mit

$$q = g + \frac{p}{2}$$

ergibt sich eine wesentliche Verminderung der durch die Systemverformung bedingten Zusatzspannungen. Diese Verbesserung der Spannungsverhältnisse ist dadurch zu erklären, daß ein Teil der Spannungen der ursprünglich meistbeanspruchten Randfasern im linken Bogenviertel durch die weniger beanspruchten Randfasern im rechten Bogenviertel übernommen wird. Die Grenzen einer

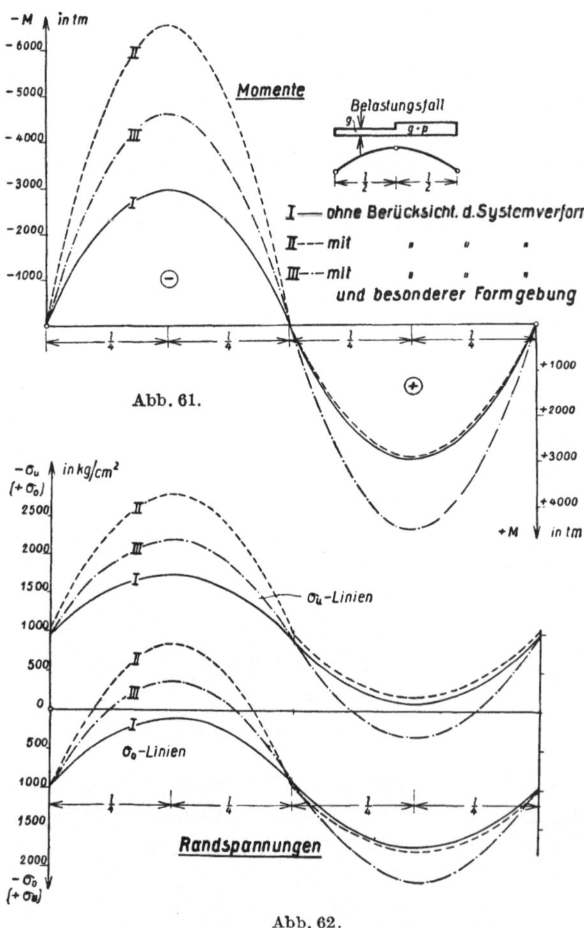

derartigen Entlastung und Spannungsverminderung sind praktisch dann erreicht, wenn die größten Randspannungen in den beiden Viertelspunkten gleich

Tabelle 12. Zusammenstellung der Randspannungen σ_0, σ_u des Dreigelenkbogens, berechnet

σ in kg/cm²		I ohne Berücksichtigung des Einflusses der Systemverformung	II mit Berücksichtigung des Einflusses der Systemverformung	III mit Berücksichtigung der Systemverformung und besonderen Formgebung am überhöhten Dreigelenkbogen.
σ_{k1}	σ_0	— 973	— 1043	— 975
	σ_u	— 973	— 1043	— 975
σ_1	σ_0	— 325	+ 334	+ 1
	σ_u	— 1561	— 2360	— 1895
σ_{v1}	σ_0	— 98	+ 846	+ 365
	σ_u	— 1746	— 2822	— 2121
σ_2	σ_0	— 287	+ 375	+ 40
	σ_u	— 1523	— 2319	— 1856
σ_s	σ_0	— 903	— 968	— 905
	σ_u	— 903	— 968	— 905
σ_3	σ_0	— 1523	— 1572	— 1836
	σ_u	— 287	— 372	+ 20
σ_{v2}	σ_0	— 1746	— 1806	— 2184
	σ_u	— 98	— 170	+ 338
σ_4	σ_0	— 1561	— 1613	— 1874
	σ_u	— 325	— 413	— 20
σ_{k2}	σ_0	— 973	— 1043	— 975
	σ_u	— 973	— 1043	— 975

groß sind. Dieser Zustand ist beim vorliegenden Rechenbeispiel und Belastungsfall gerade erreicht.

Im allgemeinen wird eine Formgebung mit einer Belastung

$q = g + \psi p$, worin $\psi = \tfrac{1}{2}$

zu setzen ist, bei allen Bogensystemen diesen günstigsten Zustand herbeiführen. Will man in einzelnen Sonderfällen, z. B. bei unsicherem Untergrund durch eine Formgebung am überhöhten Dreigelenkbogen, dem Bogensystem eine Vorspannung geben, um gegen etwaige Widerlagerverschiebungen eine Sicherheit zu erhalten, oder be-

Tabelle 13. Abweichungen $\Delta\sigma_0, \Delta\sigma_u$ der nach den Berechnungsarten I, II und III ermittelten Randspannungen σ_0, σ_u untereinander. (Nur bei den Größtspannungen ermittelt.)

$\Delta\sigma$ in %		Berechnungsart			
		I von II	II von I	II von III	III von I
$\Delta\sigma_{k1}$	$\Delta\sigma_0$	— 6,7	+ 7,2	+ 6,9	+ 0,2
	$\Delta\sigma_u$				
$\Delta\sigma_1$	$\Delta\sigma_0$	— 33,9	+ 51,2	+ 24,5	+ 21,4
	$\Delta\sigma_u$				
$\Delta\sigma_{v1}$	$\Delta\sigma_0$	— 38,2	+ 61,7	+ 27,7	+ 26,7
	$\Delta\sigma_u$				
$\Delta\sigma_2$	$\Delta\sigma_0$	— 34,3	+ 52,2	+ 24,9	+ 21,9
	$\Delta\sigma_u$				
$\Delta\sigma_s$	$\Delta\sigma_0$	— 6,7	+ 7,2	+ 6,9	+ 0,2
	$\Delta\sigma_u$	— 6,7	+ 7,2	+ 6,9	+ 0,2
$\Delta\sigma_3$	$\Delta\sigma_0$	— 3,1	+ 3,2	— 14,4	+ 20,6
	$\Delta\sigma_u$				
$\Delta\sigma_{v2}$	$\Delta\sigma_0$	— 3,3	+ 3,4	— 17,3	+ 25,1
	$\Delta\sigma_u$				
$\Delta\sigma_4$	$\Delta\sigma_0$	— 3,2	+ 3,3	— 13,9	+ 20,1
	$\Delta\sigma_u$				
$\Delta\sigma_{k2}$	$\Delta\sigma_0$	— 6,7	+ 7,2	+ 6,9	+ 0,2
	$\Delta\sigma_u$				

absichtigt man z. B. bei Betongewölben ein Ausschalten der Zusatzspannungen infolge des Schwindens, so wird man zweckmäßig $\psi > \frac{1}{2}$ wählen.

III. Ergebnisse beim Zweigelenkbogen.

Die für den Zweigelenkbogen errechneten Momente, Normalkräfte und Randspannungen sind in den Tab. 14—17 zusammengestellt und in den Abb. 64 u. 65 kurvenmäßig aufgetragen.

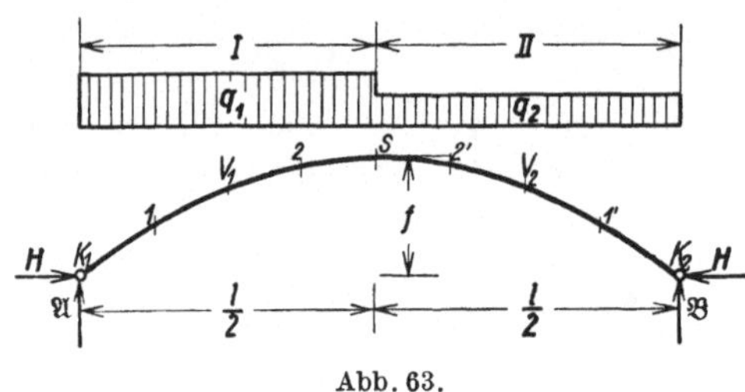

Abb. 63.

Bogenabmessungen.

$l = 212{,}00$ m $f = 21{,}25$ m

$J = 0{,}460$ m^4 $E = 21\,000\,000$ t/m^2

$W = 0{,}358$ m^3

$F = 0{,}319$ m^2

Belastungen (vgl. Abb. 63).

$g = 8{,}80$ t/m $p = 4{,}20$ t/m

Tabelle 14. Zusammenstellung der am Zweigelenkbogen
auftretenden Momente M, berechnet

M in tm	I ohne Berücksichtigung des Einflusses der Systemverformung	II mit Berücksichtigung des Einflusses der Systemverformung	III mit Berücksichtigung der Sytemverformung und besonderen Formgebung am überhöhten Dreigelenkbogen
M_{k1}	—	—	—
M_1	$+\,2371{,}63$	$+\,3564{,}68$	$+\,3378{,}19$
M_{v1}	$+\,3222{,}90$	$+\,4956{,}49$	$+\,4601{,}23$
M_2	$+\,2554{,}00$	$+\,3881{,}25$	$+\,3413{,}80$
M_s	$+\,364{,}70$	$+\,280{,}82$	$+\,61{,}05$
M_3	$+\,1870{,}15$	$-\,2837{,}37$	$-\,3301{,}71$
M_{v2}	$-\,2676{,}00$	$-\,4172{,}84$	$-\,4517{,}23$
M_4	$-\,2052{,}55$	$-\,3155{,}84$	$-\,3334{,}35$
M_{k2}	—	—	—

Tabelle 15. Zusammenstellung der am Zweigelenkbogen
auftretenden Normalkräfte N, berechnet

N in t	I ohne Berücksichtigung des Einflusses der Systemverformung	II mit Berücksichtigung des Einflusses der Systemverformung	III mit Berücksichtigung der Systemverformung und besonderen Formgebung am überhöhten Dreigelenkbogen
$N_{k1} = N_{k2}$	$-\,3093$	$-\,3113$	$-\,3106$
$N_1 = N_4$	$-\,2998$	$-\,3017$	$-\,3012$
$N_{v1} = N_{v2}$	$-\,2925$	$-\,2946$	$-\,2942$
$N_2 = N_3$	$-\,2877$	$-\,2895$	$-\,2890$
$N_s = H$	$-\,2864{,}55$	$-\,2869{,}12$	$-\,2882{,}76$

Tabelle 16. Zusammenstellung der Randspannungen σ_0, σ_u des Zweigelenkbogens, berechnet

σ in kg/cm²		I ohne Berücksichtigung des Einflusses der Systemverformung	II mit Berücksichtigung des Einflusses der Systemverformung	III mit Berücksichtigung der Systemverformung und besonderen Formgebung am überhöhten Dreigelenkbogen
σ_{k1}	σ_0	— 968	— 976	— 974
	σ_u	— 968	— 976	— 974
σ_1	σ_0	— 1600	— 1944	— 1888
	σ_u	— 276	+ 50	— 2
σ_{v1}	σ_0	— 1817	— 2306	— 2206
	σ_u	— 17	+ 460	+ 364
σ_2	σ_0	— 1614	— 1993	— 1858
	σ_u	— 188	+ 175	+ 46
σ_s	σ_0	— 1000	— 984	— 920
	σ_u	— 796	— 828	— 886
σ_3	σ_0	— 379	— 117	+ 16
	σ_u	— 1423	— 1701	— 1828
σ_{v2}	σ_0	— 170	+ 242	+ 339
	σ_u	— 1664	— 2088	— 2181
σ_4	σ_0	— 365	— 66	— 14
	σ_u	— 1511	— 1828	— 1876
σ_{k2}	σ_0	— 968	— 97	— 974
	σ_u	— 968	— 976	— 974

Tabelle 17. Abweichungen $\varDelta\sigma_0$, $\varDelta\sigma_u$ der nach den Berechnungsarten I, II und III ermittelten Randspannungen σ_0, σ_u untereinander (nur bei den Größtspannungen ermittelt).

$\varDelta\sigma$ in %		Berechnungsart			
		I von II	II von I	II von III	III von I
$\varDelta\sigma_{k1}$	$\varDelta\sigma_0$	— 0,8	+ 0,8	+ 0,2	+ 0,6
	$\varDelta\sigma_u$				
$\varDelta\sigma_1$	$\varDelta\sigma_0$	— 17,7	+ 21,51	+ 2,9	+ 18,0
	$\varDelta\sigma_u$				
$\varDelta\sigma_{v1}$	$\varDelta\sigma_0$	— 21,2	+ 26,9	+ 4,5	+ 21,4
	$\varDelta\sigma_u$				
$\varDelta\sigma_2$	$\varDelta\sigma_0$	— 19,0	+ 23,5	+ 7,2	+ 15,1
	$\varDelta\sigma_u$				
$\varDelta\sigma_s$	$\varDelta\sigma_0$	+ 1,6	— 1,6	+ 0,7	— 8,0
	$\varDelta\sigma_u$	— 3,8	+ 4,0	— 0,6	+ 11,3
$\varDelta\sigma_3$	$\varDelta\sigma_0$				
	$\varDelta\sigma_u$	— 16,3	+ 19,5	— 6,9	+ 28,4
$\varDelta\sigma_{v2}$	$\varDelta\sigma_0$				
	$\varDelta\sigma_u$	— 20,3	+ 25,5	— 4,2	+ 31,1
$\varDelta\sigma_4$	$\varDelta\sigma_0$				
	$\varDelta\sigma_u$	— 17,3	+ 21,0	— 2,5	+ 24,2
$\varDelta\sigma_{k2}$	$\varDelta\sigma_0$				
	$\varDelta\sigma_u$	— 0,8	+ 0,8	+ 0,2	+ 0,6

Der Vergleich der Zahlenergebnisse läßt erkennen, daß auch beim Zweigelenkbogen der steifigkeitsmindernde Einfluß der Gelenke erhebliche Verformungen

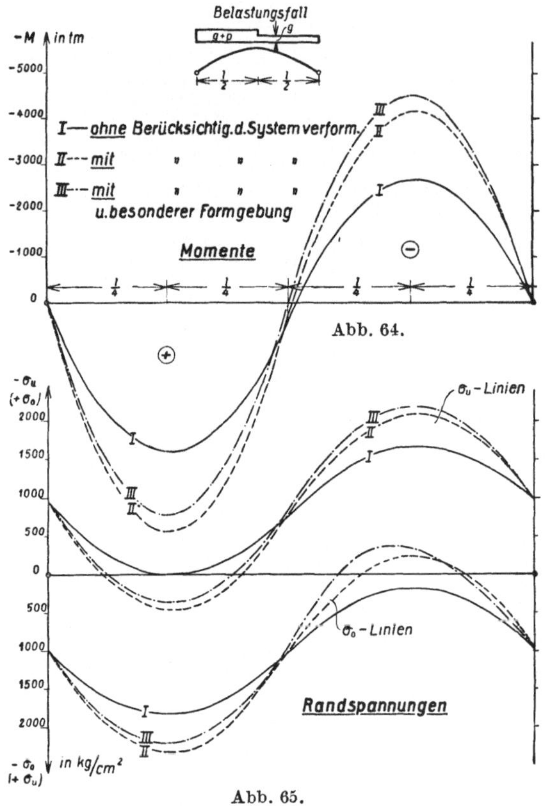

und somit Spannungserhöhungen zur Folge hat. Gegen Belastungen im Scheitel ist der
Zweigelenkbogen weit weniger
empfindlich als die Bogenarten
mit Scheitelgelenk. Er zeigt
in dieser Hinsicht eine gewisse
Verwandtschaft mit dem beiderseits eingespannten, gelenklosen
Bogen (vgl. Abb. 64 u. 65).

Durch eine Formgebung am
überhöhten Dreigelenkbogen
für eine Belastung $q = g + \dfrac{p}{2}$
ist es gelungen, auch hier die
Spannungsverhältnisse zu ver-
bessern und praktisch eine
Gleichheit der Größtspannungen zu erreichen. Daß sich der
Bogenscheitel nur wenig an der
Entlastung der Bogenviertelspunkte beteiligt, liegt in der
Eigenart des Belastungsfalles
begründet, welcher in der
Scheitelgegend einen Krüm-
mungswechsel der Biegelinie
hervorruft und somit nur ge-

ringe Momente und Randspannungen zur Folge haben kann. So ist es zu erklären, daß nur ein Vermindern aber kein praktisch vollständiges Ausschalten
der Zusatzspannungen infolge der Systemverformung möglich ist.

IV. Ergebnisse beim Eingelenkbogen.

Die für den Eingelenkbogen errechneten Momente, Normalkräfte und Randspannungen sind in den Tab. 18—21 zusammengestellt und in den Abb. 67 u. 68
kurvenmäßig aufgetragen.

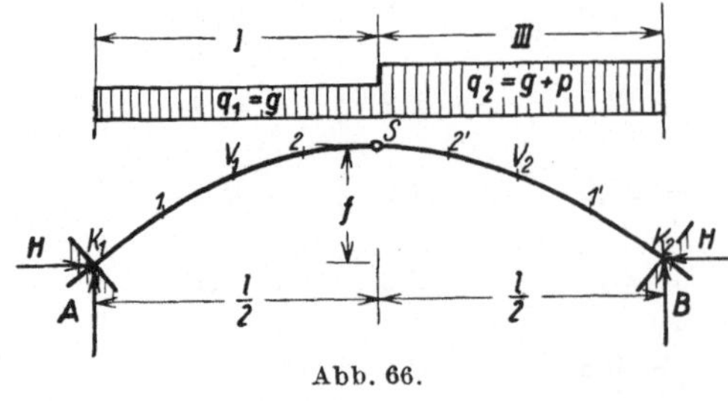

Bogenabmessungen.

$l = 212{,}00$ m $f = 21{,}25$ m
$J = 0{,}461$ m $E = 21\,000\,000$ t/m²
$W = 0{,}358$ m³
$F = 0{,}319$ m²

Belastungen (vgl. Abb. 66).

$g = 8{,}80$ t/m $p = 4{,}20$ t/m

Tabelle 18. Zusammenstellung der am Eingelenkbogen
auftretenden Momente M, berechnet

M in tm	I ohne Berücksichtigung des Einflusses der Systemverformung	II mit Berücksichtigung des Einflusses der Systemverformung	III mit Berücksichtigung der Systemverformung und besonderen Formgebung am überhöhten Dreigelenkbogen
M_{k1}	+ 2054,23	+ 2865,84	+ 3341,98
M_1	— 502,41	— 625,21	+ 59,32
M_{v1}	— 1698,20	— 2452,24	— 1786,28
M_2	— 1531,82	— 2228,03	— 1807,42
M_s	—		—
M_3	+ 1420,57	+ 1384,58	+ 1796,65
M_{v2}	+ 1259,33	+ 1110,09	+ 1768,86
M_4	— 485,02	— 765,10	— 77,92
M_{k2}	— 3812,44	— 3843,33	— 3356,19

Tabelle 19. Zusammenstellung der am Eingelenkbogen
auftretenden Normalkräfte N, berechnet

N in tm	I ohne Berücksichtigung des Einflusses der Systemverformung	II mit Berücksichtigung des Einflusses der Systemverformung	III mit Berücksichtigung der Systemverformung und besonderen Formgebung am überhöhten Dreigelenkbogen
$N_{k1} = N_{k2}$	— 3054	— 3133	— 3100
$N_1 = N_4$	— 2964	— 3038	— 3007
$N_{v1} = N_{v2}$	— 2897	— 2967	— 2937
$N_2 = N_3$	— 2844	— 2915	— 2887
$N_s = -H$	— 2838,14	— 2910,95	— 2882,03

Tabelle 20. Zusammenstellung der Randspannungen σ_0, σ_u
des Eingelenkbogens, berechnet

σ in kg/cm²		I ohne Berücksichtigung des Einflusses der Systemverformung	II mit Berücksichtigung des Einflusses der Systemverformung	III mit Berücksichtigung der Systemverformung und besonderen Formgebung am überhöhten Dreigelenkbogen.
σ_{k1}	σ_0	— 1533	— 1783	— 1906
	σ_u	— 385	— 183	— 40
σ_1	σ_0	— 790	— 779	— 960
	σ_u	— 1070	— 1129	— 928
σ_{v1}	σ_0	— 334	— 246	— 422
	σ_u	— 1382	— 1614	— 1418
σ_2	σ_0	— 465	— 292	— 402
	σ_u	— 1319	— 1538	— 1410

(Fortsetzung der Tabelle 20.)

σ in kg/cm²		I ohne Berücksichtigung des Einflusses der Systemverformung	II mit Berücksichtigung des Einflusses der Systemverformung	III mit Berücksichtigung der Systemverformung und besonderen Formgebung am überhöhten Dreigelenkbogen
σ_8	σ_0	— 890	— 912	— 903
	σ_u	— 890	— 912	— 903
σ_3	σ_0	— 1289	— 1302	— 1407
	σ_u	— 495	— 528	— 405
σ_{v2}	σ_0	— 1260	— 1240	— 1389
	σ_u	— 556	— 620	— 451
σ_4	σ_0	— 195	— 740	— 922
	σ_u	— 1065	— 1168	— 966
σ_{k2}	σ_0	+ 104	+ 90	— 36
	σ_u	— 2022	— 2056	— 1910

Tabelle 21. Abweichungen $\varDelta\sigma_0$, $\varDelta\sigma_u$ der nach den Berechnungsarten I, II und III ermittelten Randspannungen σ_0, σ_u untereinander (nur bei den Größtspannungen ermittelt).

$\varDelta\sigma$ in %		Berechnungsart			
		I von II	II von I	II von III	III von I
$\varDelta\sigma_{k1}$	$\varDelta\sigma_0$	— 14,0	+ 16,3	— 6,4	+ 24,3
	$\varDelta\sigma_u$				
$\varDelta\sigma_1$	$\varDelta\sigma_0$				
	$\varDelta\sigma_u$	— 5,2	+ 5,5	+ 21,6	— 13,3
$\varDelta\sigma_{v1}$	$\varDelta\sigma_0$				
	$\varDelta\sigma_u$	— 14,4	+ 16,8	+ 13,8	+ 1,7
$\varDelta\sigma_2$	$\varDelta\sigma_0$				
	$\varDelta\sigma_u$	— 14,2	+ 18,3	+ 9,1	+ 6,9
$\varDelta\sigma_8$	$\varDelta\sigma_0$	— 2,4	+ 2,4	+ 1,0	+ 1,4
	$\varDelta\sigma_u$				
$\varDelta\sigma_3$	$\varDelta\sigma_0$	— 1,0	+ 1,0	— 7,4	+ 9,1
	$\varDelta\sigma_u$				
$\varDelta\sigma_{v2}$	$\varDelta\sigma_0$	+ 1,6	— 1,6	— 10,7	+ 10,2
	$\varDelta\sigma_u$				
$\varDelta\sigma_4$	$\varDelta\sigma_0$				
	$\varDelta\sigma_u$	— 8,8	+ 9,6	+ 20,9	— 9,3
$\varDelta\sigma_{k2}$	$\varDelta\sigma_0$				
	$\varDelta\sigma_u$	— 1,6	+ 1,7	+ 5,8	— 5,5

Infolge der Kämpfereinspannung kann sich beim Eingelenkbogen der steifigkeitsvermindernde Einfluß des Scheitelgelenkes zumindest bei diesem Belastungsfall nicht so auswirken wie dies beim Dreigelenkbogen zu beobachten war. Infolgedessen sind auch die Verformungen und die durch sie hervorgerufenen zusätzlichen Spannungen wesentlich kleiner als bei den Systemen ohne Kämpfereinspannung. Die Verhältnisse werden aber grundsätzlich andere, wenn nur in der Scheitelgegend Verkehrslasten wirken. Der Eingelenkbogen zeigt dann ein ähnliches Verhalten wie der Dreigelenkbogen. Es treten starke Senkungen des Scheitels auf, die Stützlinie, welche durch das Scheitelgelenk fixiert ist, wird mitgenommen und dadurch gewaltsam von der Bogenachse entfernt (vgl. auch S. 78). Als Folge davon ist namentlich zwischen Bogenviertel und Scheitel eine erhebliche Beeinflussung der Spannungsverhältnisse durch die Verformung zu beobachten (vgl. Abb. 67 u. 68).

Durch eine Formgebung am überhöhten Dreigelenkbogen für eine Belastung $q = g + \dfrac{p}{2}$ lassen sich bemerkenswerte Verbesserungen der Spannungsverhältnisse erzielen. Es gelingt, die weniger beanspruchte linke Bogenhälfte in erhöhtem Maße zum Tragen heranzuziehen. Dadurch wird die rechte Bogenhälfte stark entlastet und eine gleichmäßigere Verteilung der Größtspannungen über das ganze System erreicht. Besonders überraschend ist, daß die im rechten Kämpfer auftretende Größtspannung noch kleiner wird, als die Spannung, welche sich für diese Stelle nach der normalen Berechnungsmethode I ergibt. Es ist hier also nicht nur ein restloses Ausschalten des ungünstigen Einflusses der durch die Systemverformung bedingten Zusatzspannung möglich geworden, sondern auch darüber hinausgehend eine weitere Verminderung der Größtspannung erreicht worden. Dieses Ergebnis ist dadurch zu erklären, daß die Vorteile einer Formgebung nach oben beschriebener Art, insbesondere der Spannungsausgleich und die gegenseitige Entlastung der Bogenhälften stärker in Erscheinung treten können, weil der ungünstige Einfluß der Systemverformung kleiner geworden ist.

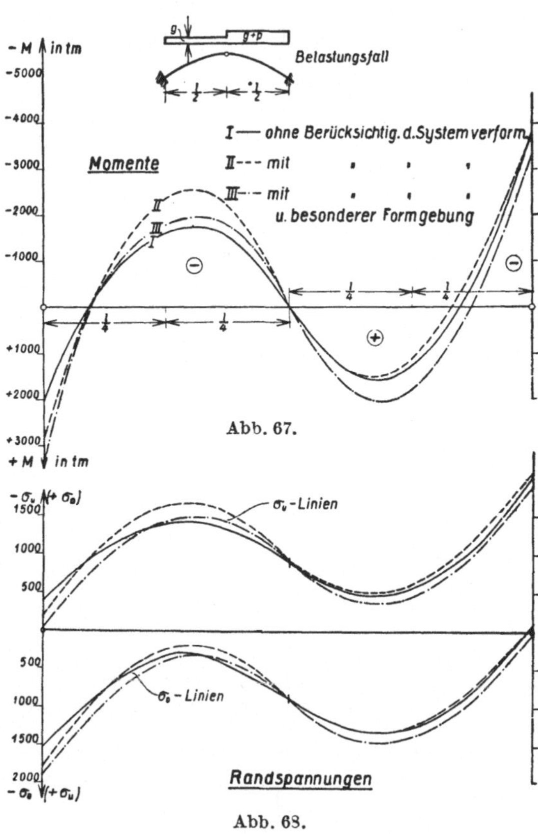

V. Ergebnisse beim beiderseits eingespannten, gelenklosen Bogen.

Die für den beiderseits eingespannten Bogen bestimmten Momente, Normalkräfte und Randspannungen sind in den Tab. 22—25 zusammengestellt und in den Abb. 70 u. 71 kurvenmäßig aufgetragen.

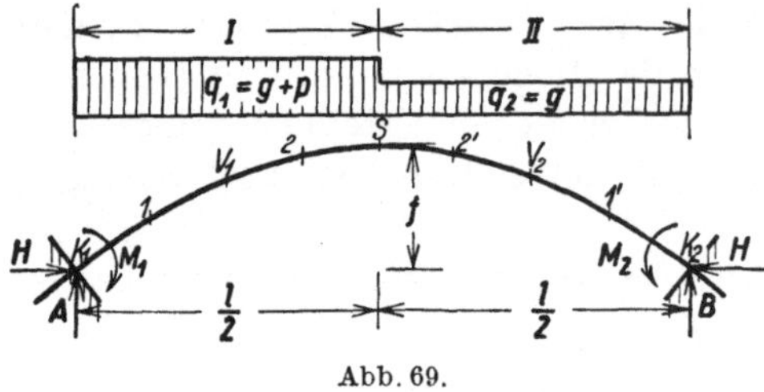

Abb. 69.

Bogenabmessungen.

$l = 212{,}00$ m $F = 0{,}319$ m²

$W = 0{,}358$ m³ $f = 21{,}25$ m

$J = 0{,}460$ cm⁴ $E = 21\,000\,000$ t/m²

Belastungen (vgl. Abb. 69).

$g = 8{,}80$ t/m $p = 4{,}20$ t/m

Tabelle 22. Zusammenstellung der am beiderseits eingespannten gelenklosen Bogen auftretenden Momente M, berechnet

M in tm	I ohne Berücksichtigung des Einflusses der Systemverformung	II mit Berücksichtigung des Einflusses der Systemverformung	III mit Berücksichtigung der Systemverformung und besonderen Formgebung am überhöhten Dreigelenkbogen
M_{k1}	— 4311,60	— 4766,06	— 3371,03
M_1	— 398,50	— 686,80	— 78,12
M_{v1}	+ 1645,80	+ 1683,37	+ 1779,58
M_2	+ 2028,71	+ 2418,58	+ 1812,07
M_s	+ 683,91	+ 809,36	+ 13,11
M_3	— 919,15	— 1165,69	— 1791,82
M_{v2}	— 1304,00	— 1653,37	— 1775,07
M_4	— 468,75	— 553,85	+ 59,77
M_{k2}	+ 1586,00	+ 1907,98	+ 3327,77

Tabelle 23. Zusammenstellung der am beiderseits eingespannten gelenklosen Bogen auftretenden Normalkräfte N, berechnet

N in t	I ohne Berücksichtigung des Einflusses der Systemverformung	II mit Berücksichtigung des Einflusses der Systemverformung.	III mit Berücksichtigung der Systemverformung und besonderen Formgebung am überhöhten Dreigelenkbogen
$N_{k1} = N_{k2}$	— 3000	— 3026	— 3103
$N_1 = N_4$	— 2910	— 2932	— 3007
$N_{v1} = N_{v2}$	— 2843	— 2866	— 2938
$N_2 = N_3$	— 2793	— 2814	— 2887
$N_s = -H$	— 2785,50	— 2807,36	— 2880,56

Tabelle 24. Zusammenstellung der Randspannungen σ_0, σ_u des beiderseits eingespannten gelenklosen Bogens, berechnet

σ in kg/cm²		I ohne Berücksichtigung des Einflusses der Systemverformung	II mit Berücksichtigung des Einflusses der Systemverformung	III mit Berücksichtigung der Systemverformung und besonderen Formgebung am überhöhten Dreigelenkbogen
σ_{k1}	σ_0	+ 262	+ 383	— 32
	σ_u	— 2144	— 2279	— 1914
σ_1	σ_0	— 802	— 729	— 922
	σ_u	— 1024	— 1111	— 966
σ_{v1}	σ_0	— 1349	— 1423	— 1417
	σ_u	— 431	— 371	— 423
σ_2	σ_0	— 1443	— 1558	— 1412
	σ_u	— 309	— 208	— 400
σ_8	σ_0	— 1064	— 1106	— 906
	σ_u	— 682	— 654	— 900
σ_3	σ_0	— 619	— 558	— 406
	σ_u	— 1133	— 1208	— 1406
σ_{v2}	σ_0	— 526	— 436	— 424
	σ_u	— 1254	— 1358	— 1416
σ_4	σ_0	— 782	— 766	— 928
	σ_u	— 1044	— 1074	— 960
σ_{r2}	σ_0	— 1383	— 1481	— 1901
	σ_u	— 499	— 415	— 45

Tabelle 25. Abweichungen $\Delta\sigma_0$, $\Delta\sigma_u$ der nach den Berechnungsarten I, II und III ermittelten Randspannungen σ_0, σ_u untereinander (nur bei den Größtspannungen ermittelt).

$\Delta\sigma$ in %		Berechnungsart			
		I von II	II von I	II von III	III von I
$\Delta\sigma_{k1}$	$\Delta\sigma_0$				
	$\Delta\sigma_u$	— 5,9	+ 6,3	+ 19,1	— 10,7
$\Delta\sigma_1$	$\Delta\sigma_0$				
	$\Delta\sigma_u$	— 7,8	+ 8,5	+ 15,0	— 5,6
$\Delta\sigma_{v1}$	$\Delta\sigma_0$	— 5,2	+ 5,5	+ 0,4	+ 5,0
	$\Delta\sigma_u$				
$\Delta\sigma_2$	$\Delta\sigma_0$	— 7,4	+ 8,0	+ 10,3	— 2,1
	$\Delta\sigma_u$				
$\Delta\sigma_8$	$\Delta\sigma_0$	— 3,8	+ 3,9	+ 22,1	— 14,8
	$\Delta\sigma_u$				
$\Delta\sigma_3$	$\Delta\sigma_0$				
	$\Delta\sigma_u$	— 6,2	+ 6,6	— 14,2	+ 24,1
$\Delta\sigma_{v2}$	$\Delta\sigma_0$				
	$\Delta\sigma_u$	— 7,7	+ 8,3	— 4,1	+ 12,9

(Fortsetzung der Tabelle 25.)

$\Delta\sigma$ in $^0/_0$		Berechnungsart			
		I von II	II von I	II von III	III von I
$\Delta\sigma_4$	$\Delta\sigma_0$ $\Delta\sigma_u$	— 2,8	+ 2,9	— 11,8	— 8,0
$\Delta\sigma_{k2}$	$\Delta\sigma_0$ $\Delta\sigma_u$	— 6,6	+ 7,1	— 22,1	+ 37,6

Aus der Zusammenstellung der Zahlenergebnisse ergibt sich, daß beim beiderseits eingespannten gelenklosen Bogen als dem steifsten Bogensystem die durch die Systemverformung bedingten zusätzlichen Spannungen im Vergleich mit den Verhältnissen bei den Bogenarten mit Gelenken nur noch gering sind. (Abb. 70 u. 71.)

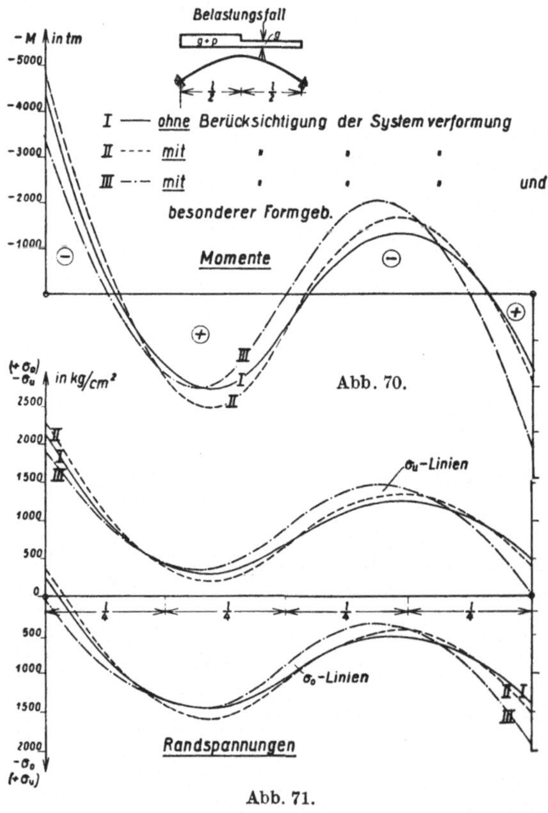

Abb. 71.

Trotzdem kann man durch eine Formgebung am überhöhten Dreigelenkbogen für eine Belastung $q = g + \dfrac{p}{2}$ noch erhebliche Verbesserungen der Spannungsverhältnisse erzielen. Dadurch, daß beide Bogenhälften gleichmäßig zum Tragen gezwungen werden und die Größtspannungen symmetrisch zum Bogenscheitel liegen, ist nicht nur ein völliges Ausschalten des ungünstigen Einflusses der durch die Systemverformung bedingten Zusatzspannungen möglich, sondern darüber hinausgehend noch eine beträchtliche Verminderung der allergrößten Spannungen in der Kämpfergegend gegenüber den aus dem normalen Berechnungsverfahren gewonnenen Werten. Daraus ist zu schließen, daß das Formgebungsverfahren nicht nur für solche Systeme Vorteile bringt, welche eine geringe Biegesteifigkeit besitzen und ein Ausschalten der dadurch hervorgerufenen Zusatzspannungen erfordern, sondern allgemein für alle Bogenträger, bei welchen die Verkehrslast p gegenüber der ruhenden Last g eine Rolle spielt, von Bedeutung ist.

VI. Leitsätze für die Wahl eines zweckmäßigen Bogensystems.

Bei der Aufstellung von Richtlinien für eine zweckmäßige Systemwahl ist zwischen Bogenträgern kleiner Spannweite und solchen besonders großer Stützweite zu unterscheiden.

Die ersteren sind erfahrungsgemäß sehr biegesteif, da die Trägerhöhen oder Bogenstärken im Vergleich zur Spannweite meistens reichlich bemessen sind. Die für diese Verhältnisse angegebenen Gesichtspunkte, welche hier nur der Vollständigkeit halber angeführt werden, sind in der Hauptsache eine Wiedergabe schon bekannter Erfahrungsgrundsätze.

Bei weitgespannten Bogenträgern treten zunächst schon durch die Verwendung hochwertiger Baustoffe erhebliche Verformungen auf. Dazu kommt, daß die Steifigkeit praktisch dadurch noch vermindert wird, daß die Trägerhöhen oder Bogenstärken aus ästhetischen Rücksichten meistens kleiner gewählt werden, als es die Vergrößerung der Spannweite mit Rücksicht auf eine gleichbleibende Steifigkeit erfordert.

1. Bogenträger kleiner bis mittelgroßer Spannweite.

a) Infolge der großen Steifigkeit solcher Bogenbrücken, die durch Verwendung der Naturbaustoffe Stein oder Beton noch erhöht wird, ist die Wahl und Anordnung statisch unbestimmter Systeme nur bei vollkommen sicherem Untergrund ratsam, da Widerlagerbewegungen jeder Art beträchtliche Zusatzspannungen verursachen. Bei weniger gutem Baugrund wird deshalb mit Vorteil das statisch bestimmte Dreigelenkbogensystem ausgeführt, da es gegen kleine Setzungen und Widerlagerdrehungen weniger empfindlich ist.

b) Die durch Temperatureinflüsse bei statisch unbestimmtem System entstehenden Zwangskräfte und Spannungen sind infolge der erheblichen Biegesteifigkeit besonders groß. Beim statisch bestimmten Dreigelenkbogensystem treten sie nicht auf.

c) Der achsverformende Einfluß der Temperatur und die dadurch entstehenden Zusatzspannungen können bei allen Bogensystemen vernachlässigt werden.

d) Der spannungserhöhende Einfluß der Systemverformung erlangt keinerlei Bedeutung, da durch die geringen Achsverformungen und Exzentrizitäten zusammen mit den kleinen Stützkräften nur unbedeutende Zusatzmomente entstehen.

2. Bogenträger großer Spannweite.

a) Infolge der erheblichen Lagerkräfte weitgespannter Bogensysteme verursachen schon kleine, durch eine Widerlagerbewegung bedingte Achsverlagerungen und Exzentrizitäten große Zusatzmomente und Spannungserhöhungen. Diese Empfindlichkeit gegen Widerlagerverschiebungen ist beim Dreigelenkbogen wegen seiner leichteren Verformbarkeit größer als bei den statisch unbestimmten Systemen.

b) Die Bedeutung der bei den statisch unbestimmten Systemen durch Temperatureinflüsse verursachten Zwangskräfte und Spannungen tritt zurück, da infolge der „Weichheit" der weitgespannten Bogenbrücken auch der Zwang im System kleiner wird. Beim statisch bestimmten Dreigelenkbogen treten durch Temperatur keine Zwangskräfte und Spannungen auf.

c) Der achsverformende Einfluß der Temperatur und die dadurch entstehenden Zusatzspannungen sind zu berücksichtigen und beim Dreigelenkbogen von größerer Bedeutung wie bei den statisch unbestimmten Systemen.

d) Der spannungserhöhende Einfluß der Achsverformung ist beim Dreigelenkbogen am größten und nimmt mit zunehmendem Grad der statischen Unbestimmtheit des Bogenträgers ab. Beim eingespannten gelenklosen Bogen kann der ungünstige Einfluß der Systemverformung durch eine geeignete Formgebung vollständig ausgeschaltet werden, während dies bei den Bogenträgern mit Gelenken nur teilweise möglich ist.

Diese Überlegungen und Feststellungen sprechen für den Fall, daß die Bodenverhältnisse grundsätzlich den Bau einer weitgespannten Bogenbrücke erlauben, deutlich für die Anwendung statisch unbestimmter Systeme und insbesondere des eingespannten gelenklosen Bogens.

Anhang.

Praktische Vorschläge für ein neues Formgebungs- und Ausrüstungsverfahren.

Im zweiten Teil wurde theoretisch entwickelt und praktisch an Zahlenbeispielen nachgewiesen, daß man bei allen Bogenarten durch zeitweiliges Einführen des überhöhten Dreigelenkbogens als Formgebungssystem auf einfache Weise ein praktisch genaues Zusammenfallen von Bogenachse und Stützlinie für eine beliebige Vollbelastung erreichen kann. Ferner wurde darauf hingewiesen, daß ein derartiger Formgebungsvorgang geeignet ist, Zusatzspannungen verschiedenster Ursache, insbesondere auch den spannungserhöhenden Einfluß der Systemverformung zu vermindern oder vollkommen auszuschalten.

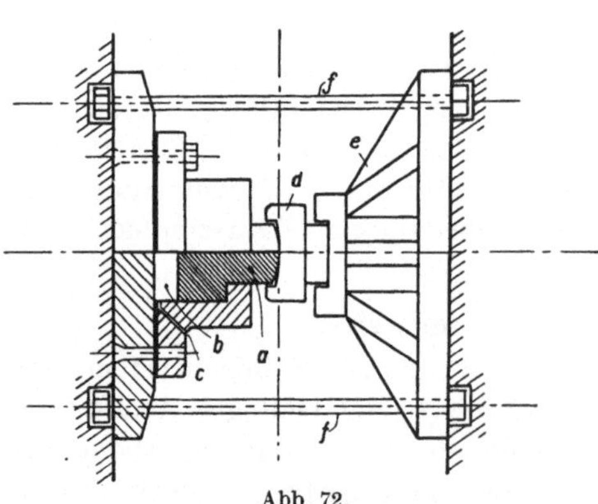

Abb. 72.

In Ergänzung dazu sollen nun für die Durchführung einer derartigen Formgebung und Ausrüstung einige praktische Vorschläge und Maßnahmen besprochen werden, die in geeigneter Aufeinanderfolge dem Formgebungs- und Ausrüstungsvorgang den Charakter einer selbständigen und wirtschaftlich vorteilhaften, neuen Gewölbebauweise verleihen.

Zunächst wird vorgeschlagen, die Gelenke im Bogenscheitel und in den Kämpfern auswechselbar auszubilden. Dies hat den Vorteil, daß sie beim nachträglichen Schließen, wie es z. B. die Herstellung eines eingespannten, gelenklosen Bogens erfordert, nicht verloren sind, sondern mühelos entfernt und beliebig oft wiederverwendet werden können. Als eine der vielen Möglichkeiten, ein derartiges Gelenk konstruktiv durchzubilden, sei hier das Gelenklager mit hydraulischer Entspannung beschrieben (Abb. 72).

Der Kugelzapfen *a* des einen Lagerkörpers ist an seinem unteren Ende kolbenartig ausgebildet und ruht auf einem Wasser- oder Glyzerinpolster *b*, das vor dem Einbau und der Belastung des Lagers durch die Öffnung *c* aufgefüllt wird. Ist nach dem Aufbringen der Formgebungsbelastung *q* der Bogen auf die gewünschte Form zusammengedrückt, so wird er neben oder oberhalb und unterhalb der Gelenklager biegesteif geschlossen. Die Entlastung des Gelenkes wird durch das Ablassen der Flüssigkeit des Kolbenpolsters erreicht. Die schalenartig ausgebildete Kippplatte *d* des dem Kugelzapfen gegenüberliegenden Lagerkörpers *e* kann seitlich herausgenommen und das ganze Lager mühelos entfernt werden.

Zusammenfassend ist das hier als neu vorgeschlagene Formgebungs- und Ausrüstungsverfahren durch die Aneinanderreihung folgender Einzelvorgänge gekennzeichnet:

Jeder Bogenträger wird zunächst durch Einschalten von Gelenken als Dreigelenkbogen ausgebildet und mit einer Überhöhung, die vorher rechnerisch genau zu bestimmen ist, auf eine Unterrüstung aufgesetzt, so daß die beiden Bogenhälften zunächst praktisch spannungslos sind. (Vgl. Abb. 73, Lage *a*). Beim Abspindeln der Lehrgerüste sinkt er dann unter der langsamen Einwirkung der Formgebungsbelastung *q* auf die beabsichtigte Bogenform ab; d. h. seine Achse fällt mit der Stützlinie zusammen (vgl. Abb. 73, Lage *b*). Die beim Absenkungs-

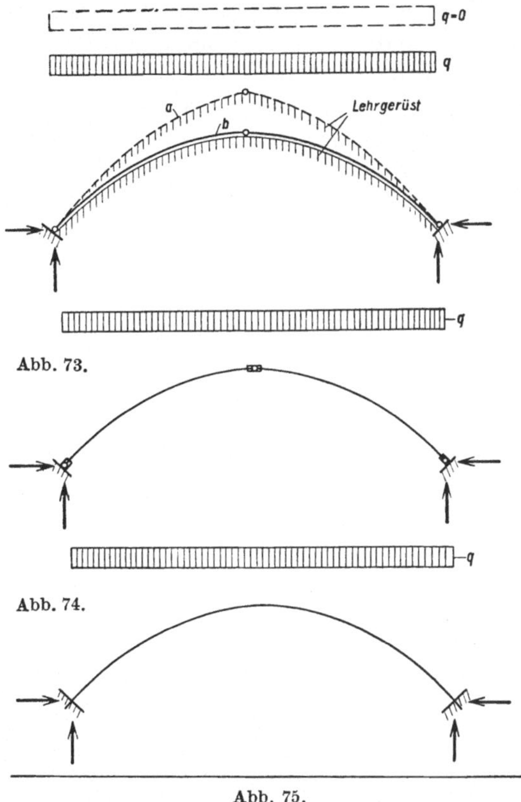

vorgang erforderliche Verformungsarbeit wird von der Energie des sinkenden Bogens geleistet. Ist der Bogen in seine Endlage gesunken, so wird er im Scheitel und in den Kämpfern neben oder unter und über den Gelenken biegungssteif geschlossen (vgl. Abb. 74). Nach der Entspannung der Gelenklager werden diese entfernt, so daß der Bogen jetzt für alle neuen und andersartigen Belastungen als eingespannter gelenkloser Bogen wirkt. (Vgl. Abb. 75.)

In davon grundsätzlich verschiedener Weise sucht das bisher schon mehrfach angewandte Gewölbeexpansionsverfahren von Färber-Freyssinet[1] eine Verminderung der Zusatzspannungen zu erreichen. Hier werden im Bogenscheitel hydraulische Pressen angesetzt, durch welche das abgesunkene Gewölbe gespreizt und gleichzeitig gehoben wird. Da die Anwendung dieser Methode auf Bogenträger mit Zugband ungeeignet und unter Umständen sogar gefährlich

---

[1] Färber, R.: Der Gewölbebau. Neue Hilfsmittel für Berechnung und Bauausführung. Berlin: Verlag der Deutschen Bauzeitung 1916.

ist, hat Dischinger[1] bei diesen Systemen vorgeschlagen, durch eine in Zugbandhöhe angesetzte Ausziehvorrichtung das Zugband zu längern und dann kürzer zu fassen, um so eine Hebung des Bogenscheitels zu erreichen.

Im Vergleich mit diesen in der Baupraxis schon verbreiteten Methoden bringt das oben vorgeschlagene neue Ausrüstungsverfahren erhebliche Vorteile und Verbesserungen. Zunächst ist seine Anwendung nicht auf bestimmte Systeme beschränkt, sondern kann bei allen Bogenarten einschließlich der Bogenträger mit Zugband durchgeführt werden. Dann wird der Einsatz von hydraulischen Pressen und die gesamte Arbeit, die bei den Verfahren von Färber und Dischinger zur Spreizung und Hebung der beiden Bogenhälften erforderlich wird, überflüssig, da der Bogen dieselbe aus der potentiellen Energie seiner anfänglich gehobenen Lage bestreitet. Außerdem kann bei den Systemen mit aufgehobenem Horizontalschub die schwere Ausziehvorrichtung für das Zugband durch ein kleines auswechselbares Gelenklager im Bogenscheitel ersetzt werden.

---

[1] Dischinger, Fr.: Zentralblatt der Bauverwaltung 1930. Heft 24.

Literaturverzeichnis.

1. Dischinger, Dr., Fr.: Beseitigung der zusätzlichen Biegemomente im Zweigelenkbogen mit Zugband. Internat. Vereinigung f. Brückenbau u. Hochbau. Abhandlungen 1932, Bd. I.
2. Emperger, Dr., Fr.: Der internationale Wettbewerb für eine Brücke über den Mälarsee. Beton u. Eisen 1930, Heft 23.
3. Engesser, Dr., Fr.: Über den Einfluß der Formänderungen auf den Kräfteplan statisch unbestimmter Systeme, insbesondere der Dreigelenkbogen. Z. Architektur u. Ingenieurwesen 1903.
4. Färber, Dr., R.: Der Gewölbebau. Neue Hilfsmittel für Berechnung und Bauausführung. Berlin 1916.
5. — Stahl und Beton im Wettbewerb bei der Stockholmer Westbrücke über den Mälar. Beton u. Eisen 1931, Heft 12.
6. Freyssinet, E : Les arcs du Pont des Plougastel Les expériences et l'exécution de l'ouvrage. Bericht über de II. internationale Tagung für Brückenbau u. Hochbau. Wien 1929.
7. Gaber, Dr. E.: Internationaler Wettbewerb Mälarseebrücke Stockholm. Zbl. Bauverw. 1930, Heft 51.
8. Gesteschi u. Melan: Bogenbrücken. Handbuch für Eisenbetonbau, 11. Bd. (1932).
9. Kasarnowsky, S.: Beitrag zur Theorie weitgespannter Brückenbogen mit Kämpfergelenken. Stahlbau 1931, Heft 6.
10. Melan, J.: Zur Bestimmung der Spannungen in den durch einen geraden Balken mit Mittelgelenk versteiften Hängeträgern. Z. öst. Ing.- u. Arch.-Ver. 1900.
11. — Die Ermittlung der Spannungen im Dreigelenkbogen und in dem durch einen geraden Balken mit Mittelgelenk versteiften Hängeträger mit Berücksichtigung seiner Formänderungen. Öst. Wochenschr. öffentl. Baudienst 1903.
12. — Genauere Theorie des Zweigelenkbogens mit Berücksichtigung der durch die Belastung erzeugten Formänderung. Handb. Ing.-Wissensch. 1906, II. Bd., 5. Abt. Kap. XII.
13. — Der biegsame eingespannte Bogen. Bauing. 1925, H. 4.
14. Miozzi, Dr. Eug.: Méthode pour améliorer l'état d'équilibre des voutes. Internat. Vereinigung f. Brückenbau u. Hochbau. Abhandlungen 1932 I. Bd.
15. Mörsch, Dr. E.: Berechnung der Gewölbemittelline. Z. Arch. Ingenieurwes 1900.
16. Müller-Breslau, Dr.: Der Einfluß der Formänderungen auf die Biegungsmomente und den Horizontalschub. Die graph. Statik der Baukonstruktionen 1908, II. Bd. 2. Abt. 1. Aufl.
17. Spangenberg, Dr. H.: Über einige grundsätzliche Fragen bei der Konstruktion gewölbter Brücken. Bautechnik 1927, Heft 25 u. 27.
18. — Die gewölbten Brücken über 80 m Spannweite. Beton u. Eisen 1928.
19. — Weitgespannte Wölbbrücken Bericht über d. II. Internat. Tagung für Brückenbau u. Hochbau. Wien 1929.
20. Strassner, A.: Neuere Methoden zur Statik der Rahmentragwerke. Der Bogen u. das Brückengewölbe, 2. Bd. Berlin 1921.
21. Tolkmitt, J.: Leitfaden für das Entwerfen und die Berechnung gewölbter Brücken, 3. Aufl. Berlin 1912.

Theorie und Berechnung der eisernen Brücken. Von Dr. Ing.
Friedrich Bleich. Mit 486 Textabbildungen. XI, 581 Seiten. 1924. Geb. RM 37.50*

Eiserne Brücken. Bearbeitet von Baurat Dr.-Ing. e. h. **Karl Bernhard,** Berlin.
Mit etwa 700 Abbildungen im Text und 13 Tafeln. XIV, 545 Seiten. 1911.
Gebunden RM 16.—*

Der Eisenbau. Von Professor **Martin Grüning,** Hannover. Erster Band:
Grundlagen der Konstruktion, feste Brücken. (Handbibliothek
für Bauingenieure, IV. Teil, Band 4.) Mit 360 Textabbildungen. VIII, 441 Seiten.
1929. Gebunden RM 48.—*

Amerikanischer Eisenbau in Bureau und Werkstatt. Von
F. W. Dencer, C. E., Oberingenieur im Werk Gary der „American Bridge Company",
Mitglied der „American Society of Civil Engineers" und der „Western Society of Engineers". Deutsche Übersetzung von Dipl.-Ing. R. M i t z k a t , Hörde. Mit 328 Textabbildungen. XII, 366 Seiten. 1928. Gebunden RM 32.—*

Der Eingelenkbogen für massive Straßenbrücken. Eine statisch
wirtschaftliche Untersuchung. Von Dipl.-Ing. Dr. sc. techn. **Ernst Burgdorfer**
Mit 51 Abbildungen im Text und 10 Tafeln. VII, 160 Seiten. 1924. RM 7.50*

Brückenbauliche Sonderhefte aus der Zeitschrift „Der Bauingenieur".

Eisenbetonbogenbrücken für große Spannweiten. Von Professor **H. Spangenberg,** München.
Mit 35 Abbildungen. 17 Seiten. 1924. RM 1.50*

Die Entwürfe für weitgespannte Gewölbe bei dem Wettbewerb Moselbrücke Koblenz.
Von Professor **H. Spangenberg,** München. Mit 36 Abbildungen. 20 Seiten. 1928.
RM 2.—*

**Ergebnis des Ideenwettbewerbes für die drei Rheinbrücken bei Mannheim-Ludwigshafen,
Speyer und Maxau.** Von **Wilhelm Weyher,** Reichsbahnbaumeister, Berlin. Mit
114 Abbildungen. 40 Seiten. 1929. RM 3.60*

Der Wettbewerb um den Entwurf der Friedrich-Ebert-Brücke über den Neckar in Mannheim. Von Baurat Dr.-Ing. e. h. **Karl Bernhard,** Berlin. Mit 81 Textabbildungen.
28 Seiten. 1925. RM 3.—*

Die Eisenbahn-Elbbrücke in Meißen. Von Reichsbahnrat **Julius Karig,** Reichsbahndirektion, Dresden. Mit 53 Abbildungen im Text und auf einer Tafel. 20 Seiten.
1926. RM 2.40*

(W) Bericht über die II. Internationale Tagung für Brückenbau und Hochbau in Wien, 24.—28. IX. 1928. Im Auftrage des Tagungsausschusses herausgegeben von Dr. Ing. **Friedrich Bleich.** Mit 597 Textabbildungen.
VII, 790 Seiten. 1929. RM 36.—

** abzüglich 10% Notnachlaß. ((W) = Verlag Julius Springer — Wi e n.)*

Die Knickfestigkeit. Von Privatdozent Dr.-Ing. **Rudolf Mayer,** Karlsruhe. Mit 280 Textabbildungen und 87 Tabellen. VIII, 502 Seiten. 1921.   RM 20.—*

Versuche zur Ermittlung der Knickspannungen für verschiedene Baustähle. Von Prof. **W. Rein,** Breslau. (Berichte des Ausschusses für Versuche im Stahlbau, Ausgabe B, Heft 4.) Mit 42 Textabbildungen. VI, 55 Seiten. 1930.   RM 6.—*

Die Sicherheit der Bauwerke und ihre Berechnung nach Grenzkräften anstatt nach zulässigen Spannungen. Von Dr.-Ing. **Max Mayer,** Duisburg. Mit 3 Textabbildungen. VI, 66 Seiten. 1926. RM 2.70*

Gewölbetabellen. Vereinfachungen für Entwurf und Berechnung statisch bestimmter und unbestimmter Gewölbe. Von Regierungsbaumeister a. D. Prof. Dr.-Ing. **F. Kögler.** Z w e i t e , erweiterte Auflage. Mit 29 Textabbildungen. VIII, 104 Seiten. 1928.   RM 7.50*

Statik der Tragwerke. Von Prof. Dr.-Ing. **Walther Kaufmann,** Hannover. Z w e i t e , ergänzte und verbesserte Auflage. (Handbibliothek für Bauingenieure, IV. Teil, Bd. I.) Mit 368 Textabbildungen. VIII, 322 Seiten. 1930. Gebunden RM 19.50*

Die Statik im Eisenbetonbau. Ein Lehr- und Handbuch der Baustatik. Verfaßt im Auftrage des Deutschen Beton-Vereins von Prof. Dr.-Ing. **Kurt Beyer,** Dresden. Z w e i t e , vollständig neu bearbeitete Auflage.

E r s t e r   B a n d. Mit 572 Abbildungen im Text, zahlreichen Tabellen und Rechenvorschriften. VIII, 389 Seiten. 1933.   Gebunden RM 32.50

Z w e i t e r   B a n d. Mit 800 Abbildungen im Text, zahlreichen Tabellen und Rechenvorschriften. VI, 414 Seiten. 1934.   Gebunden RM 30.—

Die Methode der Festpunkte zur Berechnung der statisch unbestimmten Konstruktionen mit zahlreichen Beispielen aus der Praxis, insbesondere ausgeführten Eisenbetontragwerken. Von Dr.-Ing. **Ernst Suter †.** Z w e i t e , verbesserte und erweiterte Auflage, bearbeitet von Dipl.-Ing. **O. Baumann** und Dipl.-Ing. **F. Häusler.** In zwei Bänden. Mit 656 Figuren im Text und auf 19 Tafeln. XIV, 421 und 340 Seiten. 1932.   Gebunden RM 69.—

Bemessungstafeln für Eisenbetonkonstruktionen. Tafeln zur Bemessung von Eisenbetonquerschnitten auf reine Biegung, auf mittigen Druck und auf Biegung mit Längskraft. Von Baurat **Paul Göldel,** Leipzig. Z w e i t e , wesentlich erweiterte Auflage. Mit 95 Zahlenbeispielen. V, 281 Seiten und III, 74 Seiten. 1932.   Gebunden RM 24.—

Vorlesungen über Eisenbeton. Von Professor Dr.-Ing. **E. Probst,** Karlsruhe.

E r s t e r   B a n d: Allgemeine Grundlagen — Theorie und Versuchsforschung — Grundlagen für die statische Berechnung — Statisch unbestimmte Träger im Lichte der Versuche. Z w e i t e , umgearbeitete Auflage. Mit 70 Textabbildungen. XI, 620 Seiten. 1923.   Gebunden RM 24.—*

Z w e i t e r   B a n d: Grundlagen für die Berechnung und das Entwerfen von Eisenbetonbauten — Anwendung der Theorie auf Beispiele im Hochbau, Brückenbau und Wasserbau — Allgemeines über Vorbereitung und Verarbeitung von Eisenbeton — Richtlinien für Kostenermittlungen — Eisenbeton und Formgebung. Z w e i t e , umgearbeitete Auflage. Mit 61 Textabbildungen. IX, 539 Seiten. 1929.   Gebunden RM 31.50*

** abzüglich 10⁰/₀ Notnachlaß.*